芜湖近代历史建筑

张笑笑　著

化学工业出版社

·北京·

内容简介

近代芜湖自1876年开埠通商开始，至1949年中华人民共和国成立，经历了一个复杂的近代化过程，留存至今有近现代重要史迹及代表性建筑百余处，涵盖政治、宗教、学校、医院、金融商贸、军事建筑，以及革命文物等，充分证明了芜湖在安徽乃至全国近代历史中的地位和作用。本书以图文结合的方式介绍芜湖市区内近代建筑详情，以期为广大文化遗产爱好者、文物保护志愿者、历史建筑保护同仁和学术工作人员研究芜湖文化遗产、推进文化建设，为芜湖市政府整合文物资源、建设文化强市，提供一些切实的帮助。

图书在版编目（CIP）数据

芜湖近代历史建筑 / 张笑笑著．—北京：化学工业出版社，2023.7

ISBN 978-7-122-43171-4

Ⅰ．①芜…　Ⅱ．①张…　Ⅲ．①建筑史－芜湖－近代　Ⅳ．①TU-092.5

中国国家版本馆 CIP 数据核字（2023）第 054977 号

责任编辑：孙梅戈
文字编辑：刘　璐
责任校对：张茜越
装帧设计：溢思视觉设计 / 姚艺 E-mail: isstudio@126.com YaoYi

出版发行：化学工业出版社
（北京市东城区青年湖南街 13 号　邮政编码 100011）
印　　装：涿州市般润文化传播有限公司
710mm×1000mm　1/16　印张 $14^1/_4$　字数 246 千字
2023 年 8 月北京第 1 版第 1 次印刷

购书咨询：010-64518888
售后服务：010-64518899
网　　址：http://www.cip.com.cn
凡购买本书，如有缺损质量问题，本社销售中心负责调换。

定　　价：78.00 元

前言

芜湖，“长江巨埠、皖之中坚”，安徽省次中心城市，国务院批准的沿江重点开放城市，皖江城市带承接产业转移示范区核心城市，南京都市圈成员城市，“长江三角城市群”成员城市，合芜蚌自主创新试验区城市……

芜湖，“襟江带河、吴头楚尾”，历史悠久，文化璀璨。近代芜湖自1876年开埠通商开始，至1949年中华人民共和国成立，经历了一个复杂的近代化过程，其中，建筑的近代化演变从一个侧面反映了芜湖的近代化历程。这批类型丰富、特征显著的近代建筑，在风格、造型、空间、技术等各个方面都体现出显著的近代特性，是一笔宝贵的历史遗产。但是历经战争的洗劫和城市化发展中的拆建，这批珍贵的建筑遭到了极大的损毁，亟须研究和保护。

本书通过大量的田野调查，搜集了丰富的第一手资料，芜湖近现代重要史迹及代表性建筑中涵盖政治、宗教、学校、医院、金融商贸、军事建筑，以及革命文物等，约占总文物数的59.2%，充分证明了芜湖在安徽乃至全国近代历史中的地位和作用。保存至今的近现代历史建筑，不论是保有数量、规模体量，还是建筑风格、施工工艺等，都独具特色，尤显珍贵。

本书在整合资料的基础上，以建筑本体的风格、造型、空间、技术特征为重点内容，结合芜湖近代社会、文化、历史和城市发展背景，以图文结合的方式介绍芜湖市区内的近代建筑。通过对芜湖近代建筑全面系统的梳理，整理出了芜湖近代建筑的基本形态，探讨了芜湖近代城市及建筑的演变过程，以期为广大文化遗产爱好者、文物保护志愿者、历史建筑保护同仁和学术工作人员研究芜湖文化遗产、推进文化建设，为芜湖市政府整合文物资源、建设文化强市，提供一些切实的帮助。

目录

3 芜湖近代建筑的风格 | 031

1

芜湖近代城市与建筑概况

1.1 芜湖概况

芜湖有文字记载的历史已有2500年，曾被称为“祝兹”“祝松”“皋夷”“勾慈”“中江”“鸠江”等，素有“江东名邑”“吴楚名区”的美誉。芜湖还是明代中后期著名的浆染业中心，明代五大手工业区域之一，“织造尚松江、浆染尚芜湖”，至清末，芜湖浆染业的兴盛一直持续了300多年。近代，芜湖为“江南四大米市”之首，享有“长江巨埠、皖之中坚”的盛誉。1876年中英《烟台条约》把芜湖辟为通商口岸，从此成为近代安徽开放先锋之地。

1.1.1 自然地理环境

1.1.1.1 地理位置

芜湖市位于安徽省东南部，地处长江下游，南倚皖南山系，北望江淮平原。北与合肥市、马鞍山市毗邻，南与宣城市、池州市接壤，东与马鞍山市、宣城市相连，西与铜陵市交界。市区近海靠江，位于长江三角洲地区边缘，同时也是通往黄山、九华山、太平湖风景区的北大门，素有“皖南门户”之称。

1.1.1.2 行政区划

芜湖市成立于1949年5月10日，直属安徽省，现辖无为市、南陵县、镜湖区、鸠江区、弋江区、湾沚区、繁昌区。市域面积6009.02平方千米。

1.1.1.3 气候条件

芜湖属亚热带湿润季风气候，气候特点是：光照充足，雨量充沛，四季分明。年平均气温15 ~ 16℃，日照时数2000小时左右。芜湖降雨充沛，年降雨量1200毫米，但年内降水分布不均，主要集中在春季、梅雨季节和初冬。

1.1.1.4 地形地貌

芜湖市的地貌属于长江中下游冲积平原，主要由河漫滩、阶地、台地以及丘陵构成。城区地势的总体趋势是西南高、东北低，地表河湖交织，残蚀山丘散布；城区土地面积构成为：平原占95.5%，丘陵占4.5%；四褐山最高，海拔为132米。无为市境内地貌的特征为“山环西北，水骤东南”，地势西北高、东南低，境内以平原地貌为主，西部多为低山丘陵。

1.1.1.5 河流水系

芜湖市属长江水系流域，地表水和地下水资源十分丰富。长江从市域中部流过，青弋江、荆山河、水阳江、裕溪河、西河、漳河贯穿境内，凤鸣湖、黑沙湖、欧阳湖、龙窝湖、竹丝湖、奎湖散布其间。过境的长江水量丰富，年平均径流总量达8291亿立方米，是芜湖市特别是中心城区的主要供水水源。青弋江是芜湖市境内的主要河流，其发源于黄山北麓，由泾县进入南陵奚滩乡，流经弋江镇、湾沚镇等，由大砻坊水文站进入长江，青弋江年平均径流量为50.05亿立方米。

1.1.2 地域人文环境

1.1.2.1 历史沿革

芜湖在春秋时，名鸠兹，属吴国。战国时，周元王三年（公元前473年）越灭吴，属越国，名鸠兹。周赧王九年（公元前306年）楚灭越，属楚国，名鸠兹。秦时，芜湖属鄣郡，名鸠兹。西汉时，汉武帝元封二年（公元前109年）改鄣郡为丹阳郡，芜湖为其中之一，芜湖县名始于此。三国时，吴黄武二年（223年），芜湖县城由鸠兹迁至今市区东南鸡毛山一带，仍属丹阳郡。隋文帝开皇九年（589年）撤销丹阳、淮南二郡，置蒋州驻石头城（今南京），并襄垣等县入当涂县，县治迁驻姑孰（今当涂县城），原芜湖（城）降为当涂县属镇。唐时，芜湖一直为当涂县的一个镇，只是属道州有变动。唐太宗贞观元年（627年）属江南道宣州。南唐李昪升元年间（937—943年）复置芜湖县属江宁府，自此以后至民国，芜湖县置未断。宋太祖开宝八年（975年）平江南，芜湖属宣州。太宗太平兴国二年（977年），芜湖属江南路（后为江南东路）太平州。元世祖至元十四年（1277年），芜湖属江浙行中书省太平路。惠宗至正十五年（1355年），芜湖属太平府。明洪武元年（1368年）建都金陵，芜湖属中书省太平府。清世祖顺治二年（1645年）定江南，改南京为江南省，芜湖属江南布政使司太平府。康熙六年（1667年）改左布政使司为安徽布政使司，芜湖属安徽省太平府。太平天国年间（1851-1864年）府、县属浙江省兼辖，后属安徽省徽宁池太广道。民国元年（1912年）废府、州、厅而存县、道，芜湖县直属安徽省。民国三年至十七年（1914—1928年）设芜湖道（驻芜湖），辖皖南地区二十三县，芜湖为首县甲等。民国三十四年（1945年），属安徽省皖南行署，并为驻地。1949年，成立芜湖市人民政府，设皖南行署驻芜湖市，辖芜当、池州、宣城三专区，芜湖市直属皖南行署。1952年，撤销皖南、皖北行署，成立安徽省人民政府，芜湖市直属安徽省。

1.1.2.2 文化沿袭和地域性格

芜湖早在宋代即是集贸重地，是距古徽州最近的长江商埠，浸润着悠久的徽州文化。“芜湖古城”[1]作为长江沿岸物资集散地，其商贸发展模式是我国具有代表性的腹地港口城市商贸发展的范例。芜湖古城既表现出悠久的历史传统和深厚的儒家文化底蕴，同时又表现出因贸易频繁带来的人口流动所产生的文化碰撞，使文化呈现多元共存的特征。

儒家文化是徽州文化的重要组成部分，曾一度兴盛，芜湖古城内儒林街一带的学宫、文庙即是在这个背景下形成的。学宫于北宋元符三年(1100年)始建，清同治十年(1871年)重建。现存的大成殿为其主体建筑，殿东仍立米芾所书写的县学记碑。全长360余米的儒林街得名于文庙儒林考场，文人墨客在此留下了颇多的经典之作，如吴敬梓的《儒林外史》、汤显祖的《牡丹亭》等。在儒家文化的浸染下，芜湖当地宗教也附带了明显的民间特征：古城内有迄今所知的最早记载的城隍庙，每逢节日、节令，城隍庙前仍然香火不绝；古城内现存“十”字形中廊式建筑保存较好，建筑依然威严肃穆；古城自西向东从衙署到模范监狱是我国古代司法行政部门的体现。建于宋代的衙署几经重修，其选址与古城中心相比略偏，坐北向南，原谯楼上书“芜湖县”，并有三道牌坊立于门前。位于东侧的模范监狱建于光绪三十一年(1905年)，昭示着近代西方刑法理念和制度被引入，说明当时朝廷已开始逐步推行狱制改革。

芜湖古城的变迁是长江中游地区水陆商贸发展的缩影，芜湖古城也是多元文化在长江中游地区碰撞的遗存。正如刘易斯·芒福德所说：“城市功能之一就是其本身如同一座博物馆。”芜湖古城就是这样一个具有各种历史信息的场所，其包含的内容远比人们今天从文献所能查阅到的丰富。

---

[1] “芜湖古城”是历经了上千年的历史遗存，现今的芜湖城市即是在其基础上发展了百余年的城市形态，当地的文物部门称其为“古城”，它位于现在芜湖市的南部，地处镜湖区环城北路、环城东路、沿河路、九华中路围合的区域，面积约30公顷。本文中仍沿用当地文物部门的习惯称谓。

1.2.2.3 地方经济特点

芜湖历史上即是一座经济重镇，历代为皖南和皖江地区最大的商品集散地，近代是安徽省工业、交通、文教、卫生等事业发展较早的地区。南宋以后，特别是到了元朝，芜湖已是一个相当繁荣的市镇。1876年，芜湖开放通商口岸后，大量西洋商品经过芜湖销往内地，大批外国洋行、公司进入芜湖的同时，也使科学技术传播到芜湖，刺激了芜湖近代工业的发展。20世纪后，芜湖工商业发展迅速，成为安徽现代工业的发祥地，长江流域的经济中心之一。

1.1.2.4 近代城市的人口状况

1876年芜湖开埠之时城区人口只有4万人，1882年增加到6万人。从人口自然增长的角度来看，在几年之内人口不可能增加一半，究其原因，主要是米市的发展。芜湖在清代前、中期已是安徽稻米的集散中心，但未形成规模。1877年李鸿章上书将镇江的米市移到芜湖，1882年芜湖米市正式开张。各地米商纷纷云集芜湖，城内顿时“人烟繁盛”。1919年前后芜湖米市的发展达到顶峰。米市的繁荣，促进城市的发展，城市人口进而达13.7万人。20世纪20年代后期，由于洋米倾销中国，芜湖大米的许多销售市场为洋米所占据，“洋米输入数之惊人，实为芜米之致命伤也”。芜湖米市于是逐渐衰落，芜湖市人口锐减。

芜湖的商业向来发达，又以米业占主导地位，从事商业的人口绝大部分与米业、粮食业、运输业有关。1932年统计，芜湖商业资本占整个手工业、近代工业和商业的86.6%，其商业在长江流域仅次于上海、武汉居第三位。从事商业的达3000余户，5万余人，其中较大商贾200户，大多为米商。围绕米粮贸易与加工发展起了82个行业，5400多家商店，工人中大部分也“赖米市为生”。直接从事粮食业的米行、米号、砻坊业等约4700余人，从事商业的达1.6万人，从事第三产业的如车业、浴业、饮食业等达1.5万人，而以长途载运为生的船民约30万人(包括来自湘、赣、鄂、苏和本省的船民)。米业成为芜湖城乡人口赖以生存的主导行业，成为芜湖社会经济发展的基础与依托。

1.2 芜湖城市的发展演变

自原始社会起，芜湖地区已有人类活动踪迹。春秋后期，有关芜湖地区原始聚落的记载见于史书，时名“鸠兹”。

西汉初年，鸠兹逐渐易名为“芜湖”，公元前109年，芜湖正式设县，成为历史上早期的芜湖城。

东汉建安十六年，芜湖县治由鸠兹故地迁移到了青弋江口——现在鸡毛山一带的高地上。从此，起源于古鸠兹的第一座芜湖城结束了其作为县治的历史。随着县治的转移，一座新的芜湖县城，在新的城址上开始蓬勃发展起来。

五代十国时期，芜湖作为县一级的行政建置一直沿用下来。芜湖城亦随着两宋时期江南经济的进一步开发迅速发展起来。

至宋代，芜湖地区的农业、手工业和商业迅速发展，促进了城区的迅速扩大。但这期间，芜湖城经历了几次惨重的战乱，城区损毁较重，虽经重新筑城，城内的繁荣情况不如从前。

明初，朱元璋建都南京，作为南京要塞的芜湖，其经济在朱元璋的大力扶持下有了迅猛发展，城垣也在这时期开始修筑。其做法乃在原先的街市中掏出一个城圜，然后在此城圜上建立起城垣。在此后中国封建社会的最后三百年间，芜湖市虽几经战乱的影响，但总体上，市区仍以明城为基地，不断向外扩张。

从1840年鸦片战争开始，西方帝国主义侵略者乘虚而入，用炮舰打开了中国的大门。西方列强在芜湖划定租界，开埠通商达几十年之久，给芜湖的城市发展带来了巨大影响。1876年，英帝国主义强迫清政府签订了《烟台条约》，把芜湖列为通商口岸之一。第二年，英国首先在范罗山上建起了领事馆。同年四月决定设立芜湖租界；1877年，英国首先把西门外南起陶家沟，北至弋矶山麓，东至普潼山脚，西至大江边之一众范围划定为租界区，签订了租界约。之后，因为俄、美、法、德、日等帝国主义接踵而至，于1904年英国领事柯韪良和芜湖道台童德璋重新议定了《芜湖各国公共租界章程》十条，决定将上述范围内计719亩[1]多地划为各国公共通商租界；西方列强进入后，整个租界区划分为太古、怡和、瑞记、鸿安、和记五块租界，每块租界内又分为几个区，芜湖城区由原来的青弋江两岸一跃而伸向西北，直临大江，成为一座真正的“江城”。

近代时期，得益于官僚买办资本的经营和民族资本的发展，芜湖市区逐渐扩展，东西辐辏，逐渐填补了开埠通商前的老城区和外国租界之间的大片空地。1910年的丈量结果，东至县城，西至江岸，南至大河，北至陶家沟、蒲草塘、电灯公司这片城区，东西615丈9尺，南北平均349丈7尺，面积共215380平方丈，约合2.4平方千米。

---

[1] 1亩≈666.67平方米。

加上县城、东关、青弋江南岸和外国租界区等部分，形成了新中国成立前芜湖市的基本轮廓。

从春秋时的吴邑鸠兹，到新中国成立前的芜湖城，从内陆的小河起源，又从内陆的小河转向近江的大河，再从近江的大河扩展至大江的沿岸，芜湖城市的发展经历了两千多年曲折发展的道路。

1.3 芜湖近代建筑的发展阶段

参考安徽近代史及安徽近代经济发展史，本书对芜湖近代建筑发展历史阶段的划分结合了杨秉德教授《中国近代城市与建筑》一书中关于芜湖近代城市发展阶段的划分方式以及朱永春教授《安徽近代建筑史纲》一文中关于安徽省近代建筑发展阶段的划分方法。本书将芜湖近代建筑的发展划分为三个阶段：1840—1876年的萌芽阶段，1876—1937年的发展阶段，1937—1949年的停滞阶段。

1.3.1 萌芽阶段（1840—1876年）

传统建筑在芜湖仍然得到延续，西方近代建筑尚未取得立足点。1840年鸦片战争以后，安徽的社会形态也逐步向半殖民地半封建转变。但此间激烈的政治经济冲突，并未直接诱发安徽建筑向近代转型。这时期，在皖活动的多为西方传教士，且早期在皖的传教活动多采用秘密或半公开的方式，因此所建教堂也多由民房直接改建，或采用中国传统形制；并且外国传教士们的活动受到在皖当地民众的强烈抵制，先后有“安庆教案”“皖南教案”等捣毁教堂的事件。

太平天国定都金陵后，安徽成为其根据地。1853年太平天国首入安徽，先后攻克安庆、舒城、庐州等城。但太平天国的领导人大都有浓厚的封建意识，因此他们的王府除壁画题材偶有突破外，建筑本身仍沿袭传统形制[1]。

总之，开埠以前的芜湖，蕴含着种种嬗变的因素，但尚未发生实质性的改变，因此，其近代化进程较上海、天津等地要滞后一些。

---

[1] 朱永春.安徽近代建筑史纲［C］.中国近代建筑史国际研讨会论文集，1998:27-31.

1.3.2 发展阶段（1876—1937年）

1.3.2.1 城市沿革

清初，芜湖县属太平府。其县界，“东西广四十七里，南北袤七十里”，芜湖开埠后，城区沿着青弋江向西北方向发展，直临大江。据1910年丈量，“东至县城，西至江沿，南至大河，北至蒲草塘沿，电灯公司、陶家沟，……共计面积215380方丈”。即建成区已由老县城向西北扩展约2.4平方千米。

1912年废府留县，芜湖县直属安徽省。1914年安徽省分设三道，芜湖道治所设在芜湖县，辖皖南二十三县，当时，有“皖江巨镇”之誉。1928年废道存县，芜湖县列为首县甲等，又设皖南镇守使驻此。1932年国民政府于省下设行政督察专员公署，芜湖属第二专区，并为专员行政公署驻地。

1.3.2.2 租界区的形成和发展

1876年9月13日中英《烟台条约》签订，开芜湖、宜昌，温州、北海为通商口岸。1877年4月1日芜湖开埠后，划定一片沿江滩地为租界，1904年芜湖道台童德璋与英国驻芜领事柯韪良议定《芜湖各国公共租界章程》十条，将原租界范围扩大，“在陶家沟北，弋矶山南，计地七百十九亩四分四厘八毫一丝四忽”，成为各国在芜湖的公共租界区。

芜湖租界区东西向五条马路均可直通江边，南北向有三条马路，除中马路、后马路外，江边专门留有“纤路”沟通各个码头，用地共分十区二十四段，设太古、怡和、瑞记、鸿安、和记等租界。但实际上西方列强的侵占范围远超出了划定的区域，据1915年城区户口调查，当时在芜正式居住的83个外国人中，住在租界区内的仅6人，他们不仅在租界区内建造码头、仓库、楼房、火车站等，更多的是在租界外设海关、建官署、筑油库、建公司。二十世纪初，外国在芜湖开设的洋行、公司和旅馆就达三十家。各国传教士则纷纷占据风景优美的山头，造教堂、办医院、建学校。各国轮船公司更是几乎垄断了芜湖的长江运输业，芜湖租界成为长江这条“黄金水道”的一处中转站，芜湖也因此变成外国资本主义工业品的倾销市场和农土产品以及各种物资、原料的供应地。

1.3.2.3 米市的兴起

芜湖米市起源较早，十八世纪末、十九世纪初，已有磨坊和小市行各二十余家，进行粮食加工与销售。1877年李鸿章奏准将镇江米市迁芜，1882年以后芜湖成为我国四大米市之首，出现了“堆则如山，销则如江”的兴盛景象，形成了巨大的米业市场，主要集中在江口和沿河一带。鼎盛时期（1918—1929年）米粮出口每年多达八百余万担，经营米粮采运业的大米号有广（州）、潮（州）、烟（台）、宁（波）四大帮，近四十号，米行近五十户，小市行增至百家，磨坊多达七十户，机器碾米厂八家，整个米市从业人员多达七千余人，以长途载运粮食为业的船民约有三十万人。由于米业的兴起，带动了芜湖各业的发展，从而促进了各种建筑生产活动。粮食的储运推动了运输业发展，促进了码头仓库的营建，米业资金的大量投放，促进了银行、钱庄的建设，米市的繁荣更是推动了工商业和服务业，如面粉厂、纱厂、电厂等新型工业兴起，布业、百货业有大的发展，旅馆、酒楼、戏院、澡堂等相继涌现，建筑营造业也随之得到大的发展。瓦作、木作、漆作等公所相继成立，私营营造厂应运而生。

1.3.2.4 商业街区的发展

米市兴盛后，芜湖商业有了进一步的发展，二十世纪初，在芜湖经商者达三千余户，约五万人。始于宋代，形成于明代中叶的“长街”曾是名噪一时的古商业街。“自鱼市街至江口宝塔根，号称“十里长街”。咸丰年间（1851—1861年）横遭兵火，“肆廛为墟”。芜湖开埠后长街又得以复兴，“繁盛视昔有加”。长街实长1783米，路宽约三至四米，路面用赭红色条石铺砌，下有砖砌下水涵。长街商店总数不下六七百家，“市声若潮，至夜不休”，以经营百货为主，杂货店尤多。久负盛名的百年老店有张恒春国药店（当时与北京同仁堂等齐名）、沅记胡开文墨庄、顾顺兴酱园、金隆兴牛肉馆、赵云生剪刀店等。由于商店大多为外地商人来芜湖开设，店面形式多样，既有皖南建筑风格的老式店面、木板门墙，也有中西合璧的各式女儿墙、石库门楼，建筑多为二层砖木结构，其布局常取前店后坊，经营甚是方便，后檐紧靠青弋江边沿河路的商店，由水路进货更为便捷。

这一时期还开辟了一些新的商业街区。如长街以北与其平行的“二街”。1894年起建路，“茶楼酒肆，梨园歌馆”遍布。1902年开辟的“大马路”（1925年改名中山路）南北贯穿新市区。20世纪20年代又开辟了东西向的“二马路”（1943年改名中正路，现名新芜路），东起陶塘（今镜湖），西至江边。这三条马路形成了新的商业街区，尤其是抗战以后，便逐步代替了长街，成为新的商业中心，至今仍是全市最繁华的街区。

1.3.2.5 近代工业的发展和工业区的出现

随着以机器生产为主要特征的近代工业的出现，芜湖以其优越的经济、地理条件，吸引了各地商贾和民族资本家来此设厂，成为安徽近代工业之冠，益新面粉厂（1890年）、泰昌肥皂厂（1904年）、锦裕织布厂（1905年）、明远电厂（1906年）、宝兴铁矿（1913年）、裕中纱厂（1916年）、大昌火柴厂（1920年）、大明玻璃厂（1922年）等先后创办，还有一些小型的铁工厂、电焊厂、榨油厂、碾米厂、化肥厂、砖瓦厂等也陆续开办，这些近代工业大多布置在市区外围，主要分布在三大片：老城区以东、新市区以北和青弋江以南，与居住区、商业区既有分离又有联系，城市整体布局基本合理。

1.3.2.6 李鸿章家族在芜湖的房地产开发

清廷重臣李鸿章是安徽人，在家乡广置田产，他的家族曾有不少人在芜湖大量投资房地产，经营范围遍布老城区和新市区。其开发方式是先成片购买空地，然后开辟街道，兴建楼房，形成整块、整条的街区。有的出租地皮给别人建房，住满若干年后房屋收归“李府”所有，也有少量“见缝插针”的房屋建设，开发形式很多，发展极为迅速。此外，李氏家族还兴建了不少“李府”自用的“公馆”“钦差府”等深宅大院和大花园，以及“西花园”“柳春园”“长春花园”“景春花园”等私家花园。

清代风盛堂号，李氏家族在芜湖也设有许多堂号，分归李府各房。如“李漱兰堂”“李蔼古堂”“李志勤堂”“李固本堂”“李通德堂”等，其中以“李漱兰堂”所经营的房地产业最多，确切数字已无从查考，仅二十世纪五十年代漱兰堂捐赠办学的276幢房产，建筑面积估计可达22万多平方米，这只不过是李府在芜湖房地产中的一小部分，其开发规模可以想见。1882年至1931年间是李氏家族在芜湖投资房地产业的主要时期，此后，随着李府的衰落其规模不断减小。整个近代时期，李氏家族在芜湖营建的大量建筑物，对芜湖的城市风貌和建筑风格不无深刻影响。

1.3.2.7 市政交通的发展

电报：芜湖于1883年设立了省内最早的电报局，架设了三条有线电报线路，全长425里（212.5千米），与先后敷设的沪宁线、宁汉线接通。邮政：1876年已有民信局，1894年开设电信馆（地方邮局），1896年试办邮政局，1904年正式设立邮政总局，1912年被列为一等邮局。电灯：1906年明远电厂开办，1908年建成发电，中山路到长街一线率先使用电灯，1912年已有电灯4000盏。电话：1914年军警官署首先安置，1915年创办电话公司，1920年设立电话局，已装电话256台，1930年开通宁芜长途电话。无线电台：1929年南京政府在芜湖设商用无线电台，1933年设立大丰广播电台，

1934年创办亨大利广播电台。

航运：1876年成立轮船招商局芜湖轮运局，有载重619吨轮船一艘。1895年英商怡和、美商旗昌、日商日洋等十多家洋行和公司在芜湖设立航运机构，逐步控制长江航运。1898年芜湖商人陆续创设小轮公司，至1919年已有小轮二十余艘，可通巢湖、合肥、南京、安庆、宁国、南陵等地。1922至1931年间，通过芜湖海关的船只年均5991艘，年均总吨位约910多万吨，其中英船占45%，日船占28%，中国船占26%。1925年起远洋轮船开始停靠芜湖港。

道路：1902年设立马路工程局，开始修筑以碎石路面为主的近代马路。市内交通以黄包车为主，20世纪20年代时有车行十多家，黄包车一千余辆。1926年芜湖至宣城的长途汽车开始营业。1930年芜湖至当涂的长途汽车开通。1932年拓建了民国初年拆除老城墙而修筑的环城马路，同时重修了长街的条石路面。

铁路：1905年省商奏请开办的芜（湖）广（德）铁路至1911年仅修筑了陶家沟至湾址一段的路基和桥涵，因缺资而停办。民国初年改办途经芜湖的宁湘铁路，后中辍。1933年开办江南铁路，1934年11月25日芜（湖）宣（城）线通车。1935年4月19日京芜线（南京中华门至芜湖）通车。

航空：1930年底在弋矶山建起了一个航空机场，从芜湖直飞上海和汉口，因生意清淡，1931年7月便停止了业务。1934年修建了湾里飞机场[1]。

1.3.3 停滞阶段（1937—1949年）

1.3.3.1 城市沿革

1937年12月10日，芜湖先于南京沦陷。1938年8月以后，芜湖先后改属第五、第九、第六专区。抗战胜利后，国民政府接收芜湖，在此设皖南行署，辖省第六专区的芜湖、当涂、无为、繁昌四县。1946年曾有“在芜设市”动议，筹备未果。1949年2月曾将临时省会从安庆迁到芜湖（不久又迁往屯溪）。

1.3.3.2 日本侵略者的破坏与掠夺

芜湖沦陷前，曾遭日机三次大轰炸，市区破坏惨重，跨越青弋江的几座桥梁也被

---

[1] 杨秉德.中国近代城市与建筑［M］.北京：中国建筑工业出版社，1993:396.

炸毁。日军进城后，又烧毁大片民房，十里长街满目疮痍，赭山、狮子山辟为军营，北京路成片房屋被拆除烧毁成为养马场，裕中纱厂一度改成伤兵医院，明远电厂设备几乎被日军破坏了一半，裕中纱厂的机器也被劫走、拆毁不少，手工业、商业的损失更是严重，日军疯狂破坏后，又大肆掠夺，裕中纱厂被日本裕丰纺织株式会社占据，明远电厂被日本华中水电株式会社占据，益新面粉厂被日本华友厂占据，大昌火柴厂也被日本人侵占。

1.3.3.3 城市的畸形发展

1938年10月25日，汪伪芜湖县政府成立。日伪统治时期，建立了日伪操纵控制的金融体系，除日本正金银行外，伪华兴银行、伪裕皖银行、伪中央储备银行等先后设立，伪中储券涌入市场（伪中央储备银行等先后设立，使得伪中储券涌入市场），芜湖钱庄也活跃起来，1940年以后，盛时达八九十家。日本洋行对商业的垄断是日本侵略者在占领区推行经济殖民地化的一个重要手段，此时在芜开办的日本洋行有三菱公司、三井洋行、大阪洋行、东亚海运公司等，可谓洋行林立、日货充斥。鸦片烟馆遍布全市，几乎每一条街都设有烟馆、妓院，还有多处专为日军服务的“慰安所（随军妓院）”、歌妓院，主要为日军享用的影院、澡堂、照相馆等也多有开设。

1.3.3.4 城市的消费性趋向

抗战胜利后，由于政局不稳，金融市场混乱，民族工商业衰落，抗战时已衰退的芜湖米市更趋于没落。这一时期大规模的建筑活动不多，但服务性行业却有一定发展，中小型的建筑活动并未停止。尤其是中山路、新芜路、二街等闹市区，影剧院、旅馆、饭店、酒家、理发室、澡堂、照相馆、洗染店、商场、娱乐场等仍然密布，城市向消费型方向发展。

1.3.3.5 市政建设概况

这一阶段芜湖的市政建设进展不大，先后设立的城市管理机构有：1944年3月，芜湖县自治委员会成立，内设有工务局；1945年10月芜湖市政筹备处和芜湖县城区建设委员会相继成立；1946年8月，芜湖市政建设委员会成立；1948年12月，芜湖市政工程局成立；市内道路仍以碎石路面为主，仅国货路铺设了沥青路面；1946年1月竣工的公共体育场四周的道路铺设了混凝土路面。市外公路亦有所发展，修通了芜屯（溪）、京（南京）芜、芜青（阳）等公路。抗战胜利后，招商局芜湖分局规模扩大，在招商局所属的33个分支机构中，码头数位居第二，码头长度位居第三，仓库数位居第四。1945年下半年芜湖海关被撤销后，因航运有利可图，小轮公司争相开办，从1945年到1948年4月，小轮公司先后开业53家。飞机场经日军扩建，常驻一百多架飞机，曾是日本空军侵华时的主要基地之一；1949年芜湖电力工业发电装机总容量为2160千瓦，用户近万户，售电量1947年已达670万度；1938年1月，在裕中纱厂内建造了一套日产50吨的小型制水系统，仅供日军，日商使用；1939年4月，成立“华中水电股份有限公司芜湖营业所”，开始向市内少数居民供水；1942年日商在太古码头（今一水厂）建造了一套日产2800吨的制水系统；1946年9月，成立安徽省芜湖自来水厂。

2

芜湖近代历史建筑类型

近代建筑，学术界曾给出非常精确而权威的标准，综合中国近代建筑的释义和近代芜湖的时空背景，芜湖的近代历史建筑可以界定为：1840—1949年间产生的，在芜湖市区内建造的，在艺术风格、文化特色、建造方式等方面具有近代特性，具有历史、文化、艺术价值的，能够反映近代芜湖城市风貌和地域特色的文物建筑和一般历史建筑。

2.1 芜湖近代历史建筑的调查

2.1.1 调查范围、内容和成果

2.1.1.1 调查范围

本书的调查范围为芜湖市区内，北至赭山路，南至利民路，东起弋江南路，西临长江。该范围基本涵盖了近代芜湖城市的建成区。此外，包含了近代芜湖发展的三大区域：租界区、老城区及新市区。

2.1.1.2 调查内容

调查包括租界区的西式建筑、古城区部分清末时期营建的传统建筑和中西合璧式建筑，新市区（十里长街）上的中西合璧建筑（实际情况多已不存）。工作内容包括：通过测绘来获得建筑单体的平面功能、形制、空间大小、外立面尺寸等；通过影像记录等手段获得单体内部的装饰细节和形成外部风貌的主要构件样式等；同时，通过走访文物部门和相关机构、产权机构、房屋管理机构、城建档案馆等获取建筑单体的相关资料信息，包括建筑的来源、设计人、营造人员等一系列与建筑相关的历史和文化信息。

2.1.1.3 调查成果

调研对象共70家，国家级文保单位8家，省级文保单位8家，市级文保单位4家，非文保单位50家。建筑83栋，文保建筑29栋，历史建筑54栋。所有建筑都有较为详实的介绍，包含了建筑的位置、建造时间、功能、面积等基本信息，共有建筑平立剖测绘图纸536张左右，细部图纸147张左右，拍摄照片1235张。

2.1.2 芜湖近代历史建筑遗存现状

近代芜湖建筑的发展轨迹相对来说较为清晰。从建筑风格来看，西式建筑较多分布于租界区及周边风景优美的区域；十里长街上则分布有数量较多的中西合璧式商业建筑及传统商业建筑；传统民居建筑的数量较多，基本上都集中在老城区即古城内。一百多年来，经历了日本侵华战争的洗劫，芜湖的很多历史建筑毁于战火；新中国成立后逐渐加快的城市化进程，大拆大建的举措亦使得数量众多的建筑基本不存；尤其是成片的历史街区，即便没有毁于战火，也毁于拆旧重建的野蛮城市更新。芜湖的十里长街也是如此，十里长街现已基本不存，街上数量众多的商业建筑已基本消失殆尽，仅能从史料中略知一二。

目前芜湖保留下来的近代建筑主要分布在租界区和周边以及古城区内。租界区的西式建筑总体来看保存得较为完整，基本上都经过修缮，但是内在的大部分功能都已经置换，建筑空间和细部装饰经过人为的改造，与之前的风貌有较大的差别。如崔国因公馆，外立面经修缮改造后，已基本上看不出原有的建筑风貌。再如英驻芜领事署、总税务司公所、太古轮船公司，现基本处于空置状态。英商太古公司洋员宿舍，从外部的建筑风貌还可以看得出近代的西方样式，但已基本破败，居住的人员混杂，建筑内部经过非专业的改造，式样风貌已变得面目全非。

古城区内分布了数量众多的传统建筑。以居住建筑为主，也有部分商业建筑及少量官式建筑。新中国成立后，随着城市建设的速度加快，古城里居住的人逐渐外迁，剩下的小部分居民收入相对较低，无力改变自己的居住条件，对建筑的改造也相对随心所欲，诸多原因致使一部分传统建筑已经损毁。近几年，芜湖市政府为申报国家历史文化名城和4A级旅游景区，注意到了古城内仍然残留的历史街区，现已将古城内的绝大部分居民迁出，同时成立“古城办”，并启动“芜湖古城”的旧城改造保护更新工作，并于2012年组织编制“芜湖古城”规划导则对古城进行保护，修缮了古城内的部分有价值的历史建筑，相关保护工作进一步开展。

总体来说，芜湖近代建筑遗存现状令人担忧。近代芜湖的建筑理应分布在城市的三大片区：租界区、老城区、新市区（十里长街）。租界区的建筑遗存量少，以公共建筑为主，但是质量较好，建筑保护工作做得比较及时，建筑遗存的各方面状况都比较理想；老城区和新市区建筑数量多、质量较差，以居住和商业建筑为主，因战争的损毁和新中国成立后城市化进程的需要，拆建所致留存较少，破坏程度大，尤其是十里长街街区的风貌几经改造和重新规划已然看不出近代的痕迹。

2.2 芜湖近代历史建筑分类与分布

2.2.1 公共建筑及其分布

芜湖的近代公共建筑在“米市”迁入以前，基本上仍停留于传统的类型。芜湖开埠后，加速了米市的繁荣，出现了许多新的公共建筑类型：米业资金的投放促进了银行、钱庄的建设，同时米业的发展推动了工商业和服务业的发展，如面粉厂、纱厂、电厂，布业、百货业，旅馆、酒楼、戏院、澡堂等。建筑生产活动的大量开展也加速了建筑营造业的发展，陆续出现了瓦作、木作、漆作等公所。

2.2.1.1 宗教建筑及其分布

芜湖近代以前所建且现存的宗教建筑有广济寺和古城内的城隍庙。芜湖广济寺，俗称小九华、九华行宫，位于镜湖区大赭山南麓。唐永徽四年（653年）初建，唐乾宁四年（897年）扩建，唐光化年间（898—900年）取名永清寺。北宋大中祥符年间（1008—1016年）改名广济寺。明代多次修缮。清咸丰年间（1851—1861年）毁于兵火，同治年间（1862—1874年）至光绪年间（1875—1908年）几度重修。寺院现有四殿、一轩、八室等二十余间，占地约1.2万平方米。四重大殿自南向北，依次为弥勒殿、药师殿、大雄宝殿、地藏殿。以中轴线对称布局，依山构筑，殿殿相接，层层高叠。地藏殿北侧有广济寺塔，西侧有滴翠轩。

城隍庙乃供奉城隍神的祭祀性建筑，明朝以后，凡府、州、县皆立城隍之庙，城隍庙可以说是中国最为普及和广泛分布的庙宇之一。芜湖的城隍庙位于镜湖区东内街，芜湖古城内，有“天下第一城隍”之称。《辞海》（第七版）对“城隍”的解释为：“古代神话所传守护城池的神……最早见于记载的为芜湖城隍，建于三国吴赤乌二年（239年）。”相传，三国时期东吴大都督周瑜的副将纪信死后，人们为他立庙塑像，称他为芜湖的守护者。纪信成为中国第一个守护神，庙也成为中国第一座城隍庙。之后城隍庙于南宋绍兴四年（1134年）修建，明永乐八年（1410年）重修，天启六年（1626年）复修，清乾隆十四年（1749年）新葺，咸丰年间遭毁。

现存城隍庙为光绪六年（1880年）建造，光绪三十二年（1906年）、民国二十八年（1939年）重修，占地2000多平方米，共四进，即：前轩、戏台、正殿、娘娘殿，东西两庑贯穿相接。现仅存部分前轩和娘娘殿。

近代以后，芜湖的宗教文化受到了外来的影响。清初，西方传教士首先进入安徽五河、安庆、池州和徽州建堂传教。当时，安徽境内已有耶稣会、遣使会、方济各会各派传教士进行活动。虽然清初清政府施行了禁教政策，但这些传教活动仍为日后安徽省内宗教活动渐成规模的开展打下了基础。1877年芜湖正式开埠后，为西方传教士在安徽的传教活动带来了极大的便利。1870年，内地会的戴德生在芜湖中二街270号建立布道所。彼时由于皖南教案的发生，安徽省内的天主教亦将活动重点转向了芜湖。1883年，法国神父金式玉在芜湖购得鹤儿山半部，计划建造天主教江南教区中心大教堂。1889年6月动工，江南教区主教倪怀伦（法籍）为大教堂奠基，同年底竣工。1891年5月，教会与百姓发生冲突，爆发"芜湖教案"，教堂被烧毁。清政府赔款十二万三千多两白银，教堂在原址上重建，新教堂于1895年6月竣工。同年8月，天主教成立芜湖总铎区，包括太平府、和州、庐州、滁州等地。至此，芜湖的天主教发展成华东一带闻名遐迩的宗教场所，仅次于上海徐家汇天主教堂。此后，天主教会分别于1912年在现芜湖镜湖区大官山顶建造了天主教修士楼；1933年在现芜湖第一人民医院内建造了圣母院。

鸦片战争以后，除了天主教的传入，基督教也传入芜湖。近代芜湖的基督教教派多达11个，中华基督会是其中之一。1880年前后，南京基督总会派美籍传教士徐宏藻来芜湖创设中华基督会。中华基督会来芜湖后，为解决传教人士增多、住房不够的问题，在太平大路购屋改建住宅。"华牧师楼"便是其中一幢建筑。1883年，在芜湖的基督教另一教派中华圣公会设计建造了圣雅各教堂、牧师楼及基督教主教公署和附属楼，圣雅各教堂和牧师楼现位于芜湖镜湖区花津路40号，牧师楼旧址则位于狮子山北山脚。1890年，中华圣公会皖赣教区正式成立，美籍瑞典传教士卢义德为会长，首任主教为美籍传教士韩仁敦。韩仁敦在狮子山顶建造了一幢主教楼，称为"基督教主教公署"。后来，"主教公署"迁至安徽省会安庆，抗战后迁回芜湖，并在狮子山重新建造两幢主教楼。一幢为第二任主教、美籍传教士葛兴仁住所，另一幢为华人主教陈建真住所。这两幢主教楼与1910年中华圣公会建造的圣雅各中学遥遥相望。此外，中华圣公会还在狮子山北山脚建造了基督教牧师楼。

宗教建筑中，清真寺是一个相对特殊的存在，是穆斯林的活动场所。芜湖的清真寺位于镜湖区上菜市[1]3号。清初，芜湖回民在四码头附近建造了一座规模较小、设施简陋的清真寺，咸丰年间毁于战火。同治三年（1864年）回民金隆德等人筹资在北门

[1] 上菜市为古街，今已不存，为新的房地产开发项目。

外上菜市购地重建。光绪二十八年（1902年），赵金福、韩奎久两位阿訇及教友筹资扩建。抗战时期，芜湖沦陷，清真寺遭到破坏，寺房大部分损毁。

从时间上来看，近代芜湖的宗教建筑中，除清真寺和城隍庙外，西方教派中以基督教及各派传教人士所建建筑略早于天主教，皆因彼时天主教的主要活动场所集中于安徽的五河、安庆、皖南等地；从地域分布上来看，芜湖的宗教建筑中，天主教所建建筑多分布于赭山路以南，弋矶山医院、芜湖市第一人民医院内以及吉和街附近，即近代芜湖城市建成区的北部，主要为租界区内及周边；基督教中华圣公会所建建筑多分布在狮子山及附近区域，和天主教建筑一样，基督教中华圣公会的建筑集中于近代芜湖租界区内；而基督教另一教派中华基督会所建建筑多分布在芜湖古城内，这大抵是因为中华基督会进入芜湖传教的时间略早于其他西方宗教，彼时芜湖的宗教活动刚刚风行，物质条件都还未准备充分，为跟得上活动的需求和进度，最快的处理方法是在原有的基础上进行改造。总体上，芜湖的宗教建筑分布呈现出在租界区和古城区内扩散的态势（表2.1）。

表2.1 芜湖近代宗教建筑一览表

宗教建筑	年代	地址
天主堂	1895年	镜湖区吉和街28号
圣母院旧址（主教楼、修道院）	1933年	芜湖市第一人民医院
天主教修士楼旧址	1912年	镜湖区大官山顶
华牧师楼旧址	民国初年	镜湖区太平大路17号
基督教圣雅各教堂（圣雅各教堂、牧师楼）	1883年	镜湖区花津路46号
基督教主教公署旧址	1890年	镜湖区狮子山
基督教牧师楼旧址	1883年	镜湖区狮子山北山脚
城隍庙	1880年	镜湖区古城东内街
清真寺	1864年	镜湖区上菜市3号

2.2.1.2 政府行政建筑及其分布

清末，芜湖的行政建筑主要分布在古城区内。同治元年（1862年），芜湖县衙临时设在东城外鳌鱼埂。同治三年（1864年），知县曾化南奉檄重建。民国元年（1912

年），在县署内的六房廨舍开办“临时县议会”，芜湖县知事仍在县衙内办公。现古城内仅存衙署前门。在衙署西南向，薪市街12号的建筑是原清末官府，是衙署之外的官吏办公处所，与衙署形成左衙右府的格局。民国以后，这里是本地政要、士绅名流聚会活动的场所，也是外地来宾的接待处。芜湖近代政府行政建筑一览表，见表2.2。

表2.2　芜湖近代政府行政建筑一览表

政府行政建筑	年代	地址
衙署（前门）	1864年（重建）	镜湖区芜湖古城内马号街与十字街交叉口
清末官府	20世纪初	镜湖区芜湖古城内，薪市街12号
英驻芜领事署	1877年	镜湖区范罗山山顶中部
总税务司公所	民国初年	镜湖区范罗山半山腰
老芜湖海关	1919年	镜湖区滨江公园内

租界区内，殖民者也建有自己的行政建筑和机构。主要有英国驻芜湖领事署、总税务司公所、海关等建筑。英驻芜领事署位于现芜湖镜湖区范罗山山顶中部；总税务司公所位于范罗山半山腰，英驻芜领事署西侧；老芜湖海关则位于现芜湖镜湖区滨江公园内。

2.2.1.3　市政交通建筑及其分布

近代芜湖的经济发展促进了城市发展建设，新型的市政交通建筑类型包括公路、铁路、航运、航空等附属建筑还有邮局等。这些新的建筑类型，由于其自身功能的需要，以交通便利和连接的快速性为第一要义，多分布在江边、租界沿边一带。此外，出于便利民生和交通的需要，市政类建筑多选址在居民区和水利运输交汇的区域。如芜湖明远电厂选址于青弋江南岸，古城东南。

1866年，近代中国的某些海关开始监理邮递业务，但海关邮政的发展速度缓慢。在1896年上海工部局书信馆记载的通邮范围中，已包括芜湖这样比较小的海关口岸。同年，芜湖创办邮政局，设总局于新关间壁，设分局于长街徽州会馆。1929年，芜湖大同邮票社成立。原址在镜湖区芜湖古城内井巷10号，后迁址到芜湖古城外启春巷5号。总体上看，由于邮政业务功能的需要，此类建筑在芜湖的分布呈现出从租界区往长街和古城迁移的轨迹。芜湖近代市政交通建筑一览表，见表2.3。

表2.3 芜湖近代市政交通建筑一览表

市政交通建筑	年代	地址
大同邮票社旧址	1929年	镜湖区启春巷5号
望火台	民国	环城南路中部58号古城内
模范监狱	1918年	镜湖区东内街28号、32号古城内

2.2.1.4 商业建筑及其分布

鸦片战争以前，芜湖是发展较为繁荣的商业城市。明清时期，芜湖的徽商人数众多，他们经营的门类包括盐、茶、粮、木、棉及笔墨、纸张、药材、书画、餐饮、典当等各个行业。徽商的发展促进了芜湖的手工业生产与市场繁荣，加速了芜湖的城市建设，青弋江北岸、万商云集的“十里长街”即形成于此背景下。

芜湖开埠后，外国商行、洋行、工厂蜂拥而至，有27家之多，经营范围包括棉纺、医药、煤油、烟草、木材、保险、收购与轮船运输等。芜湖成为近代安徽最大、最重要的商品集散地。但洋货的倾销打击了民族工业和地方经济，芜湖本土的钢铁和浆染、纺织行业等逐渐衰落。

米市的迁入促进了芜湖经济的进一步繁荣发展。米市的兴盛带动了芜湖运输业、金融业的发展，促进了其他相关产业的繁荣。茶楼、旅馆、酒肆、澡堂、戏院、小吃等服务业日趋兴旺，商业门类发展到82个。芜湖近代商业建筑一览表，见表2.4。

表2.4 芜湖近代商业建筑一览表

商业建筑	年代	地址
英商亚细亚煤油公司	1920年	镜湖区铁山半山腰南面
英商太古轮船公司	1905年	镜湖区滨江公园内（江岸路49号）
英商怡和轮船公司	1907年	镜湖区健康二马路中段，第一人民医院附近
芜湖中国银行旧址	1926年	镜湖区中二街86号
大同邮票社旧址	1929年	镜湖区芜湖古城内井巷10号（迁启春巷5号）
项家钱庄	1925年	镜湖区芜湖古城内，萧家巷5号
秦何机坊	1920年	镜湖区芜湖古城内，东内街53号
正大旅社	清代	镜湖区芜湖古城内，花街32号
弋江经理部	清代	镜湖区芜湖古城南隅

续表

商业建筑	年代	地址
南门药店	清代	镜湖区芜湖古城内，南正街 23 号
水产网线厂	清代中叶	镜湖区芜湖古城内，儒林街 27 号
南正街 20 号商铺	清代	镜湖区芜湖古城西南隅
南门湾商铺（7、9、11 号）	清代	镜湖区芜湖古城内，南门湾西部
南门湾商铺（13、15 号）	清代	镜湖区芜湖古城内，南门湾西部
南门湾商铺（36、38 号）	清代	镜湖区芜湖古城内，南门湾西部
芜湖杂货同业公会旧址	1931 年	镜湖区上菜市 27 号

结合近代芜湖的商业发展背景，其商业建筑分布规律总结如下。

民间作坊及百年老店：清康熙十二年（1673年），芜湖的商业区逐渐形成了以长街为主干道、33条街巷为延伸点的商业繁华区。茶庄、酒庄、钱庄、药号、书店、饭馆及百货商店，还有各色手工作坊，如铜匠铺、铁匠铺、机坊、染坊、颜料、纱号、匹头、金银首饰、银楼、文具纸张、茶食店、酱坊、钟表店、鞋帽商店、南北杂货，还有数量众多的会馆、同业公会和商会等，基本上分布在长街上或长街周边及古城区内的部分商业街，呈“一”字排开。

外国商行及新兴银行：当时进入芜湖的西方人不仅在租界内建造码头、仓库、火车站等，更多是在租界外设海关、建官署、筑油库、建公司，侵占的范围远远超出了租界原本划定的区域。这些新建的外国商行主要分布在南北向的沿江大马路（中马路、后马路），以及五条东西向的马路（一、二、三、四、五马路），也就是今天芜湖的吉和路和滨江路一带。

2.2.1.5 医疗建筑及其分布

1883年，美国基督教美以美会（后并入卫理公会）派遣美籍传教士医生赫斐秋（又译维吉尔·哈特，V.C.Hart）来芜湖传教，他从芜湖地方政府手中购得弋矶山一块土地，立起（美以美会医院）的界碑。1888年，传教士及医生斯图尔特受美国基督教美以美会委托，在弋矶山办起一座简陋医院，取名“芜湖医院”，世称“弋矶山医院”[1]。当时医院条件简陋，只有一幢砖木结构的二层楼房。1924年，包让院长开始

---

[1] 本文中，将“弋矶山医院”沿用当地习惯叫法，称“老医院”。

主持新建医院，至1936年全部建成。弋矶山医院是二十世纪二三十年代长江中下游颇有名气的医院，荟萃了国内外名医。我国防痨事业创始人吴绍青、外科学先驱者沈克非、儿科专业先驱者陈翠贞、现代妇产科学创始人阴毓璋、护理学家潘景芝等均来院从医。孙中山、蒋介石曾来院视察，宋美龄曾在院就诊。弋矶山医院有四幢单体，包括医院楼、院长楼、专家楼，以及沈克非和陈翠贞故居。

事实上传播宗教是传教医生的主要目的，但应当看到，教会医院在传播宗教文化的同时，带来了西方较为先进的医学知识，提供了可借鉴的西医医疗及模式化的办院经验，为芜湖乃至安徽的近现代医学奠定了基础。

芜湖传统的医疗场所通常是和药店紧密相连。1850年，“张恒春国药号”始建，创始人张文金出身医药世家，祖父张宏泰曾于1800年在安徽凤阳开设张恒春药店；1814年父亲张明禄在当涂护驾墩孙大春药店当学徒时，其外科手术尤为乡人称道。清道光三十年（1850年），张文金来芜湖创业，店址选在芜湖学宫南边的金马门，数年后迁到西门城内鱼市街，1861年迁至井儿巷口，同治六年（1867年）再迁至上长街165号（今状元坊附近）。十七年中三移店址，药店规模不断发展壮大。同治三年（1864年），张恒春在上长街新址动工兴建，同治六年（1867年）竣工，历时三年。新店坐南朝北，面临长街，背靠青弋江，两进式结构，前店后坊。店内有坐堂郎中，常年无偿为本埠四乡民众把脉开方，对于前来问病者，不分贫富，一概有求必应，不收分文。夜间有人值班，为疾病者服务。凡有外地人士问病求药的信函，由专人负责逐一回复，并一律登记备查，绝无怠慢。

芜湖传统的药店和大部分手工作坊形制基本相同，表现为传统建筑的外部形态，规模稍大的即为院落式布局，前店后坊，下商上宅。店面常为砖木结构，硬山屋顶，机制平瓦。这些药店或分布于长街上，或零星分布于古城内，和传统的商业建筑并列于街巷一侧，从外形上看，和其他店铺并无明显区别。芜湖近代医疗建筑一览表，见表2.5。

表2.5 芜湖近代医疗建筑一览表

医疗建筑	年代	地址
弋矶山医院（老芜湖医院、院长楼、专家楼）	1924年、1926年、1930年	镜湖区弋矶山

2.2.1.6 文教建筑及其分布

芜湖古时的学校教育有官办、民办、官办民助、民办官助等多种办学方式。明清时期，私塾遍地，族学、社学林立，县学发展，书院众多。社学是官办的小学，直到民国初期，芜湖城区的新街、河南莱庙巷、东街，还各有一所社学。芜湖的“天门书院”是南宋淳祐六年（1246年）兴建的，沿用了六百多年，到清光绪三十一年（1905年）改为高等小学。清代民办书院“中江书院”后发展成近代芜湖第一所官办中小学，咸丰三年（1853年），太平军攻入芜湖，中江书院被毁。同治二年（1863年），道台吴坤修在原址重建，更名为“鸠江书院”。同治九年（1870年），吴坤修将书院迁到东内街梧桐巷（今芜湖古城井巷）。光绪三十一年（1905年），时任皖南道台的刘树屏将中江书院改办为“皖南中学堂”，附设小学堂，此举开芜湖官办近代中小学之先河。为了培养师资力量，1905年芜湖建成了安徽公学速成师范学校，1906年建成了安徽全省女子师范学堂蒙养院。1906年，清政府宣布准备实施预备立宪，各地需要大量专门人才，芜湖也因此在1909年成立了皖江法政学堂。专门的实业教育与平民教育则出现稍晚，直至民国成立，芜湖才有安徽省立第二甲种农业学校和安徽省立第一甲种商业学校。至于工业专门学校迟至1924年才由当时辞官归里的洪镕创办。平民学校则出现在1913年。到五四运动前后，芜湖新式教育初具规模，当时县城有小学30所，普通中学7所，师范职业学校4所。新式教育的发达程度位居全省前列。

芜湖近代教育机构还有西方的教会学校。美国基督教圣公会的卢义德于1896年在芜湖状元坊创办育英学堂，1897年又在洋街设立广益中学，1909年开办了圣雅各中学，在狮子山设高中部，并在二街石桥港办了分校——圣雅各女子中学，由李焕文兼任校长；基督教来复会则于1909年在凤凰山创办了萃文中学，这是基督教在芜开办的第二所中学，校长先后由外国人和华人担任。同时，来复会还在范罗山开设了一所毓秀小学，学生约有二三百人；此外，基督会于1907年在后家巷太平大路设立一所“励德小学”，最初由美籍徐宏藻担任校长，以后由中国牧师徐多加、李卓吾相继担任校长；基督教的另一派别卫理公会在弋矶山创办了为毅女子初级中学、育才男子中学、芜湖怀让护士学校。同时，卫理公会女布道会创办育英小学，学生人数200多人；此外，芜湖基督教内地会在1937年创办了芜湖基督教圣经学校。天主教在芜湖也很重视教育，1879年创办男女教理小学各1所。1923年的芜湖总堂开办了内思女子中学，主要任务是培养中国修女。另还设有内思小学男女部，四个班共收男生百余名，女生80多名。1935年12月16日建立了芜湖内思高级职工学校，校址在范罗山旧英领事馆，次年改为内思高级工业职业学校，简称内思工职学校。该校附设小学，有男生698人、女生313人；北坛天主堂的主持神父顾乃亚于1939年先后办起了崇志小学，有男生135人、女生115人，1947年开办崇志中学，有学生234人。

2.2.1.7 日军侵华时期建筑

1937年12月10日，芜湖被日军侵占。1940年前后，日军在赭山南山腰建造了三栋二层楼房，作为警备司令部，大的建筑称“1号楼”，小的称“2号楼”“3号楼”。另外，在附近还造了一座平房，为马号。离警备司令部不远，还有一座地堡。新世纪前后，“1号楼”“2号楼”及马号被拆，现在只剩“3号楼”。

日本侵占芜湖期间，还建造了五个碉堡，现只剩一个，位于鸠江区官陡街道飞阳社区赵家背村西面100米处，北距飞机场50米。碉堡呈正方体，南北宽4.7米，东西长5.2米，占地面积约24平方米。碉堡高3.3米，内部高1.8米，顶部厚约1.1米。基础用混凝土浇筑，墙体用红砖砌。门开北侧，门前1.3米处有一个水泥墩，高1.8米，碉堡上东西面有枪眼。

除了军事防御建筑，日伪时期还建有其他类型建筑供日军使用，主要有：东和电影院，位于新芜路中段，1939年秋竣工。最初只为日军、日商服务，后渐对市民开放；日本制铁会社小住宅，位于太古租界区；日商吉田榨油厂，位于青弋江南岸，中山桥头，厂址原为戴姓盐商堆盐货栈，后成为日军驻军及养马场地；复兴大舞台，位于闹市区中山路中段。此建筑实际上早在辛亥革命前就已兴建，二十世纪三四十年代多次改建、扩建，抗战期间命名为“复兴大舞台”。日军侵华时期建筑一览表，见表2.6。

表2.6 日军侵华时期建筑一览表

日军侵华时期建筑	年代	地址
侵华日军驻芜湖警备司令部旧址	1940年前后	镜湖区安师大赭山校区西门
东和电影院	1939年竣工	新芜路中段
日本制铁会社小住宅	日伪时期	太古租界区
日商吉田榨油厂	1940年	青弋江南岸
复兴大舞台	抗战时期	中山路中段

2.2.2 工业建筑及其分布

明清时期，芜湖仍然处于传统的农业社会，以手工业为主，其形态有作坊、独立手工业和家庭手工业几种存在形式，建筑形制上多表现为传统居住建筑形式，功能上以前店后坊、下商上宅为主，商住混合。如水产网线厂，位于镜湖区芜湖古城内，儒林街27号儒林街东向，建于清代中叶。事实上，这种作坊直至近代及新中国成立后也继续沿用，主要分布在十里长街及古城内的商业街上。再如秦何机坊，是一个染布织布坊，位于镜湖区古城内东内街53号，建于20世纪20年代，坐南朝北，前店后坊，正门开在东内街，前后两进，中设天井。

开埠后，受西方工业文明影响，本土手工业发展受到冲击，芜湖的近代工业开始起步。芜湖最早的工业企业是益新面粉厂，厂址在金马门外的一片芦苇滩，现芜湖砻坊路一带，青弋江北岸，占地293.7平方米，建筑面积1007平方米。受早期西方现代建筑样式的影响，芜湖近代工业建筑强调功能性，立面趋于简洁，多为砖木结构，青砖砌墙，木楼板、木屋架，铁皮屋面，外墙有扶墙壁柱，灰砖清水墙体，石灰阳线勾缝。近代芜湖另一个较大的工业企业是明远电厂，创建于1907年，面积24亩，发电房是钢筋混凝土结构。初建时，供电区域主要集中在商店、官衙集中的长街和大马路一带，供电类型只有照明用电一种。近代时期，芜湖较大的工厂还有泰昌肥皂厂、裕源织麻厂、锦裕织布厂、兴记砖瓦厂、福记恒机器厂，以及最大的纺织厂裕中纱厂。由于芜湖商品集散地的性质，近代工业产业类型大都以加工型的轻工业、民用工业为主，主要集中在水电、交通、纺织等基础产业。产业布局一般分布在老城区和租界区的中介地带，如陶沟附近，即今吉和路一带。还有的产业建筑分布于狮子山附近。出于交通运输的需要，有的产业建筑分布在沿江一带，如益新面粉厂就建在青弋江北岸，古城南。芜湖近代工业建筑一览表，见表2.7。

表2.7 芜湖近代工业建筑一览表

工业建筑	年代	地址
水产网线厂	清代中叶	镜湖区芜湖古城内儒林街27号
秦何机坊	20世纪20年代	镜湖区芜湖古城内东内街53号
益新公司旧址	1890年	镜湖区砻坊路东段
裕中纱厂（今芜湖纺织厂前身）	1916年	狮子山南麓

2.2.3 居住建筑及其分布

2.2.3.1 传统民居建筑及其分布

芜湖城市近代的发展脉络相对来说较为清晰，空间上主要以租界区、十里长街和古城三大部分为主要构成。芜湖的传统民居建筑主要分布在古城内。十里长街现已损毁，租界区经城市建设和改造，现也已难觅当初的城市样貌，只留些许单体。芜湖近代传统民居建筑一览表，见表2.8。

表2.8 芜湖近代传统民居建筑一览表

传统民居建筑	年代	地址
雅积楼	清末	镜湖区芜湖古城内，儒林街 18 号
潘家大六屋	清末民初	镜湖区芜湖古城内，太平大路 13 号、15 号
唐仁元后裔老宅	清代	镜湖区芜湖古城内，儒林街 17 号
小天朝	1890 年	镜湖区芜湖古城内，儒林街 48 号
段谦厚堂	清末	镜湖区芜湖古城内，太平大路 17 号
缪家大屋	清中期	镜湖区芜湖古城内，花街 44 号
俞宅	清末民初	镜湖区芜湖古城内，太平大路 4 号
张勤慎堂	清末	镜湖区芜湖古城内，萧家巷 16 号
伍刘合宅	清末	镜湖区芜湖古城内，薪市街 28 号
季嚼梅将军故居	清中晚期	镜湖区芜湖古城内，萧家巷 3 号
萧家巷 5 号民居	清中晚期	镜湖区芜湖古城内，萧家巷 5 号
厉鼎璋将军故居	清末	镜湖区芜湖古城内，萧家巷 34 号
杨家老宅	1925 年	镜湖区芜湖古城内，萧家巷 52 号
王宅	清代	镜湖区芜湖古城内，萧家巷 58 号
米商吴明熙宅	民国初年	镜湖区芜湖古城内，萧家巷 62 号
郑耀祖宅	民国时期	镜湖区芜湖古城内，公署路 66 号
环城南路 29 号民居	清代	镜湖区芜湖古城内，环城南路中部
米市街 47 号民居	清末民初	镜湖区芜湖古城内，米市街中部
胡友成积善堂	清代	镜湖区芜湖古城内，儒林街 53 号
刘贻穀堂	1920 年	镜湖区芜湖古城内，丁字街 6 号
任氏住宅	清末	镜湖区芜湖古城内，西内街 44 号

2.2.3.2 其他居住建筑及其分布

近代芜湖的其他居住建筑主要有集体宿舍、公馆和名人故居。这些建筑大都服务于西方人，或是由生活在本地的名人、买办或者资本家出资兴建，受西方建筑文化影响较多，因此大都分布于租界区内及周边。其中名人故居等同于西式居住建筑中的别墅建筑，一般建造于相对独立的环境中。芜湖近代其他居住建筑一览表，见表2.9。

表2.9 芜湖近代其他居住建筑一览表

其他居住建筑	年代	地址
洋员帮办楼	1905 年	镜湖区范罗山半山腰
英商太古公司洋员宿舍旧址	近代	镜湖区赵家村 18 号，第一人民医院后门
沈克非和陈翠贞故居	1936 年	镜湖区弋矶山医院内
崔国因公馆	清末	镜湖区吉和街道冰冻街军分区内

2.3 小结

总体来看，芜湖的近代建筑遗存分布情况如下：（1）新市区南部（十里长街）地区的近代建筑保留较少，加上工业建筑现存较少，说明当时工业建筑主要集中在新市区南部，建筑遗存状况较差；（2）公共建筑（除商业建筑外），较多集中在租界区和新市区北部。而居住建筑和商业建筑，多集中在老城区，同时租界区人口较少，老城区人口较多。当时公共设施发展很不均衡，老城区公共服务水平较低，租界区和新市区北部公共服务水平较高；（3）宗教建筑分布较为均匀，老城区附近和租界区都有分布。说明宗教发展较为稳定，呈多元化发展；（4）居住建筑以传统民居居多，城市人口以社会底层人口为主，里弄住宅基本没有出现，花园洋房也几乎没有出现。说明近代芜湖的城市发展与经济发展并没有达到很高的水平，这与东部沿海的开埠城市有较大区别。

3

芜湖近代建筑的风格

3.1 传统建筑风格的演变

中国的近代时期，仍然有数量众多的传统建筑，这些建筑属于旧建筑体系，这个旧建筑体系仍与农业文明有紧密的联系。应当看到，时至今日遗存的大量民居和其他民间建筑，绝大部分都不是建于19世纪中叶前的古代建筑遗产，而是建于鸦片战争后，属于中国近代时期的传统建筑遗产，即仍属于旧建筑体系。实际上，这批建筑数量很大，分布很广。它们大部分在局部运用了近代或者西方的某些材料、装饰、建造技法、风格元素，但并没有摆脱传统建筑的精神桎梏。不论是在空间组合还是风格造型方面，也不论是在建造技艺或是总体布局方面，它们大都基本上保留了传统文化特色，仍表现出强烈的因地制宜、因材致用的传统建筑风格和乡土文脉特色。因此这些建筑仍然是乡土文化的产物，保持着中国古代传统建筑风格，是推迟转型的简化了的传统乡土建筑。对于近代的芜湖来说，这些仍属于旧建筑体系的遗产，是近代建筑转型的基础，深入了解它们，有助于更好地理解近代建筑转型、演进的过程。

大部分的传统建筑集中分布在芜湖古城内。芜湖古城本身是一个发展了上千年、传承了千年历史文化，拥有传统城市结构模式的城区，依社会需要产生的建筑类别依然存在，如居住建筑、官式建筑、礼制建筑、宗教建筑、商业与手工业建筑、教育文化娱乐建筑等。芜湖古城内的传统建筑从近代发展到现在，历经战争的毁坏与现代城市化进程的拆建，留存下来的有价值的不多，本书根据建筑形制特点将其分为官式建筑、礼制建筑和民间建筑。

3.1.1 官式建筑

古城内的官式建筑目前遗留的数量很少，保存完整、价值较高的只有衙署。

衙署，据《辞海》解释是中国古代官吏办理公务的处所。传统衙署的形态通常是一组主从有序、尊卑分明的建筑群。大多处于城市中心的位置，以突出其权威性。芜湖现存衙署始建于宋代，沿用至清代，是安徽省内仅存的两处高台建筑之一。建筑中轴对称，衙署前门又叫钟鼓楼、谯楼，位于镜湖区芜湖古城中心，马号街与十字街交汇处。其台基平面为长方形，东西长24.95米，南北宽9.17米，占地面积228平方米。台基高度为：东西向3.5米，西南角3.98米，西北角2.75米，不在一个平面。台中留有4.2米的门空，台基为花岗岩石质，表面粗糙，规格不一，以矩形为主，以石灰膏勾缝砌筑。台基的基脚有56厘米的须弥座，向外飞出15～20厘米不等。台基中空部分用碎砖或夯土填实。台基之上是木结构房屋，面阔三间，东西长12米，南北宽4.34米，前后有廊，歇山式屋顶。现存5架木结构，明间为抬梁式，稍间为穿斗式，包括前后廊共7檩。明清数百年间芜湖古城虽屡有兴毁，但衙署前门依然沿用宋代基础，作为最高行政机构的衙署始终矗立在城内最高的中心位置，其严格的尊卑等级，严谨的轴线布局是传统政权建筑的代表（如图3.1）。

衙署前门

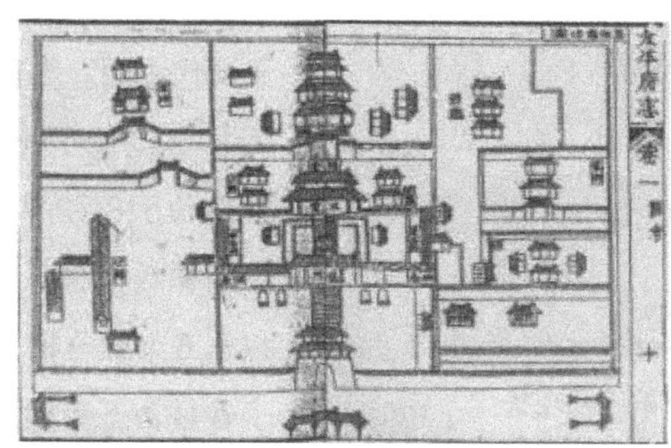

衙署总图

图3.1　衙署前门现状及总图　来源：《鸠兹古韵》、清《芜湖县志》

3.1.2　礼制建筑

3.1.2.1　城隍庙

《辞海》（第七版）对“城隍”的解释为“古代神话所传守护城池的神……最早见于记载的为芜湖城隍，建于三国吴赤乌二年（239年）”，现存城隍庙位于芜湖古城镜湖区东内街60号，光绪六年(1880年)建造，光绪三十二年（1906年）、民国二十八年(1939年)重修，占地2000多平方米。其为四进式院落型礼制建筑，有前轩(门厅)、戏台、正殿、娘娘殿，东西两庑贯穿相接，既有道教殿宇的宗教内涵，又有官衙前朝后寝的布局特点。现仅存部分前轩和娘娘殿。前轩门临岳内街，面阔五间19.80米，进深两间10.33米。娘娘殿坐北朝南，面阔五间15.57米，进深三间8.61米。后楼立面为敞开式柱头有挑头梁，圆雕撑拱承挑出檐。后檐封砌墙体，檐部饰有缠枝花纹。硬山式屋顶，梁架明间是抬梁式，边列为穿斗式，共九架，前檐饰拱轩。三架梁、五架梁及轩梁均有木雕驼峰，纹饰精美。木柱由鼓式汉白玉石础支撑，用料粗壮，做工精细（如图3.2）。

城隍庙实际上是传统的礼制建筑，是以天地、鬼神为崇拜核心而设立的祭祀性建筑，是一种中国传统的重要建筑类型。

城隍庙入口

娘娘殿现状

城隍庙梁架

图3.2 城隍庙

3.1.2.2 缪家大屋

缪家大屋位于镜湖区芜湖古城中部，花街44号。始建于清代中期。坐东朝西，木构抬梁式两进二层楼房。面阔三间10.23米，两进深26.33米，占地面积269.36平方米，建筑面积518.72平方米。硬山屋顶，现盖机制平瓦。大门开在西檐墙中部，没有石门柱。二楼高敞明亮，用三架梁一根，五架梁一根，单步梁两根支撑屋顶。柱与檩之间有花牙子雀替，五架梁两头有卷草纹饰，梁头雕成如意云纹饰样。西楼为建筑前进，东楼为后进，两进梁架相同。建筑原本是四进二层楼房，每进二楼都以回廊相通，俗称“走马楼”。第一进毁于1938年日军飞机轰炸，后三进得以保存。

缪家大屋是缪家祭祖的祠堂，虽建于清中期，但又承袭了明代建筑的遗风，是古城历史建筑中较特殊的一座（如图3.3）。

古城内的祠堂是源于徽派建筑的一种重要建筑类型，是宗族文化的物质载体。祠堂的形制较为固定，一般由位于中轴线的纵向三进深院落与其他建筑空间组合而成。而缪家大屋从形制上看已有了改变，出现了“走马楼”或称“回马廊”式，理当是徽派建筑文化与本地文化糅杂的结果。

图3.3 缪家大屋背面现状

3.1.3 民间建筑

近代以前，芜湖已经是名气很大的商业城镇，古城内建造了为数众多的民间建筑。1876年芜湖被辟为通商口岸后，“米市”的迁入促进了近代芜湖的商业贸易发展，外来人口大量涌入，且他们较多从事米粮加工、运输等行业。米市兴盛，为富者众多，这些富有的外来人口来自赣、湘、苏、浙、粤等地，他们在古城内或自建住宅，或同乡相约，建造会馆及公所等。这些建筑体现了来自不同地域的建造者的审美趣味，更注重体现其家乡传统地域文化特征，因而风貌各异，也使得古城内的民间建筑风格较为多样化。

3.1.3.1 传统徽派建筑

传统徽派建筑主要指的是受古徽州地域性建筑文化影响所存在的传统民居，如一些文人雅士、官宦商贾的宅院。芜湖因靠近皖南山区，自古商贸发展就少不了徽商的参与，明中叶以后，众多徽商定居芜湖。当地传统文化受徽文化影响程度较深，建筑文化体现得尤为明显。近代，芜湖的徽商进一步增多，他们在古城内建住宅，自然以徽派民居为范本。

徽派民居多为多进式院落集居形式，一般坐北朝南，布局讲求风水。通常以中轴线对称分列，面阔三间，中为厅堂，两侧为室，厅堂前方为天井，用于采光通风，院落相套，营造了纵深型的家族生存空间。此外，民居外观的整体性和美感很强，高墙封闭，马头翘角，墙线错落有致，黑瓦白墙。在装饰方面，以“三雕”最为人熟知，青砖门罩，石雕漏窗，木雕楹柱与建筑物融为一体。

芜湖古城内的徽派住宅糅杂了徽州文化与本土建筑文化。“青砖小瓦马头墙，斗拱挂落花格窗。走马楼连美人靠，天井四水归明堂。”整体上看，芜湖古城的大部分建筑无论是整体风貌还是细部处理，都有明显的徽派建筑特征，但在装饰形式上还是有所区别，古城内民居不崇尚繁缛的雕镂，一般只在屋脊、墙头、月梁、撑拱和门窗、柱础等部分加以雕饰和彩绘，更趋简化。

（1）小天朝。小天朝位于芜湖市镜湖区芜湖古城内，儒林街48号。始建于清光绪年间(1890年后)。它是一处规模宏大的多进式院落集居形式的徽派建筑群，是芜湖古城内现存古建筑艺术的最高范例。粗大的通天柱与梁架组成一个完整牢固的建筑框架，采用规格较高的卷棚轩，朱红漆柱，雕梁画栋，粉墙黛瓦。小天朝坐北朝南，偏东12度，面阔五间18.93米，进深四间58.98米，占地面积1590.69平方米，建筑面积2318平方米。建筑本体平面为规则整齐的长方形，柱网布局合理。原本前后都有花园，砖木结构，三进两层。入大门为庭院，第一进为门厅，设有石库门门厅，后为一个接近方形的大天井，东西两边有单坡屋顶廊庑，三开间，单间进深。第二进明间为抬梁式构建，三架梁、五架梁造型优美，驼峰雕刻极为精美。第三进平面布局与第二进完全相同，不同的是梁架由抬梁式变为穿斗式，为九架二层构建。第四进与第三进相同，后檐墙中部开有一门进入后院，后院平面不甚规则。这组建筑是近代时期李鸿章送给侄女结婚的陪嫁房，规模及等级较高，因此俗称“小天朝”（如图3.4）。

（2）王宅。王宅位于镜湖区芜湖古城内，萧家巷58号，始建于清代晚期。坐北朝南，木结构承重，体量很大，面阔三间，包括门厅在内为四进深三天井院落集居形式徽派建筑，占地面积511.45平方米。硬山屋顶，盖机制平瓦，抬梁、穿斗两式并用梁架。明间一层、次间两层。第一进后向明间的月梁两端有如意卷云纹雕饰，且用“金粉”涂刷，比较少见；第二进朝北的横梁上镶有一根“看梁”——不具有承重功能、纯粹是为了装饰，采用透雕手法刻一组八仙过海。其他木结构部分，如格子门、撑拱、矮窗等，雕刻也十分精致。第二、三进的房梁采用的是“五木落地，七木朝天”的构建形式，即每进正厅两侧的房梁均有五根立柱，下垫花岗岩柱础，冲天而上，直达房顶。立柱之间的七根横梁以榫卯咬合，这些房梁的上下直径几乎完全一样（如图3.5）。

小天朝内院侧廊

小天朝内院

图3.4　小天朝

图3.5　王宅正立面

（3）段谦厚堂。段谦厚堂位于古城区太平大路西侧17号，东临太平大路，南达米市街，始建于清末，为规模较大的多进式院落集居形式的徽派建筑群。现存建筑分为三个部分，砖木结构，硬山屋顶，现盖机制平瓦，抬梁、穿斗式并用式梁架。第一部分面阔七间26.5米，进深八间15.8米；第二部分面阔26.5米，进深23米；第三部分是前窄后宽呈梯形的二层建筑。总占地面积1123平方米，建筑面积1055平方米。三个部分的整体布局大致相仿。正中是明堂，房间对称分布于东西两侧。一楼为层高达3米的主人居室；二楼层高较低，供下人居住。三幢主体建筑附近，还有多间平房作为附属建筑。该建筑群无论是用料还是做工都十分考究，尤其是第一部分雀替雕刻相当精细，第二部分梁架粗壮、线条优美（如图3.6）。

（4）胡友成积善堂。胡友成积善堂位于镜湖区芜湖古城内，儒林街53号。建于清代晚期，坐南朝北，面阔三间，进深四间，现存建筑占地面积140平方米，建筑面积220.74平方米。木结构，硬山屋顶，马头山墙，小青瓦屋面，有较为典型的徽派建筑外观。受上海石库门建筑形式的影响，建筑门楼为花岗岩石库门形式，开在北檐墙的中部，石门柱基脚有几何纹装饰，门头墙上嵌有石刻太极八卦图。与清代早中期徽派建筑多进式院落集居形式的住宅相比，已经开始演变成简化的单进式徽派建筑，虽仍为典型的徽派建筑形制，但细节已表现出受近代新建筑文化影响的倾向（如图3.7）。

山墙面

内院“回马廊”

图3.6 段谦厚堂

正立面

北面入口

图3.7 胡友成积善堂

3.1.3.2 简化的乡土建筑

除了传统徽派建筑，芜湖古城内还遗留有数量众多的商业建筑，以及相对简陋的住宅建筑。这些建筑有共同的特征：风貌上较为统一，装饰极简；虽简陋，但能够适应当地的地形、地貌和气候等自然条件；运用了当地的地方性材料、能源和建造技术，因而具有明显的经济性；吸收了包括当地建筑形式在内的建筑文化，有其他地域没有的特异性。本书将此类建筑称为简化的乡土建筑[1]。

（1）水产网线厂。水产网线厂位于镜湖区芜湖古城内，儒林街27号，建于清代中叶。建筑坐南朝北偏东17度，砖木结构。面阔三间10.58米。三进深39.22米，占地面积414.95平方米，建筑面积535.28平方米。硬山屋顶，现为机制平瓦屋面，正厅梁架跨度最大，主要为月梁。有平盘斗承抵矮柱。前部的单步梁加工成象鼻形，并有扇形浮雕纹饰（如图3.8）。

图3.8 水产网线厂内景

来源：《鸠兹古韵》

（2）南门湾7、9、11号商铺。南门湾7、9、11号商铺

---

[1] 保罗·奥利弗曾在《世界乡土建筑百科全书》中对乡土建筑有过较为精准的定义：乡土建筑应视为一种本土的、民间的、自发而生的建筑，它们适应当地环境文脉，采用当地资源和传统技术，因特定的需求而建，并同当地的文化、经济及生活方式相适应。

商铺外观

南门湾7、9、11号商铺正立面图

图3.9 芜湖传统商铺

来源：（上）自摄、（下）芜湖古城办测绘图纸

位于镜湖区芜湖古城内，南门湾西部，东接儒林街，西通薪市街，南靠环城南路，北达花街，建于清代末期。

三栋建筑皆为临街的传统商铺，呈一字形排开，坐北朝南偏东40度，砖木结构，硬山屋顶，现为机制平瓦屋面，有抬梁、穿斗并用式梁架，撑拱承挑出檐。三栋建筑的山墙彼此共用，面阔六间，三栋建筑梁架趋于一致。前向店面，后向房间。正立面基本上是用板门装修，二层除用散板外还有矮窗。三栋建筑彼此相连（如图3.9）。

（3）贞节堂旧址。位于镜湖区芜湖古城附近，金马门旁边，砻坊路251号，建于民国初年。贞节堂坐南朝北，朝向与大多数房屋坐北朝南相反。其为简单的民居式样，建筑面积约4000平方米。前后两栋楼房，中间有天井。两楼之间由外走廊相连，形成封闭的“围屋”（如图3.10）。

图3.10 贞节堂内院

（4）秦何机坊。秦何机坊位于镜湖区芜湖古城内，东内街53号，建于19世纪20年代。坐南朝北，面阔六间10米，进深六间20米，占地面积360平方米。正门开在东内街，前后两进，中设天井。前檐装修式样简洁，直梁上存木雕。两侧用砖叠涩层挑出檐且出檐深远。楼上每间原有玻璃花窗、窗下护栏做工简洁，楼下为沿街门面房。正门两侧各有三扇可拆式槽门、地面铺设带有凹槽的青石条。白天将木门拆下，即为宽敞的店面；晚上将门板拼装，又还原成一方门板。这种槽门除了南门湾一带还少有保留外，已基本淡出人们的视线。一楼净高3米多，顶部是一排粗大的房梁。二楼走廊呈“回”字形，所有的房门都开在回廊上。二楼层高较低，人字架下部勉强容一人通过。房屋后面还有一个与正房面积大致相等的后庭，是当年用来堆货和进行加工的场所（如图3.11）。

图3.11 东内街53号宅现状

3.1.4 传统建筑的演变

通过调研古城内的传统建筑，不难发现近代芜湖传统建筑的转型首先是从民居开始的。虽然古城内徽派建筑风貌的民居数量较多，大多数建于清中晚期及民国初年，但与典型的徽派建筑相比，这些民居几乎每一处细节都发生了变化。这些变化，不单单是受西方建筑文化的影响，还有外省其他地域文化的介入，这主要与近代芜湖的商业背景有关。具体来说，近代芜湖传统建筑的转型变化主要体现在以下几个方面。

3.1.4.1 进深增加

从传统徽派建筑民居来看，其合院式布局依然没有太大的变化，但进数较多，大部分为三至四进甚至四进以上，平面上为延伸的状态。近代时期，李鸿章家族在芜湖买地盖屋，亦卖亦租，做起了芜湖最早的房地产行业，是芜湖当时房地产行业的巨头，古城内薪市街、河洞巷和米市街一带的许多豪宅都为李鸿章家族所建。宅第多规模较大，附属建筑单体数量较多。除上述文中列举的实例外，还有如“伍刘合宅”这样的深宅大院，为六进二层，即为房主从李鸿章族人手中买入。

3.1.4.2 高度延伸

建筑层数与之前单层居多相比，垂直维度加大。多为两层，有的甚至局部出现三层。这说明土地价格在升高，垂直维度上增加功能以获得更多使用空间，这也从侧面反映了近代房地产行业的兴起和初步发展。

3.1.4.3 局部演化

传统建筑的外观细节发生了变化，初步表现出受到西方建筑文化影响的倾向，如绝大部分的窗洞上都有体现西方建筑文化影响的砖砌弧形拱券；硬山屋顶的坡面上也可以设置老虎窗。古城内还可见大量民居的门楼都是不同石质的石库门样式，因近代芜湖与上海贸易往来频繁，建筑文化也受到上海的新建筑形式影响。此外，现存萧家巷内成片民居的山墙形式均为观音兜式，而这可以说是受浙苏等东南地区民居形式的影响。这说明，近代芜湖的传统建筑转型，不仅仅是受西方建筑文化的直接影响，还受东南沿海较早开埠地区新建筑文化的间接影响（如图3.12）。

3.1.4.4 “里弄”不成规模

李鸿章家族虽然在芜湖发展了房地产行业，成片购买土地，统一建造房屋，但受

屋顶老虎窗

山墙西化

山墙局部演化

局部演化

图3.12 传统建筑局部演化

限于近代芜湖经济的发展规模，里弄建筑几乎没有出现。这说明，近代芜湖的外来人口中，中低收入人群占了绝大多数，这些人或买或租，集中在成片建造、较为简陋的乡土建筑中。这也说明，近代芜湖虽然有了快速发展，但相较于东南沿海开埠城市，发展速度及规模仍靠后。

3.2 西式建筑风格的渗透

近代，“洋式建筑”在中国建筑中占据很大比重，其出现有两个途径：一是被动输入，二是主动引进。被动输入早期主要出现在外国租界、租借地、附属地、通商口岸、使馆区等被动开放的特定地段，主要为外国使领馆、工部局、洋行、银行、饭店、商店、火车站、俱乐部、花园住宅、工业厂房，以及各教派的教堂及教会其他建筑。此类建筑最初由非专业的外国匠商打造，后来多由外国专业建筑师设计，是近代中国洋式建筑的一大组成部分。

“洋式建筑”在芜湖的情况也是类似的，开埠后，外国人在芜湖划出的租界区建造了一批西方风貌的建筑，多为使领馆、大使官邸、海关、税务公所等，还有与教会相关的一系列建筑类型，如西式教堂、教会学校、医院，以及主教和牧师的个人住所等。本书中，将主动输入的这批由外国人主持建造的建筑统称为“西式建筑”。西式建筑风格因受到宗主国当时流行的建筑思潮影响，前期以古典主义较为突出，后过渡到折中主义。主要表现为哥特式教堂、古典式银行、行政机构及西班牙式住宅等，或是在同一建筑上，混用希腊古典、罗马古典、文艺复兴、巴洛克等各种风格式样和艺术构件。

3.2.1 殖民地式的“外廊样式”建筑

殖民地外廊式建筑作为一种具有与热带、亚热带地方气候相适应的外廊空间的建筑样式，最初在印度等东南亚国家的殖民地地区形成，一般为一或二层，带二或三面外廊或周围外廊的砖木混合结构的房屋。因常被作为西方各国驻殖民地领事馆或外交官公馆建筑的常用形式，被称为早期殖民地建筑样式。鸦片战争前后，殖民地外廊式建筑经英国在东南亚的殖民地传入中国，成为中国近代建筑最初的主要建筑样式。

芜湖租界地区殖民地外廊式建筑受到当时英国的维多利亚时期建筑风格的影响，数量最多的是建筑立面上有连续拱券造型的样式。

3.2.1.1 英驻芜领事署旧址

英驻芜领事署旧址位于镜湖区范罗山山顶中部，建于1877年，由英国建筑师设计。两层砖木结构，坐北朝南，平面方正，东西对称。通面阔24.15米，通进深19.3米，占地面积466平方米，建筑面积1190平方米。采用青石砌筑露明基座。东南西三面有进深达3.5米的拱券外廊，廊柱为青石雕凿而成，与青石拱券组合成线脚丰富优美的立面（如图3.13）。

南面有主入口，东西两侧有次入口。主入口大门设在南向外廊中部内面，大门上部以上槛相隔，加工成券式窗户，与外廊的拱券和谐统一。大门内为八角形明间，以素白石膏线条吊顶。东西两边各有两间办公用房，每间都有壁炉。外罩形制整洁雅观，立面上的凹凸效果十分醒目。一楼明间后部西侧有三跑式木楼梯，木质栏杆，望柱外观形似灯塔。楼梯第二跑平台前向，以木柱、拱券相组合，正反两向相同。其线脚处理、凹凸设置，比例匀称，典雅大方。一楼明间后檐墙中部开有一门，通往主楼后面的附属用房。二楼设置和布局与一楼大致相同，白色石膏线顶棚，咖啡色楼板，紫色木栏杆。色彩丰富协调，装饰效果良好。屋顶为四坡式，屋面铺盖瓦楞式铁皮，屋顶前后两面各有壁炉烟囱两个。屋顶架有六个老虎窗，由西北角的附属楼梯登上。

英驻芜领事署北立面外廊

英驻芜领事署东北角

图3.13 英驻芜领事署外观

来源：《鸠兹古韵》

老芜湖海关西面

老芜湖海关东南角

图3.14 老芜湖海关外廊

3.2.1.2 老芜湖海关

老芜湖海关位于镜湖区滨江公园内，坐东朝西，面临长江，视野开阔。建于1919年，耗资白银19.4万两，为旧中国40余处海关之一，被定为三等海关，是专门征收轮船装运的进出口货物的税款的地方。

该建筑通面阔21.97米，通进深22.66米，占地面积497.84平方米，建筑面积1101.46平方米。平面五开间，进深亦为五开间，接近正方形。东、西、南三向设置外廊，以砖砌廊柱承重。主楼为柱廊式砖木结构，两层，四坡屋顶，铁皮铺盖屋面。一楼是营业大厅，二楼是办公用房。二楼中部有一南北贯通的内走廊，内走廊东西对称布局，两侧各有办公室四间（如图3.14）。

钟楼矗立在主楼西向外廊中部，占据一间多的面积。砖混结构，平面方正。四层，通高19.55米，顶上有瞭望台。钟楼设置顺时针方向转折的木楼梯，有木栏杆。钟楼的四个面有圆形舷窗，舷窗下装饰绶带，飘逸舒展，甚为精美。三层之上的四个角，都有塔式权杖各一，引人注目。西、南、北三向各有一圆形铜钟，钟两侧各外挑矮柱一根，两柱间向上发起拱券。整幢建筑用红砖净缝砌筑，每根柱角均有凹凸的线脚。檐部、腰线、门窗、顶棚等都有复杂而柔美的装饰线，装饰效果良好。主楼与钟楼，高差近半。远处观望，空间视廊起伏很大，对比强烈，曾是芜湖的标志性建筑之一。

3.2.1.3 洋员帮办楼旧址

洋员帮办楼旧址位于镜湖区范罗山半山腰，英驻芜领事署旧址东侧，原为办事人员住所。根据现存的英国建筑师手绘的范罗山总平面图推断，该楼建造时间应早于1905年。

该建筑共两层，坐北朝南，平面方正。东、西、南三向设有外廊。外廊面阔七间，进深六间，以柱承重，除边间外，余五间设拱券。一、二楼相同，风格统一。通面阔20.18米，通进深16.71米，占地面积337平方米，建筑面积674平方米。红色砖砌墙体，四坡屋顶，屋面铺盖机制红瓦。除外廊外，一、二两层各有办公室四间。一层为水磨石地坪，二层为木板地坪，以木搁栅承托楼层。现楼梯设在当中一间后部，双跑式，木质栏杆。该楼立面除一些线脚外，没有太多的装饰。但一、二两层之间的腰线，恰到好处地围箍在立面上，起到了较突出的装饰艺术效果（如图3.15上）。

洋员帮办楼南面

总税务司公所旧址东南角

图3.15 洋员帮办楼及总税务司公所

来源：《鸠兹古韵》

3.2.1.4 总税务司公所旧址

总税务司公所旧址位于镜湖区范罗山半山腰，英驻芜领事署西侧。芜湖市房产部门现存有英国设计师手绘的范罗山总平面图，在1905年绘制的版本中未出现该建筑。据此推断，该楼建于民国初年。

该建筑共两层，坐北朝南，偏东15度。平面六开间，通面阔28.02米，通进深13.65米，占地面积382.47平方米,建筑面积764.94平方米。红砖砌筑墙体，红色机制瓦铺盖屋面，四坡屋顶。东、西、南三向设有券廊。石砌露明基座高71厘米，东向第三间设条石台阶五步。券廊内面南檐墙中部设置百叶式大门。券廊为水磨石地坪，室内为木板地坪，白色石膏线顶棚。楼梯设置在东向第三间后部西侧，三跑式，木质栏杆，望柱造型漂亮，比例匀称。木楼梯第二跑顶端东侧有一短垂花柱。二楼与一楼同，石膏线吊顶，二楼第二间后部有楼梯通往屋顶人字形梁架之间，透过老虎窗可观望高空及俯视市貌。一、二两层各有四间办公室，还有卧室及卫生间，办公室设有壁炉。西北向有附属用房，一层楼，形式简朴，原为勤杂人员使用（如图3.15下）。

3.2.1.5 英驻芜领事署官邸旧址

英驻芜领事署官邸旧址位于镜湖区雨耕山顶。1876年芜湖被划为通商口岸。1877年英国人率先在范罗山设立英驻芜领事署。1889年在雨耕山顶建造了这幢领事官邸。

该楼为二层，平面方正，立面雄浑。占地面积356.5平方米，建筑面积713平方米。地坪上有1米高的架空层，用于防潮通风。青砖砌筑墙体，四坡瓦楞式铁皮屋面，采用木构架支撑屋顶，以砖石墙体承重。外墙体1米以下刷有墙裙，西面和南面设置砖柱外廊。室内装修以石膏线顶棚为主，线脚丰富华美。楼梯、楼板、门窗均为实木。楼梯间自南至北，左为起居室、过廊、卧室与卫浴等，右为起居室、卧室与卫浴等。在主卧室和起居室中均设有壁炉。二层的平面大小、房间构成，均与底层相似

官邸西面

官邸西北角

图3.16 英驻芜领事署官邸外廊

（如图3.16）。

芜湖的殖民地式建筑，总体上看，早期风格较为统一，手法类似。建筑往往选址于风景优美的山上或江边，自由度高，平面多呈简单的方形，外廊多为连续的拱券，四坡瓦楞铁皮屋顶，烟囱高耸，砖砌或石砌的檐线及腰线水平延展，建筑形体雕塑感强，完整独立，通常展现出庄重、雅致的艺术效果。墙面材质多为红砖砌筑或青红砖夹砌，表面不做处理，以清水效果示人。随时间的推移，这种殖民地的外廊样式在芜湖有了变化，表现为不再是多面做外廊，仅两面甚至一面外廊，且外廊不再采用连续的砖拱券或石拱券，以木柱或较细的石柱、砖柱、混凝土柱来做外廊。

3.2.2 哥特式建筑

哥特式建筑起源于11世纪下半叶的法国，13～15世纪流行于欧洲各国，主要见于天主教堂，也影响到世俗建筑。哥特式建筑在结构语言上主要有三大特点：尖拱、高大的玻璃窗及以骨架券支撑拱顶的主要结构。芜湖的哥特式建筑主要以教会的教堂为主。

3.2.2.1 天主堂

天主堂现位于芜湖镜湖区吉和街28号。19世纪下半叶，西方宗教陆续进入芜湖。1883年，法国神父金式玉在芜湖购得鹤儿山半部，计划建造天主教江南教区中心大教堂。并在附近的雨耕山上建造了内思高级工业职业学校，另选址建造了收养弃婴的育婴堂。1891年5月，教会与百姓发生冲突，爆发“芜湖教案”，教堂被烧毁。清政府赔款十二万三千多两白银，并在原址重建，新教堂于1895年6月竣工。

天主堂呈现欧洲中世纪哥特式建筑风格，砖、木、石混合结构，平面呈“十”字形。坐东朝西，南北对称布局。通面阔27.7米，通进深40.7米，占地面积1127平方米。建筑面积2042.62平方米。教堂的墙柱采用花岗麻石，用糯米稀砌筑，木屋架、红平瓦屋面，室内天花的筒拱由半圆形拱券和交叉拱圈组成。在直廊和横廊交汇处设有三个祭台。教堂内壁绘有40幅彩色宗教绘画，门窗上装有从西班牙运来的彩色夹丝玻璃，阳光穿过门窗射入厅内，形成强烈的宗教气氛（如图3.17）。

天主堂大致可分成三大部分：第一部分是钟楼，居于前向，南北对称，面阔三间。钟楼通高27.77米，在用材、立面造型、比例尺度等各方面都可代表整幢建筑的水平。钟楼的前向，有花岗岩条石台阶。拾级而上是钟楼的前序露台，水磨石地坪。四根石柱擎起钟楼主体结构，明间、两次间各开实木拼门一樘，门之上方发起拱券。再上，以石质矮柱支撑上部结构，柱间设置拱券。拱券之上，两柱内嵌，拱券衔环。拱之中部装饰圆形花环，线脚极为丰富。中部山花作人字形，上端有类似须弥座式样的墩座。钟楼的上部有立柱支撑，设有百叶窗。钟楼上端起线挑飞，承托塔式矮柱。主体为穹隆顶，以基座式建构收顶，饰有十字架。第二部分是大厅，通体采用混凝土和花岗岩石结构，耐久坚固。大厅的明间采用跨度较大的穹隆顶，两侧用木质人字架支撑屋顶，形成层次丰富、跳跃活泼的屋顶剖面组合。大厅内立柱排列，拱券相连，矮柱簇拥，花窗织锦，一幅幅彩色图画为教堂增添许多神秘。大厅中间是排列整齐的跪凳，两边有小祭台。大厅后部是南北走向的廊，廊的南向开一樘边门。第三部分是祭台，祭台分主次三座，中间一座是耶稣养父圣约瑟的祭坛，左边一座是圣母玛利亚的祭坛，右边一座是圣子耶稣的祭坛，均有彩色雕像。祭坛平面呈半圆形，两侧各开一门通往祭坛后向的边室。

天主堂西北角

教堂大厅

图3.17 芜湖天主堂

3.2.2.2 基督教圣雅各教堂

基督教圣雅各教堂位于镜湖区花津路46号。圣雅各教堂坐西朝东，平面呈“凸”字形，哥特式建筑风格。通面阔16.29米，通进深27.87米，占地面积374平方米，建筑面积861.57平方米。

教堂大体可分成三个部分：第一部分是教堂外观形象的标志即塔楼。塔楼中部平面方正，两根立柱承托上部结构。大门开在中央位置，门及门的上方都有丨字形图案。两内柱之间用线脚拱券，圆润柔和。其上是人字尖，再上是一圆形舷窗，外饰十字架图案。塔楼第四层向内收分，第五层是尖状塔顶，顶端装饰十字架。第五层内部结构裸露，以钢材利用三角力学原理，支撑起近5米高的尖顶。钢材外贴木板，再铺以铁

教堂西南角

教堂南面

图3.18 圣雅各教堂外观

皮屋面。塔楼每向每层都有尖券式窗户，其中第四层上部各有一个圆形百叶舷窗。塔楼东西两侧，各有尖状塔柱一根，顶端饰以十字架。第二部分是大堂。平面南窄北宽，进深方向共六间，面阔为单间。北部较宽位置加筑立柱四根，以减少横向跨度。大堂空旷高敞，除石膏线脚、窗户外没有其他装饰，显得空灵神秘，宗教气氛很浓。大堂用灰色陶砖净缝砌筑墙体，砖缝内敛，整齐划一，相当严谨。双坡屋顶，铺盖机制平瓦，木质梁架支撑屋顶。第三部分是讲台和龛座。讲台铺木地板，高出大堂地面16厘米。讲台后部中央设置龛座，体量较小。讲台两侧各有一个房间。讲堂后檐墙有高低不同的四根尖状立柱，立柱亦用灰砖砌筑并外凸于墙体，顶端饰有十字架（如图3.18）。

在许多租界区西式建筑的细节中时常见到哥特式元素，如圣母院旧址的主教楼开窗形式，尖券高窗式样的造型。事实上，这种古典样式除哥特式外，西方国家还盛行如巴洛克、文艺复兴等样式，但这些形式在芜湖所见甚少，只在近代中后期见于建筑单体的局部细节上。

3.2.3 西式的折中主义建筑

折中主义是19世纪上半叶兴起的另一种创作思潮，这种思潮在19世纪末至20世纪初在欧美盛极一时。折中主义越过古典复兴与浪漫主义在建筑式样上的局限，任意选择与模仿历史上的各种风格，把它们组合成各式各样，所以也称为“集仿主义”。折中主义建筑并没有固定的风格，其语言混杂，但讲究比例权衡的推敲，常沉醉于“纯形式美”的追求。但是在总体形态上并没有摆脱复古主义的范畴。

芜湖的西式建筑中，折中主义建筑风格以教会建筑居多。以医院、学校、主教及牧师的住所为主。

3.2.3.1 老芜湖医院内科楼

老芜湖医院内科楼位于弋矶山山顶北部。这里山体落差较大，建筑也就依山就势，灵活布局，坐北朝南，砖木结构。该楼平面是“宀”形，始建于1924年，历时12年，到1936年才完全竣工。老芜湖医院体量很大，通面阔74.7米，通进深52.355米，总占地面积1392平方米，建筑面积5474.24平方米。主体部分是位于中部、东西分布的三层建筑。主体建筑两边向南凸出，各建一幢三层楼，平面呈“凹”字形。西侧建筑年代稍晚于中部和东侧建筑。主体建筑的北向，由中部向北伸展，再建一幢依山就势的六层楼，形成了老芜湖医院独特的剖面效果（如图3.19）。

主楼中一间，在二层上竖起白色立柱四根，支撑起屋顶部分的人字尖，象征着教会医院的神圣使命。整幢建筑用红砖净缝砌筑墙体。主体建筑及北部楼为双坡屋顶，屋面铺盖机制瓦。南向东西两楼为平顶，四周有栏杆围护。窗户排列密集，均为矩形窗，砖砌假窗罩。檐下及腰部、线脚丰富圆润。整幢建筑四向在一个水平高度上，用同样的线脚相连。该建筑的楼梯设在中一间的东边，每层均为双跑。北向楼随山体沉降而建，由B1层至B3层。

3.2.3.2 圣雅各中学旧址

圣雅各中学位于镜湖区狮子山顶，芜湖市第十一中学校园内，系圣雅各教堂附设的教会学校，共有博仁堂、义德堂、经方堂三幢单体建筑。主体建筑博仁堂居前，义德堂、经方堂一东一西居后，构成“凹”字形平面（如图3.20）。

内科楼正面

内科楼东面

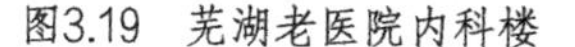

图3.19　芜湖老医院内科楼

图3.20　圣雅各中学组楼

博仁堂建于1910年，地处狮子山山顶南部，坐北朝南，以钟楼为中轴线，东西对称布局，平面形似一杆天平。通面阔41.58米，通进深17.4米，占地面积544平方米，建筑面积1807.56平方米。主体为三层砖木结构，红砖净缝砌筑墙体。四坡、双坡相交，铁皮屋顶，基座部分有通气孔。砖砌立柱外凸，立面线脚复杂优美。柱与柱之间发起拱券，用搁栅承托楼板。楼梯设在中间的北向，双向双跑，有木栏杆，质地坚硬。楼正中为钟楼，共五层，是博仁堂的形象标志，钟楼造型独特。前部除一楼设置拱券外，余四层均为一般房间。后部一至三楼设置拱券，四至五层为楼梯间。第五层以上为屋顶部分，梁架裸露，全部为木构架。四角各有一根梁，梁间横架檩条。檩条外贴木板，再贴以铁皮排雨。举折很大，屋面陡峭。屋顶之上是平台，人可以通过楼梯登上平台，俯瞰四周景致。该楼屋顶之上均有平台，并有铁质栏杆（图3.21上）。

义德堂建于1924年，位于博仁堂东北向，坐东朝西，二层楼。平面简洁，红砖净缝砌筑墙体，底部有通风孔。四坡屋顶，红色机制瓦铺盖屋面。通面阔22.175米，通进深6.93米，占地面积154平方米，建筑面积307平方米。大门开在建筑西向中部，拱券式门罩向外凸出。大门内是楼梯间，木质双跑楼梯，有栏杆。一、二两层共有教室四间，宽敞明亮。除门窗外，该楼没有装饰，淳朴素雅（图3.21中）。

经方堂建于1936年，位于博仁堂西北向，坐西朝东，二层楼。红砖净缝砌筑墙体，底部有通风孔。四坡屋顶，红色机制瓦铺盖屋面。檐部四向向外挑出，檐下有线脚。通面阔30.56米，通进深11米，占地面积336.16平方米，建筑面积672.32平方米。平面布局长方空旷，一层除楼梯间和狭窄的讲台外是宽敞的大堂。大门开在东南角，用水磨石做成的有几何形纹样的矩形门罩向外凸出。大门以内就是楼梯间，楼梯直跑。大堂北向的讲台为木板地坪，余者均为水泥地坪。二楼东向设内廊，西、北两向共有三个教室。该楼以砖墙、柱承重为主，木搁栅承托楼板，人字架支撑屋顶。装修风格简洁淡雅，以白色石膏线条为主（图3.21下）。

博仁堂大门

义德堂

经方堂

图3.21 圣雅各中学主楼及附属建筑

3.2.3.3 圣母院

圣母院位于芜湖市第一人民医院院内，坐南朝北。东侧体量较小的是天主教主教公署，又称主教楼；西侧体量较大的是修道院，两者合称“圣母院”，均建于1933年。圣母院由芜湖天主教会创办，西班牙人设计监造，是芜湖市今存规模较大的教会建筑之一（如图3.22）。

天主教主教公署，亦称主教楼。外廊式建筑，两层楼，底部有架空层。通面阔27.85米，通进深15.78米，建筑面积1611.9平方米。平面布局比较规整。楼之东端是以立柱支撑的外廊，柱上端的横梁略呈弧形。柱与柱之间安装栏杆，由其南向设台阶登上。一、二层室内布局相同，中部为廊，两向是房间。楼梯设在西向的南边，木质栏杆，双跑。

室内没有太显眼的装饰。该楼用灰色陶砖砌筑外墙，间或用红色陶砖砌筑装饰线。四坡屋顶，铺盖机制红瓦，木质人字形屋架。二楼北向中部设有楼梯，人可登上人字架层，通过南、北、东、西的老虎窗观望外景。屋顶老虎窗，可使屋内通风干爽，空气清新，对保护木结构大有益处。

修道院，又称修女楼，系修女学习、布道之所。平面类似“工”字横摆式样，建筑体量较大，包括架空层共有四层，以中楼为轴线，东西对称。中楼南向外凸，有如天平之撑杆。通面阔77.47米，通进深32.75米，占地面积1054平方米，建筑面积4217.36平方米。建筑的北向设有大门三樘，大门前均有石台阶，中楼大门前的台阶两旁还安装有石质栏杆。进入中楼大门是一个前厅，前厅之后是东西走向的内长廊，长廊两端各有平面外伸的楼，与中部主楼两侧形成“丁”字形，两楼均有楼梯。中楼位置突出，南向向外伸出，平面矩形，整齐严谨，中楼两侧是房间。在立面造型上，以中楼北向为主，用四根立柱擎起一、二、三层外向结构，以大门、窗户及屋顶为修饰对象。其中屋顶部分被做成斜直相间的阶梯状，具有一定的装饰效果。该建筑以灰色陶砖砌筑外墙，腰线、檐线及底线则用红色陶砖，十分醒目。中楼及其两侧是双坡屋顶，两端之楼则为四坡屋顶，均用机制红瓦铺盖屋面。主体结构以砖、木为主，少数立柱为石质。采用木质人字架支撑屋顶，人可以通过西端的附加木楼梯登至人字架层，以便查检结构状况（如图3.22）。

主教楼东北向

修道院东南角

修道院北面现状

图3.22　圣母院组楼

3.2.3.4　基督教主教公署旧址

基督教主教公署旧址位于镜湖区狮子山，共有三幢单体建筑：基督教主教公署、基督教中国主教公署和基督教附属建筑（生活用房）（如图3.23）。

主教公署北侧

中国主教公署南侧

中国主教公署附属楼东南向

图3.23　基督教主教公署组楼

基督教主教公署旧址地处狮子山顶的北向，坐北朝南，砖木结构。平面不甚规则，依山就势，形成跌宕的剖面结构。通面阔17.2米，通进深17.63米，占地面积235平方米，建筑面积679.77平方米。主体建筑为两层，部分单层，底部还有架空层。四坡、双坡交错屋顶，红色机制瓦铺盖屋面，灰砖净缝砌筑墙体。东向立面呈高低错落、凹凸齿牙状。南向为建筑的正立面，东半部内凹，西半部外凸，因而形成纵横相错的屋面效果。该楼大门开在东半部的西边，与北向大门处在同一个位置上，空气流动畅通。窗户为双层，外向为百叶式，窗的上方用青砖立砌。西向立面简朴大气，没有什么装饰。北向立面，因有东向的单层与二层建筑的混合组合，加之主楼的西半部有架空层，外观比较复杂。架空层用木枋、木搁栅承托一楼的木楼板，搁栅架在墙体上。一楼的楼梯设在东半部后向的西边，与一楼大门相齐。北向大门内设有直跑式木楼梯，有栏杆。屋顶用人字架支撑，以木板代椽，板上加铺一层油毡防水。人字架不设斜撑，此结构比较少见。

基督教中国主教公署旧址地处狮子山山腰的东部，与基督教主教公署相距百米，坐北朝南，砖木结构。平面基本规整，通面阔9.315米，通进深11.665米，占地面积108.66平方米，建筑面积325.80平方米。灰砖净缝砌筑墙体，双坡屋顶，屋面铺盖机制灰瓦。沿山墙向外出挑，南向屋顶呈阶梯状，高低错落。以墙体承重为主，木搁栅承托木楼板，前向一间为单层，其后两间为三层。其中第三层为梁架支撑屋顶层，中部高，檐部低。从一层到三层，共有八个房间，其中楼梯占去一个房间的空间。楼梯设在西北角一间的前向，西向墙体外凸，以满足楼梯安装的需要，楼梯装有木质栏杆。西向中间的山墙上装有一个壁炉，烟囱直冲屋顶，建筑后向屋顶上开设老虎窗一个。该楼经过一次检修，主体未动，内部装修局部有些变动。现由王稼祥纪念馆管理使用，保存状况完好。

基督教附属建筑（生活用房）地处基督教中国主教公署的东向，相互毗邻，坐北朝南，二层楼，共有八间房，平面方正。通面阔10.57米，通进深8.9米，占地面积包括前向台墀共102平方米，建筑面积212.33平方米，体量较小。灰砖净缝砌筑墙体，双坡屋顶，两山外挑，屋面铺盖机制平瓦。屋顶前后两向各开老虎窗两个，壁炉烟囱伸出屋面。以墙体承重为主，搁栅承托楼板。楼梯设在中间后部西边，双跑、木质，有栏杆。顶层采用传统的柱式木构架，随着屋顶坡度逐渐降低构架，檐部空间无法利用。该楼除门、窗、楼梯外，稍有装饰效果的部位是前向的门亭。

芜湖的西式折中主义建筑数量较多，这与当时西方折中主义在中国其他地区的发展情况类似，可以说是近代中国西式建筑的风格基调。

3.3 仿西式建筑的出现

近代，由中国业主兴建的或中国建筑师设计的“洋房”，属于主动引进的西式建筑，早期主要为洋务运动、清末“新政”和军阀政权所建造的建筑，这些活动本身带有学习西方资产阶级民主的性质，大多模仿西方古典式建筑外貌。实际上也是一种折中的处理手法。本书中，将这类建筑统称为“仿西式建筑”。

3.3.1 具有古典主义倾向

芜湖的仿古典主义建筑处理手法，大都限于对局部要素的模仿，主要集中于入口柱式及拱券的模仿以及腰线的突出运用。柱式中，爱奥尼柱式使用较多，但多对柱式采用了简化处理的办法，加入了自己的理解，如益新面粉厂的入口处理（如图3.24）。此外，乐育楼入口的爱奥尼柱式，柱头尺寸变小，整个柱式略显简化，没有山花，入口用柱式直接跳出阳台加以强调。其墙体中加入腰线处理，强化水平感。此外，芜湖民居建筑入口多采用砖柱和砖砌拱券结合，拱券多为半圆形或弓形，基本无其他形状复杂的拱券。

图3.24 益新面粉厂入口处理

具有典型古典主义风格特征的当属芜湖中国银行，建于1926年，其旧址现位于镜湖区中二街86号。事实上，芜湖最早设立的国家银行是1909开业的大清银行芜湖分行，大清银行是中国官方开办的最早的国家银行，1912年中华民国成立后，“大清银行”改称“中国银行”。1922年，芜湖新银行大楼由中国近代第一批留学国外、学成归来的著名建筑学家柳士英先生设计。1926年动工兴建，次年竣工。主体建筑为三层，砖混结构。内部为木结构、木楼板，屋面盖灰瓦。建筑面积1099平方米，门厅约为250平方米，高达7米。厅内由四柱支撑，柱头造型别致。石砌台基厚重坚固，有爱奥尼克式廊柱。新银行大楼建成后，成为当时芜湖的地标式建筑（芜湖中国银行，如图3.25）。

图3.25 芜湖中国银行入口柱式

3.3.2　巴洛克线条的模仿

巴洛克式建筑风格主要体现在建筑的局部，这其实和其他西方古典建筑风格在芜湖的运用是类似的。芜湖近代建筑对于巴洛克的模仿，主要是强调曲线的线条，多见于山墙和入口门头的强化处理。

3.3.2.1　模范监狱

模范监狱位于镜湖区芜湖古城内，包括东内城28号、32号。始建于民国七年（1918年），为安徽省当时设施最齐全、设备最先进的室外监狱。模范监狱是一处规模庞大的建筑群,坐北朝南，正门南开，面临东内街。花岗岩石库门框，门楼高达8.56米，上有“安徽二监”四字。监狱东西长45.02米，南北宽75.28米，占地面积3389.11平方米，建筑面积5283.11平方米。以十字楼为中心，东西各有一幢号房，南北各有两幢平行排列的号房，共六幢。监狱四周有青砖砌筑高近6.6米的围墙，围墙每隔一段加砌一根砖柱，以固墙体。监狱分为前后两大区，北面为后区，男监，二层，呈长方形十字形。南北两翼为5人杂居监，每翼楼上下各有监房16间，合计可容320人。东西两翼为1人独居监，楼上下各有监房16间，合计可容64人。东西南北四翼拱于中央，作三层楼房式，一层为看守监视处，二层为教诲堂，三层为瞭望室（从这里可以俯视全监）。后区有工场4大间，分设于十字形的4个角落。炊所、粮库、浴池、洗涤室、染纱场、消防器具室、水井、非常门都设在北端。南面为前面，前为正门，两旁有门卫室、接见室、看守室各1间。由正门入内，正中为监狱事务所办公楼。内有典狱长办公室、各科办公室、会议室、招待室、陈列室、会食所、材料库、物品保管库、职员宿舍。事务所西面为女监，砌横墙隔开。女监正门为女犯接见处，亲属不能直接给犯人传递物品，要用转桶来传递。事务所东面为病监，也以横墙隔开。病监内有普通病室、精神病室、传染病室。停尸房另有砖墙隔断，与普通病室脱离。病监南面还有医务所、看守宿舍、看守厨房、厕所、水井等。实际上，模范监狱当属折中主义风格的建筑群，在其山墙一侧，有较显著的巴洛克式线条处理手法（如图3.26）。

山墙

鸟瞰

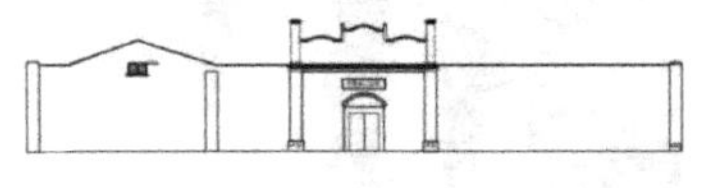

南大门现状图1:150

图3.26　模范监狱

来源：（上）自摄、（下）芜湖古城办测绘图纸

3.3.2.2 省立第二甲种农业学校旧址

省立第二甲种农业学校旧址位于镜湖区康复路111号，即原芜湖农校校址。该栋楼坐北朝南，平面规整，呈矩形。面阔41.04米，进深17.05米，占地面积699.73平方米，建筑面积1399.46平方米。墙体为青砖净缝砌筑。一楼以排列密集的砖柱构筑外廊，柱与柱之间发起券拱，为券廊式。二楼也设有外廊，但无券拱。廊柱间有栏杆，用木质单步梁承挑出檐。墙体承重为主，屋顶用人字架支撑。双坡屋顶，两山向外挑出。双跑式木质楼梯设在中一间的后向。一楼内部中间设有东西走向的内廊，南北为房间，东西对称。房间靠内廊的一面起券。除门窗外，该楼几乎没有装饰（如图3.27）。

图3.27 省立第二甲种农业学校入口

3.3.3 仿西式折中主义建筑

3.3.3.1 益新面粉厂

益新面粉厂位于镜湖区砻坊路东段，东邻袁泽桥，南濒青弋江。此厂是安徽省最早的民族资本主义企业，也是我国最早开办的机器面粉厂之一，始建于光绪十六年（1890年），建成于光绪二十年（1894年）。这栋多层工业厂房受当时建筑技术水平限制，仍采用砖木结构，矩形平面，单跨八开间，跨度10米，开间2.6米，占地面积293.7平方米，建筑面积1007平方米。外墙为带壁柱的青砖实砌清水墙，墙体厚度由75厘米逐渐收分到42厘米，用糯米稀砌筑，内部仅有一道横墙，所有墙基下均打有木桩。底层高5米，楼层高4.2米。木柱、木楼板、木屋架，瓦楞铁皮屋面，外墙有扶墙壁柱，坡屋顶内有安置设备的阁楼层。厂房坐东朝西，东北角设有直角双跑式木楼梯，东面外廊内设有单跑式木楼梯。灰砖清水墙体，石灰阳线勾缝（如图3.28）。

益新面粉厂现状

益新面粉厂西南角

图3.28 益新面粉厂厂房

3.3.3.2 萃文中学旧址

萃文中学由两栋楼组成，竟成楼和教务处楼。竟成楼共3层，砖木结构。坐东朝西，偏北10度。面阔24.57米，进深20.5米，占地面积503.69平方米。四坡屋顶，黑色铁皮屋面。三角形木质梁架，四向均设有大小不同的老虎窗。红色机制砖净缝扁砌墙体，水泥、木板混合地坪。

教务处楼位于竟成楼西南向9米处，共2层，砖木结构。四坡屋顶，铁皮屋面，屋顶有老虎窗。红色机制砖净缝扁砌墙体，二楼设廊，窗、廊以砖砌柱，设拱券（如图3.29）。

教务处楼西北立面

竟成楼西北面

图3.29 教务处楼和竟成楼

3.3.3.3 芜湖杂货同业公会旧址

芜湖杂货同业公会旧址位于镜湖区上菜市27号。此楼建于1931年，坐北朝南，砖混结构，两层楼房。面阔三间10.8米，进深三间18.5米。南面有四根圆形罗马式立柱，外走廊，门窗高大，内八字形方窗。屋顶仿照附近的圣雅各教堂，坡度很陡（如图3.30）。

正面

背面

图3.30 芜湖杂货同业公会 来源：《鸠兹古韵》

芜湖近代仿西式的折中主义建筑，多为局部模仿西式建筑元素，和模仿古典建筑的手法类似，只不过运用的范围更广。

3.4 中西合璧式建筑渐成规模

中西合璧式建筑，实际上是两种不同建筑文化的融合。总的说来有两种融合的方式：一种是传统建筑的西化，另一种是西式建筑的本土化。尤其是后者，发展到后来渐渐向中国式传统复兴的思想靠拢，这与中国近代时期传统复兴的设计思潮不谋而合。本质上，是传统复兴思潮在芜湖的传播。

3.4.1 传统建筑西化

这类建筑的外立面已然是完全的西式建筑表皮，但建筑内部依然采用的是中式空间或装饰风格，因对砖块砌法要求较高，建筑造价不菲，此类建筑的建造者大多财力雄厚，本质上是一种追赶时髦风潮的心理诉求。

3.4.1.1 项家钱庄

项家钱庄位于镜湖区芜湖古城内，萧家巷28号，建于民国初年。这是一幢法式建筑与芜湖本地建筑文化相互融合的范例。该建筑坐北朝南，面阔三间11.6米，进深三间10.95米，占地面积178平方米，建筑面积约254平方米。前檐设廊，水磨石地面，明间地面中央有黑色“福寿双全”纹饰。明间一、二层均有青砖砌筑的圆形柱，方形柱脚，覆斗式柱头，两柱之上是青砖券顶，东向有砖砌券形门洞，南面是一个高敞的庭院，墙壁底层架空，一个个通风口都做成金钱状，刻意成为钱庄标识（如图3.31）。

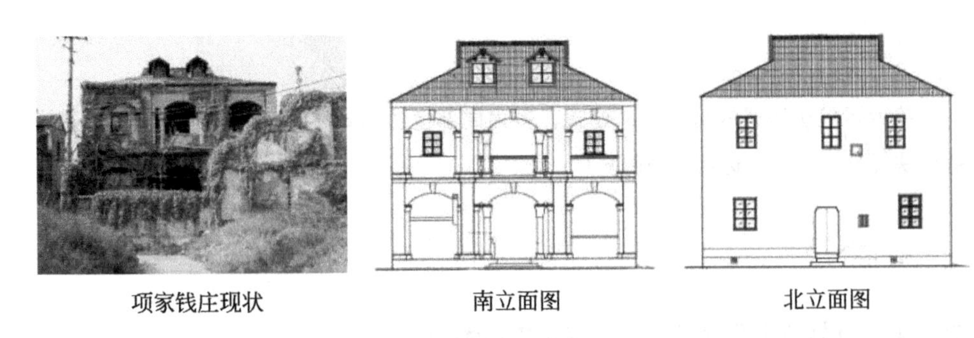
项家钱庄现状　　南立面图　　北立面图

图3.31　项家钱庄　立面图来源：芜湖古城办测绘图纸

3.4.1.2　太平大路俞宅

太平大路俞宅位于镜湖区芜湖古城内，太平大路4号，建于清末民初。与四周传统的深宅大院不同，它具有明显的建筑风格。前廊拱券和砖砌圆柱的线条，水刷石门楼的造型，墙上堆塑的花卉，弧形大理石台基，墙角通风口的形状等，丰富而精致。它是一座中西合璧的建筑，堪称芜湖中西建筑文化交融的典型实例（如图3.32）。

俞宅正面

俞宅远望

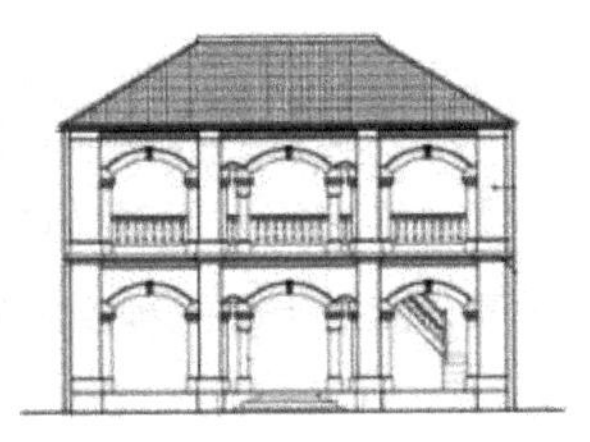
俞宅南向正立面（1∶75）
来源：芜湖古城办测绘图纸

图3.32　太平大路俞宅

俞宅位于古城地势较高处，二层建筑，占地面积157.24平方米，建筑面积222.65平方米。坐北朝南，面阔三间，进深间数不规则。南明间正立面用青砖勾缝砌筑圆形立柱，柱脚有方形墩，柱头有逐层外挑的斗式装饰，上下两层相同。次间用青砖砌筑方柱，共有6个拱券。前部设廊，中、后部为房间。用人字架支撑屋顶，共有11檩。用青砖砌筑墙体，墙厚28厘米，山墙、檐墙均用青砖向外挑出，形成一个规矩的硬山屋顶。二楼前檐安装水泥模筑栏杆，砖砌拱券的直角部位有堆塑的白色花卉装饰。外廊地面是红色水磨石，绘有四只黑色蝙蝠与寿字装饰，寓意“福寿双全”，主楼前是一个庭院，面积45平方米，地坪是水泥砂浆混合质地。

3.4.1.3 潘家大六屋

潘家大六屋位于镜湖区芜湖古城内，太平大路15号，建于清代晚期，典型的徽派建筑。太平大路13号建于民国初期，是座中西合璧的小洋楼。该楼坐北朝南，面阔三间，进深三间，占地面积122平方米，建筑面积244平方米。正前部设有廊檐，大门为6扇变形的花格子玻璃长窗，腰檐和后檐的外挑线条丰富优美，山墙脊和前檐的做法新颖别致（如图3.33）。

山墙

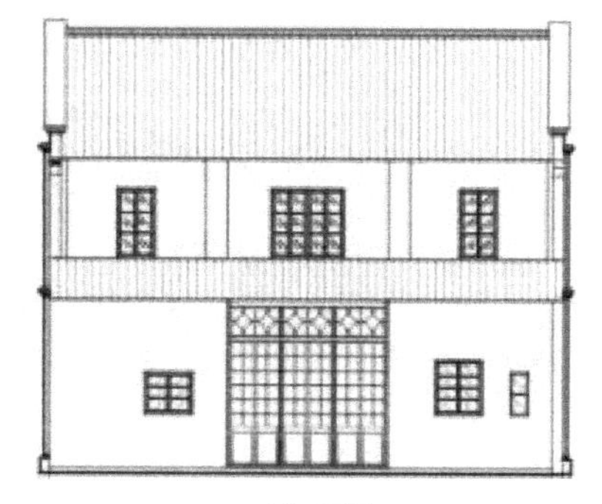

正立面图
来源：芜湖古城办测绘图纸

图3.33 潘家大六屋

3.4.1.4 青湘小筑

青湘小筑位于官沟沿28号，是一座二层青砖小楼。小楼坐西朝东，正门前原有一道影壁，青石基座，正中间雕有一个巨大的“福”字。影壁又称照壁、萧墙。正门上方有一个青石制成的长方形内嵌式匾额，匾额正中镌刻着“青湘小筑”四个大字。门厅后面是一个不大的院子，院北为主体建筑，楼上楼下布局大体相同，中间明间是客厅，东西两侧次间是卧室。这座小洋楼所有门窗上的玻璃全是彩色印花玻璃。青湘小筑的屋顶四面斜坡，有一条正脊和四条斜脊，颇似古建筑中规格最高的，只能用于皇家建筑的庑殿顶（四阿顶）。民间把这种屋顶叫作“四沿齐”，又因整个建筑的形状很像一枚官印，所以又叫“大方印”。辛亥革命以后，推翻了帝制，才有人斗胆敢用。但能建“四沿齐”的，除了有钱之外，还需要有一定的社会地位，否则是不能建的。这种建筑样式在民国初期曾盛极一时，古城内还有几座这样的房子，它有机地融合了近代建筑的诸多元素，是一种古今过渡时期的建筑（如图3.34）。

图3.34 青湘小筑

3.4.1.5 郑耀祖宅

郑耀祖宅位于镜湖区芜湖古城内公署路66号，公署路东向，始建于民国时期。坐北朝南，面阔三间11.87米，进深包括南向的庭院共16.73米，占地198.59平方米，

图3.35 郑耀祖宅

来源：（上）芜湖古城办测绘图纸、（下）自摄

建筑面积248.08平方米。共两层，一、二层之间，四间均砌有外挑的腰檐。西向有一院落，开一小门入内——系主楼前的庭院。南向檐墙为其正立面，大门在檐墙中部，为白色花岗岩石库门。外墙体用小青砖扁砌实心墙。该建筑外观为西式，内部结构为中式。东是罗家闸，西邻环城西路，南接马号街，坐北朝南。民居外观为西式，内结构为中式，砖混结构、硬山屋顶，机制平瓦屋面，人字形梁架。西向有一院落，开一门入内。该建筑是中西合璧式建筑成功的典范，其内部装修部位与中式建筑相同，但其式样为西洋风格，装修构件都有较高的艺术水平，具有较高的科学、艺术价值（如图3.35）。

3.4.2 西式建筑本土化

近代早期，西方教会为了更好地传教，主动适应中国人的风俗习惯，以迎合中国人的心理，从而柔化中国人的排外情绪，因此，教会建筑最先开始采用“中国式”的建筑处理手法。在芜湖，此类建筑多表现出中西建筑元素糅杂的特点，

3.4.2.1 华牧师楼旧址

华牧师楼旧址位于镜湖区太平大路17号，芜湖古城西北角，建于20世纪20年代。最先入住者是中华基督会美籍传教士华思科夫妇，当地居民因此称之为“华牧师楼”，为中华基督会在太平大路购屋改建的住宅（如图3.36）。

该建筑为中西结合式，坐北朝南，偏东10度。青砖砌筑，砖木结构。悬山屋顶，机制平瓦铺盖，上有老虎窗，人字形“密肋”式木屋架。面阔12.31米，进深9.18米，占地面积113平方米，建筑面积

图3.36 华牧师楼

480平方米。共四层，三开间。一至三层为当年教会牧师居住的场所。四楼的层高明显矮于其他三层，作为储藏室和隔热层使用。楼内全部为木地板。除一楼外，其余每层正南面都有一个30多平方米的大阳台。这幢建筑建成后，很长一段时间是古城内的最高点，从楼顶可以俯瞰全城。

3.4.2.2 天主教修士楼旧址

天主教修士楼旧址位于镜湖区大官山山顶，建于1912年。这里是天主教外国修士的宿舍及学习中文的场所。此处地势高敞，视野开阔。该楼东西对称，包括架空层在内共三层，东北角为挑筑亭式建构。通面阔35.18米，通进深17.615米，占地面积619.7平方米，建筑面积1859平方米，平面长方规整。东、西、北三向设外廊，西南角和西北角有楼梯。内楼建筑平面东西对称，中间设有廊式过道，两向以墙分隔成16间。二层东向中部设有楼梯登至三层。二、三两层中部廊向各开大门，北向过道口亦开一门通向外廊。外廊用梁、柱承挑，柱间有栏杆。主体梁架为木结构，红砖砌筑墙体，双坡屋面铺盖瓦楞式铁皮。北向山墙廊步加盖单坡屋面，山墙砌成直线弓字形。修士楼内部装修简洁明朗，没有过多修饰。外观是西式的，内部却是中式化的，是中西建筑技艺的完美结合（如图3.37）。

图3.37 天主教修士楼
来源：《鸠兹古韵》

3.4.3 传统复兴思潮影响

20世纪20年代，中国建筑师掀起了一股传统复兴的建筑设计风潮。设计手法基本分三种：第一种是仿古做法的“宫殿式”；第二种是被视为折中做法的“混合式”；第三种是被视为新潮做法的“以装饰为特征的现代式”。

3.4.3.1 沈克非和陈翠贞故居

沈克非和陈翠贞故居位于弋矶山东部半山腰上。坐北朝南，砖木结构，二层楼外加局部架空层。红砖净缝砌筑墙体，歇山式红色筒瓦屋顶。通面阔17.705米，通进深10.6米，占地面积187.67平方米，建筑面积480.26平方米。该楼平面不甚规则，主楼南向的西段向外挑出，呈弓字形。东段则是平台，砖砌栏杆围护。平台之下是架空

图3.38 沈克非和陈翠贞故居

层。中部开有四开式大门，大门上方有造型简朴的外挑门罩，西为山墙。一楼中一间是过道，东向一间是客厅。南檐墙开设大门两樘，门之上方用砖砌筑与墙外皮齐平的拱券，用作装饰。西向有两间房。楼梯设在后部东向，直跑。二楼为木板地坪，平面布局与一楼相同。西向前面向外伸展筑一平台，也有砖砌栏杆围护（如图3.38）。

3.4.3.2 望火台

望火台坐落在环城南路中部56号。该建筑始建于民国时期，属于公共建筑，本体平面规则，长方形，东西长4.38米，南北宽8.50米，占地面积37.23平方米，建筑面阔18.12米，进深11.17米，占地面积202.40平方米。砖混结构，立面为三层，总的面阔13.26米，其中第二层是水泥平顶，四檐有水泥栏板围护，第三层是一个方形楼阁，四阿顶，脊为水泥浇注。墙体用青砖扁砌，实心，外粉沙灰。每层都开有窗户，二层平顶向外挑出三线，阁楼四檐有封檐板，东西两向开有门，砖砌外挑券式门罩（如图3.39）。

从时间上看，芜湖受传统复兴思潮影响的建筑集中于民国后期，这与大环境是同步的，但此类建筑在芜湖并不多见，从做法上看也颇为随意，更像是一种尝试，仅限于中式建筑元素的简单铺作，从整体造型上看略显违和。

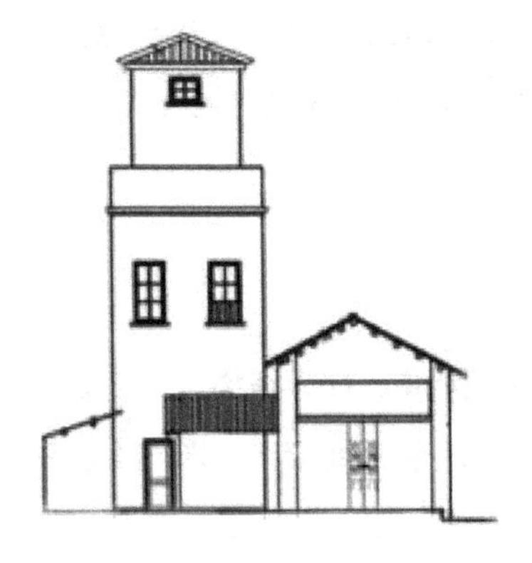

图3.39 望火台 来源：（左）芜湖古城办测绘图纸、（右）自摄

3.5 现代式建筑风格的兴起

20世纪30年代，现代主义建筑思潮从西欧向世界各地迅速传播，以机器大工业生产为背景，主张抛弃繁重的装饰，注重建筑的实用与经济效应。芜湖现代式建筑更多受早期现代式建筑思潮的影响，注重与自然环境的融合，追求形体变化，强调水平构图，同时因技术与材料的进步，钢筋混凝土的使用使得大空间得以实现，但此类建筑兴起的阶段，与日本占领芜湖的时间交叉，因此并没有广泛传播。日本人在占领芜湖期间，也建造了一些追求功能、不加装饰，具有现代式建筑风格的建筑。

3.5.1 内思高级工业职业学校旧址

内思高级工业职业学校旧址位于镜湖区雨耕山，与英驻芜领事署官邸旧址毗邻。学校由年轻的西班牙修士蒲庐设计并监造，动工于1934年，竣工于1935年。

该建筑为钢筋混凝土结构，以梁柱为骨架，多用拱券，采用新型建筑材料。该楼依山而建，顺应山势，随高就低。山下建五层，山上建两层，作阶梯状收减，使空间得以充分利用。占地面积4133.88平方米，建筑面积11483.00平方米。平面布局呈“日”字形。青砖净缝砌筑外墙，红色机制瓦铺盖屋面。楼层较高，每层净高达4.3米。走廊宽敞，净宽4米。门与窗排列密集而且高大，靠外一面均配有百叶窗。楼最底层是2.6米高的地下室，相当于架空层。该楼各层均有走廊相互联通，设有内院两个，空间布局合理、实用。内思高级工业职业学校规模庞大，包括教室、实验室、图书馆、实习车间、礼拜堂、办公室等，分区合理，联系方便（如图3.40）。

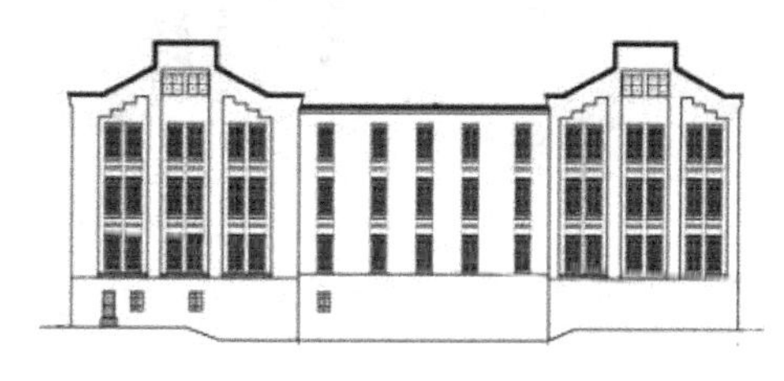

图3.40 内思高级工业职业学校旧址

来源：（上）自摄、（下）芜湖古城办测绘图纸

3.5.2 东河电影院

东河电影院位于新芜路中段，1939年开业。该影院坐南朝北，设座六百席，建筑面积约850平方米。采用砖混结构、木屋架、铝皮屋面。入

口柱廊右侧设有专门兑换日币的窗口。影院立面简洁，顶部女儿墙呈台阶式，中间高、两边低。入口处有高大台阶，中有两根粗壮的圆柱，其后装有铁栅门，上部开有两排横向长窗。整个建筑并无繁琐装饰，有现代建筑风貌（如图3.41）。

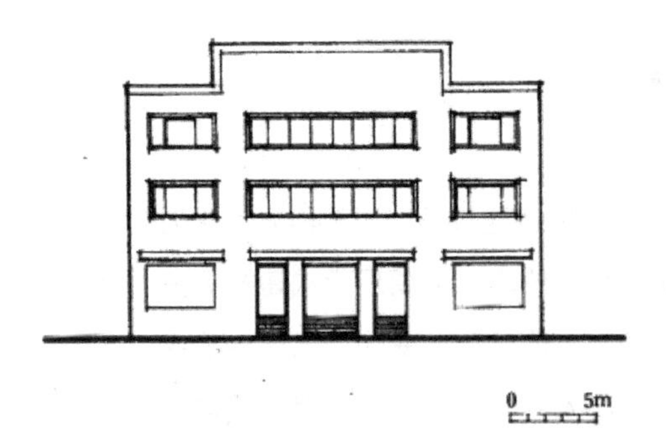

图3.41 东河电影院（今人民电影院）

来源：杨秉德《中国近代城市与建筑》

3.5.3 日本制铁会社小住宅

日本制铁会社小住宅位于太古租界区，共有两层楼房四幢，一幢为办公楼（建筑面积430平方米），一幢为住宅楼（建筑面积168平方米），另两幢是车间（建筑面积均为356平方米）。其中住宅楼采用砖混结构，木楼地面，木楼梯、木屋架、红平瓦屋面。外墙为浅绿色水刷石饰面，门框线等处贴有深棕色外墙装饰面砖。北入口外墙上门窗洞组合颇有几何感（如图3.42）。

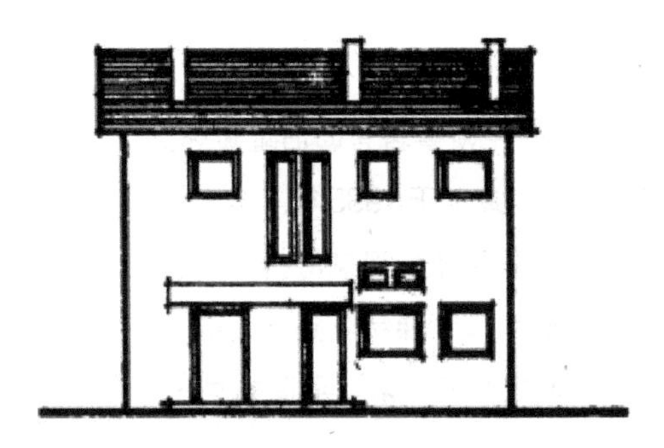

图3.42 日本制铁会社小住宅

来源：杨秉德《中国近代城市与建筑》

3.5.4 侵华日军驻芜警备司令部旧址

侵华日军驻芜警备司令部旧址位于镜湖区安徽师范大学赭山校区西门内，建于1940年前后（图3.43）。日军在赭山南山腰建造了三栋二层楼房，作为警备司令部。一栋大的，两栋小的。大的建筑叫作1号楼，小的建筑叫作2号楼、3号楼。另外，在附近还造了一座平房，为马号。

图3.43 侵华日军驻芜警备司令部旧址

该栋楼坐北朝南，平面规整，呈矩形。面阔41.04米，进深17.05米，占地面积699.73平方米，建筑面积1399.46平方米。墙体为青砖净缝砌筑。一楼以排列密集的砖柱构筑外廊，柱与柱之间发起券拱。二楼也设有外廊，但无券拱。廊柱间有栏杆，用木质单步梁承挑出檐。墙体承重为主，屋顶用人字架支撑。双坡屋顶，两山向外挑出。双跑式木质楼梯设在中一间的后向。一楼内部中间设有东西走向的内廊，南北为房间，东西对称。房间靠内廊的一面起券。除门窗外，该楼几乎没有装饰。

在芜湖，当完全意义上的现代式建筑风格出现的时候已经跨入了新中国纪元。相比于上海和广州这些最早一批开埠的沿海城市，近代芜湖经济相对落后，文化相对闭塞，近代时期并没有形成完全意义上的现代式建筑风格。内思高级工业职业学校的建筑风格严格意义上还是一种折中主义的处理手法，将中式的建筑元素融入西式建筑的外立面中，但已呈现出早期现代式建筑风格的倾向。

4

芜湖近代建筑的造型

建筑的造型是建筑文化的直观体现，解析建筑的造型特征变化能最直接反映建筑转变的过程。建筑的造型主要表现在建筑立面外观的组成，本章对传统建筑的立面外观与近代受西方建筑文化影响的建筑外观并行研究，通过比较可以更突出地展现芜湖近代建筑整体造型特征的演变过程。

4.1 传统建筑立面外观

建筑立面组成，包括了台基、台阶、门窗洞口、屋顶等一系列构件。立面外观除了组合元素的细节风貌，还包括尺寸、大小等赋予人的直观感受。研究建筑的立面外观，主要是从上到下对建筑立面、各个部件及其关系进行详细的描述。芜湖近代传统建筑的立面外观，整体上看呈现出较多的徽派建筑外观风貌特征，比例与尺度也与传统徽派建筑较为接近。

4.1.1 建筑层数

芜湖传统建筑中，以一至二层的木结构房屋为主，少数房屋为三层。商业街上的商铺基本为二层，一层店面，二层住人；民居建筑中也大都为二层，一层较少，部分倒座为一层居多，如唐仁元后裔老宅（如图4.1）。

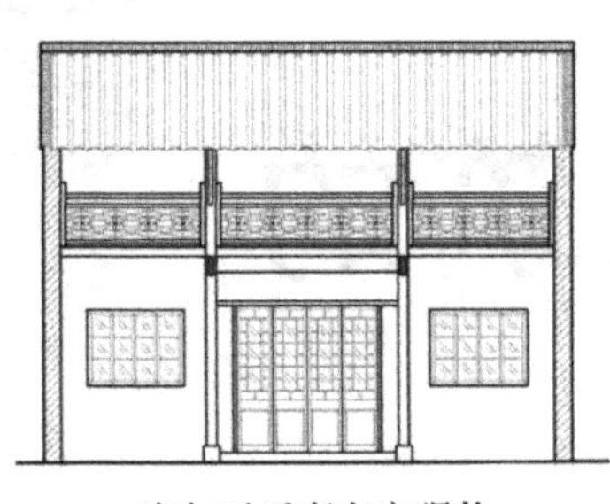

唐仁元后裔老宅现状

唐仁元后裔老宅中有一层房屋

图4.1 唐仁元后裔老宅

来源：芜湖古城办测绘图纸

4.1.2 屋顶以双坡硬山为主

屋顶是建筑功能的重要组成部分，也是建筑形象的基本设计要素之一，被称为建筑的“第五立面”。在建筑风格的发展与演变进程中，形态多样、造型各异的建筑屋顶，成为建筑文化的重要载体，也形成了各具特色的城市景观形象。屋顶之于中国的传统建筑，扮演着建筑物立面的重要角色，象征着该建筑的地位，因此在漫长的发展过程中，无论是在形式、构造、坡度或是装饰上，屋顶皆经过苦心设计，颇具特色。我国的传统屋顶以坡顶为主，最常见的为庑殿顶、歇山顶、悬山顶、硬山顶和攒尖顶五种形式。芜湖传统建筑的屋顶，也继承了中国传统屋顶的精髓。

总体上看，芜湖传统民居建筑屋面以两坡硬山为主，硬山顶是较为普通的屋顶形式，由于等级的限制，普通民居只能使用硬山屋面，硬山屋面主要特征为两面为坡面，清水脊，不做任何装饰，没有吻兽。

单坡屋顶在芜湖的数量不多，部分倒座则使用单坡顶，但不算多见。倒座在合院建筑中是指跟正房相对的房屋，通常坐南朝北。如儒林街上的多处民居，三合院形式，三开间三进深，其倒座部分屋顶呈单坡；萧家巷52号杨家老宅的倒座也是单坡屋顶（如图4.2）。总体说来双坡屋顶在芜湖古城最为常见，且多为双坡硬山式，以抬梁式、穿斗式或混合式作为房屋结构来支撑屋顶。

除了双坡屋顶，古城内还有等级较高的屋顶形式，如学宫的核心建筑大成殿，其屋顶为重檐歇山式，是中国古建筑屋顶规格较高的一种。学宫是芜湖最早的官办教育场所，大成殿已沿用千年。现存大成殿为同治十年（1871年）重建，占地面积435.22平方米，坐北朝南，砖木结构，抬梁式梁架，面阔五间16.2米，进深五间14.12米，高15.8米，屋顶为重檐歇山式，鱼龙吻正脊，脊中安装葫芦形宝瓶；戗脊有仙人走兽，垂脊有瑞兽装饰。屋面灰色筒瓦，檐口有花边、水滴两饰件，采用45度角梁做法，是承挑角梁的需要。这种重檐歇山式屋顶在芜湖目前遗存的传统建筑中也是孤例。

此外，双坡悬山屋顶在芜湖民居中也有出现，如米

肖家巷52号杨家老宅现状

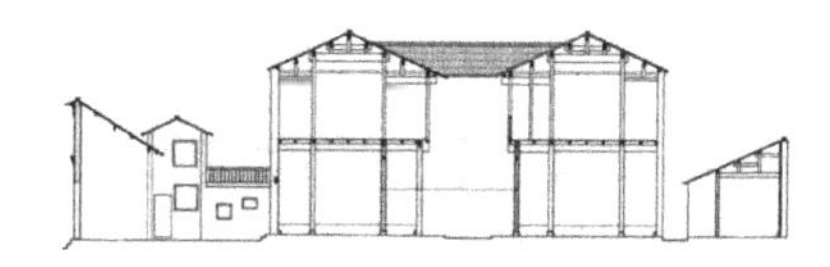

肖家巷52号杨家老宅剖面图
来源：芜湖古城办测绘图纸

芜湖古城屋顶

图4.2 芜湖传统屋顶解读

市街47号民居（如图4.3），主楼坐东朝西偏北，屋顶即为悬山式，但这种做法在芜湖并不多见[1]。

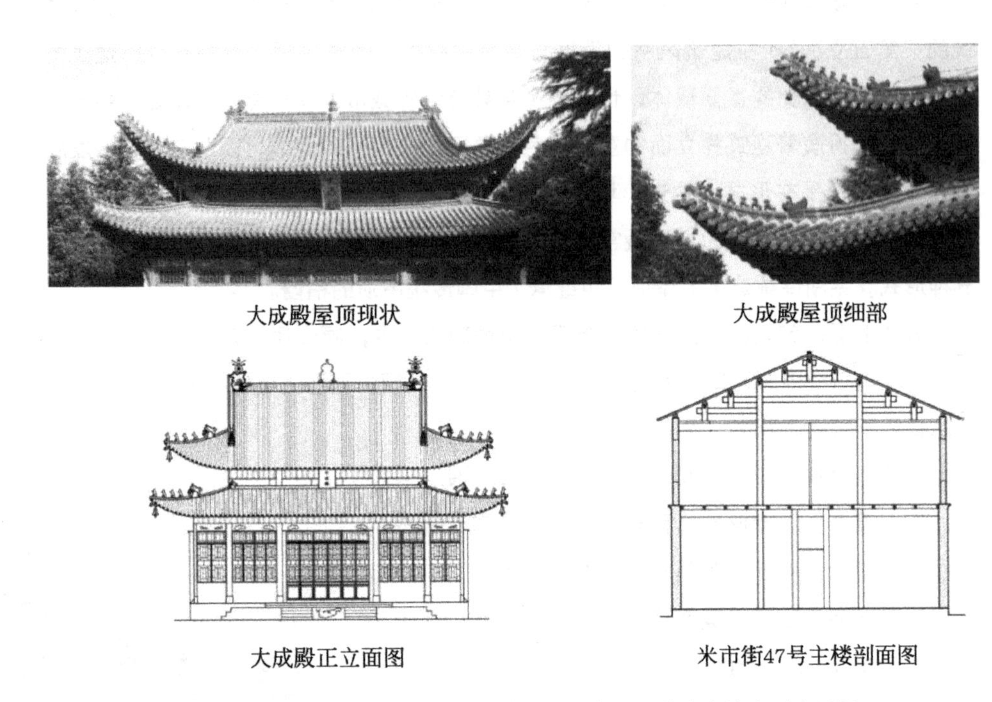

图4.3 “大成殿”及“米市街47号宅”屋顶解读 图纸来源：芜湖古城办测绘图纸

4.1.3 立面造型

4.1.3.1 正立面造型简洁

芜湖传统民居建筑以合院式平面布局为主，因合院式建筑的正立面一般为入口立面，且徽派建筑的正立面造型发展至近代一般无甚变化，较为简单，因此以徽派建筑样式居多的芜湖传统建筑的正立面相对来说变化较少。

因层高较高，芜湖传统民居建筑正立面高宽尺度较为接近，比例常大于1。以萧

---

[1] 据芜湖古城办及芜湖文物局相关资料记载，米市街47号民居为悬山顶，现因建筑不存，无法拍摄到屋顶样貌，仅可从古城办第一次测绘资料中得到相关信息。

家巷5号宅为例，其高为7.78米，宽为7.45米，高宽比为1.04；若开间较大，则高宽比接近0.5，以张勤慎堂正立面为例，高6.43米，宽11.15米，高宽比为0.58。总的说来，大部分民居的立面高宽比在0.5～1的区间范围内，这说明传统民居的正立面竖向尺度较大，感觉上较为高耸；同时，正立面开窗较少，除门洞或个别开窗外不做过多装饰，感觉较为封闭，这使得传统民居的正立面造型整体较为单调，尺度并不宜人（如图4.4）。

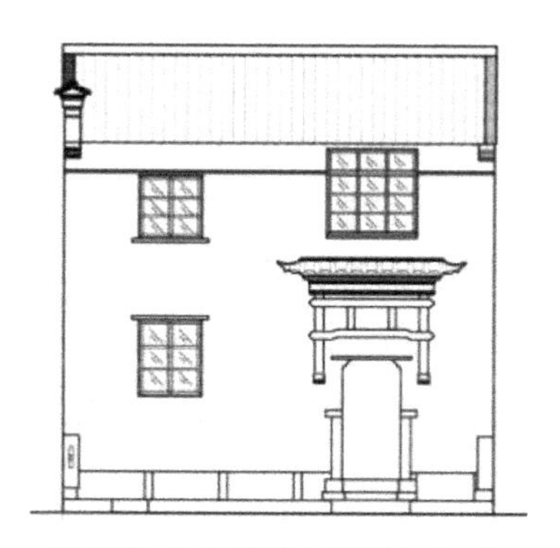

肖家巷5号宅现状立面图(H/D=1)

张勤慎堂正面（H/D=0.58）

图4.4　传统建筑外立面尺度示例　来源：（左）芜湖古城办测绘图纸、（右）自摄

4.1.3.2　侧立面造型多变

芜湖传统民居建筑因院落进数较多，多为三进或以上，侧立面水平方向延伸感强；同时，院落进数较多使得山墙面可以有不同的组合，多为封火山墙与人字形硬山墙面的组合形式，高低错落有致，侧立面造型看上去较正立面丰富多变（如图4.5）。

图4.5

图4.5 多样的山墙形式 来源：《鸠兹古韵》

4.1.3.3 图底关系

将传统民居建筑的门窗洞口作图，实墙为底，可以得到芜湖传统建筑立面的图底关系（如图4.6）。沿街商业建筑的正立面图底关系，如图4.7所示。从图中可以看出，传统民居立面的窗墙比基本上都比较小，这也佐证了传统民居正立面相对封闭的造型

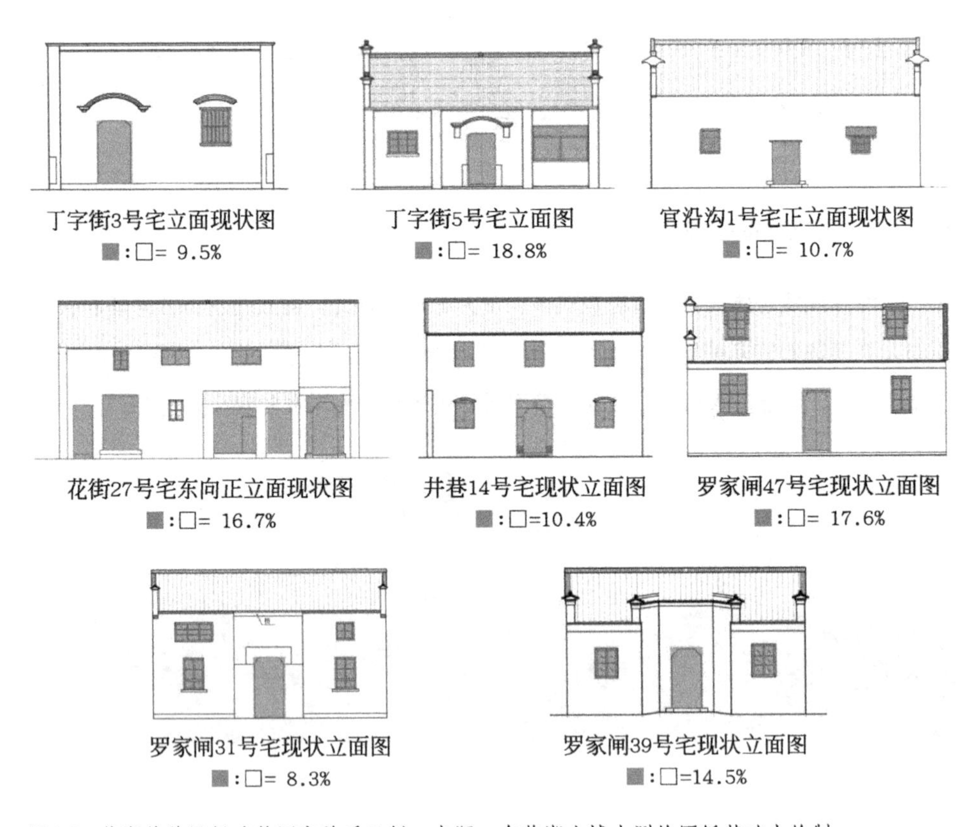

图4.6 芜湖传统民居建筑图底关系示例 来源：在芜湖古城办测绘图纸基础上绘制

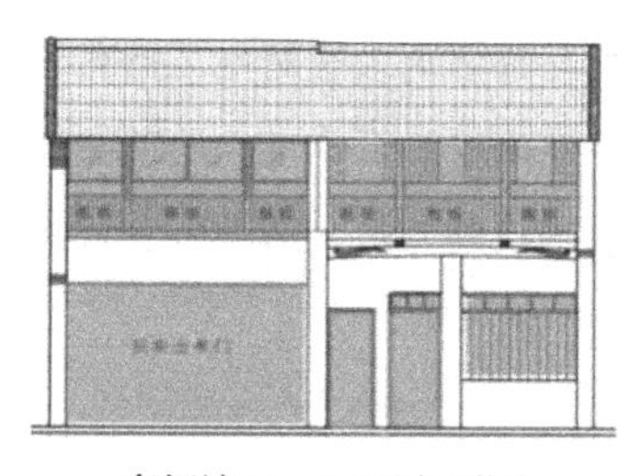

南门湾13、15正立面图

■:□ = 65.9%

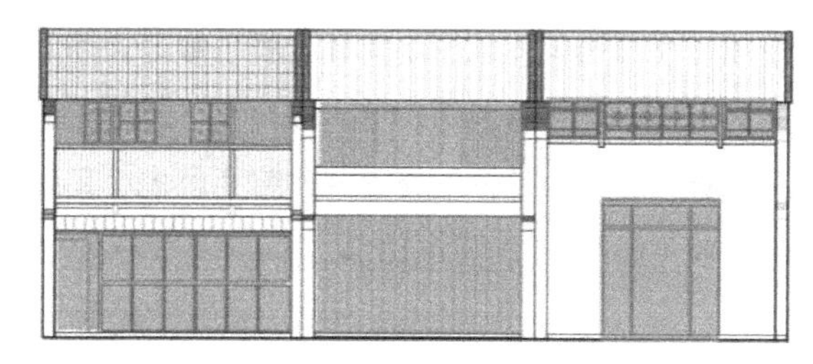

南门湾7、9、11正立面图

■:□=66.7%

图4.7 部分沿街商业建筑的图底关系示例 来源：在芜湖古城办测绘图纸基础上绘制

状态。沿街商业店铺以木制门窗为主，下层立面满铺木板门，上层多用木雕刻花栏杆和花窗，而图底关系恰好相反，沿街立面变化丰富，呈现相对虚空和外向的状态，这和其功能要求也是相符合的。

4.1.4 檐口高度

芜湖传统建筑檐口高度各异，大体上来说，檐口在4.30 ~ 7.30米之间，屋脊高度则在6.00 ~ 9.20米之间，不同高度的房屋组合，沿街立面变化丰富。沿街店铺二层多为住家，屋檐的设计主要考虑实际的使用功能，要求出檐深远，遮挡风雨，常用叠涩的方式来使屋檐进行远伸，构造方式多为十多层砖叠涩，每层砖向外出挑约5厘米，遮挡风雨效果较好（如图4.8）。

南门湾商铺

伍刘合宅

图4.8 建筑檐口示例

4.1.5 墙垣

芜湖传统建筑中以徽派建筑样式较多，徽派建筑的特征一般为粉墙、黛瓦和马头墙。因此芜湖传统建筑墙体多见徽派建筑常用的混水做法，即砖砌墙体之后，再以白灰抹墙；屋面铺设传统的小青瓦，颜色看上去深沉、厚重；马头墙则为皖南地区特有的封火山墙，是将房屋两侧的山墙升高，超过屋面及屋脊，使山墙高低错落。墙顶做成两面坡，上覆小瓦，中脊上用密密匝匝的小瓦封顶，两端砌成马头形，造型多变且实用美观（如图4.9、图4.10）。

图4.9 墙垣外观

中长街16号马头墙

兴隆街75号马头墙

环城南路29号马头墙

图4.10 传统建筑马头墙示例

4.1.6 基础部分

4.1.6.1 勒脚

芜湖传统建筑中勒脚部分有用石块砌筑的做法，也有用砖块扁砌或者实滚芦菲片的做法，其中，砖砌做法更多（如图4.11）。

勒脚为石块三尺
以上为砖砌空斗墙

上为石滚芦菲片
下层为青砖扁砌

石块一层
以上为实滚芦菲片

图4.11 勒脚示例

4.1.6.2 界石

芜湖传统建筑中，有的在建筑院墙四角墙基处筑有界石，长约1米多，宽约30厘米，界石上刻屋主姓名作为界标识，如“张勤慎堂墙界”和“汤画锦堂墙脚界”等（如图4.12）。

界石1　界石2　界石3　张勤慎堂界石

刘贻榖堂界石　界石4　界石5

图4.12 界石示例

衙署前门台基

城隍庙门口台基

图4.13　台基示例

来源：《芜湖古城》

4.1.6.3　台基

台基是三段式中式建筑的重要组成部分，如果屋顶没有坚实的台基作为呼应，整个建筑就会出现头重脚轻的现象；同时，高台的建筑能体现出户主人的尊贵地位和权力(如图4.13)。

4.1.6.4　台阶

台基上台阶多为单数，这缘于《周易》中“阳卦奇，阴卦偶”。偶数表明阳，古代房屋开间极少使用偶数，通常只有一、三、五、七、九间；楼阁和佛塔的层数也以单数为主。此外，传统建筑院落门口会设置几级踏步，用以抬高入口标高，台阶一般为整块石板，为防水之用（如图4.14）。

图4.14　台阶示例

4.1.7　门窗

4.1.7.1　门洞

芜湖传统民居往往外墙比较封闭，入口因而成为装饰的重点，且门是芜湖传统建筑中较为重要的部分，大门不仅是装饰的表现手段之一，更隐晦地象征了这个家族的地位，同时大门的设置标志着建筑物的等级高低，如“朱门”“高门”等，形成了影响中国社会几千年的“门第观念”；因此大门上常装饰以门楼，以突出入口，门洞角部也常以海棠线或砖细抹角。为了加强效果，门洞上方常常有砖作牌匾，同时门的装饰也有很大的讲究。按传统习惯，一般大门朝离（南）、巽（东南）、震（东）的向阳门第，称为“坎宅”。芜湖传统民居大部分都是“坎宅”，宅院一般坐北朝南，且以八卦中的巽（东南）位为通风佳处，可以通天地之元气。因此，“斜门”在民居中比较常见（如图4.15）。

图4.15 门洞示例

4.1.7.2 门扇

芜湖传统建筑门扇主要分为三种，根据功能不同样式也有区别。

店铺木板门：用于沿街店铺一层，门板每块宽约20 ~ 30厘米，面阔方向铺满，上皮顶到楼板下梁，使用时可全部拆卸下来。铁钉板门：用于住宅院门，常用于实墙上，且无窗洞，因此以铁钉在门板上装饰作为立面装饰的重点，铁钉形成回纹、万字纹、十字纹等纹路装饰，复杂的甚至形成宝瓶、花卉等纹路。如萧家巷39号两扇对开板门上，用门钉组成的图案，外框为一圈丁字锦，中心图案由四部分组成，自上而下依次为“必定如意”（笔和如意形卷草）、“平升三级”（花瓶中插有三只戟）、“万寿长青”（花瓶中插万年青）、“五福捧寿”（五只蝙蝠围着中间的团寿），把幸福、高升、平安、长寿等最美好的愿望都集中表现在这两扇门上。此外，还有长条木门窗，院落内部开门常用长条木门窗，为传统样式（如图4.16）。

图4.16 门钉图案及门扇

4.1.7.3 窗洞

芜湖传统居住建筑中外墙较少开窗，多为向内院开窗，外立面上往往开较小窗洞（如图4.17）。

图4.17 窗洞示例

4.1.7.4 窗扇

芜湖传统建筑中窗扇多为花格窗，形式多样，图案有灯笼框、回纹、万字纹、海棠纹、冰裂纹等，尤以海棠纹和冰裂纹最常见，冰裂纹的做法简单，用小木条拼成三角、五角等各种形状，整体看上去就像是裂开的冰片一样（如图4.18）。古城内住宅还有槅扇门，俗称“格子门”，但这种槅扇门的槅扇安在槛墙上，只能开窗不能过人，因此实为槅扇窗。通常四个或六个组成一个开间，可以灵活开启。逢年过节、婚丧嫁娶出入人多时，将槅扇摘下，里外连成一片，能形成开敞的空间。

冰裂纹

海棠纹

槅扇图示

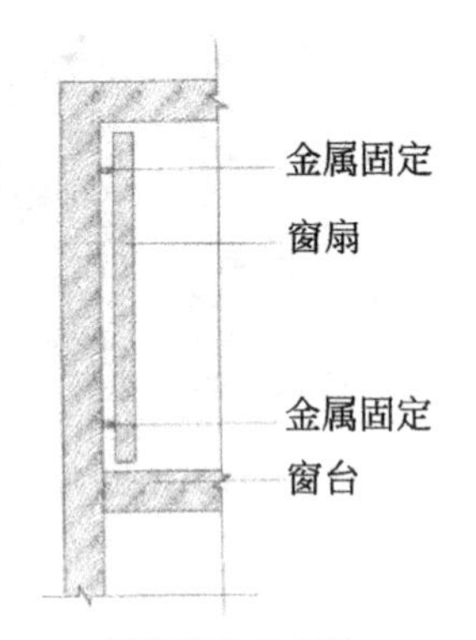

槅扇窗构造做法

图4.18 窗扇图案及槅扇窗做法

4.1.8 细部装饰

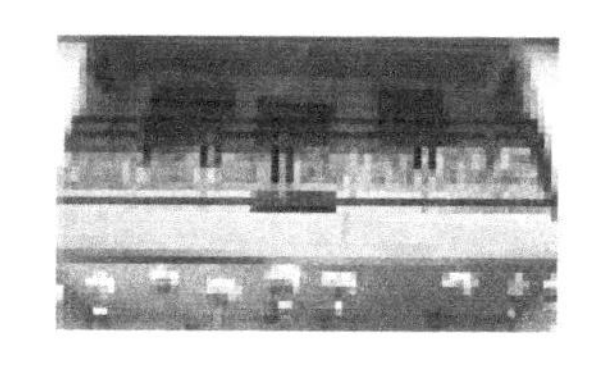

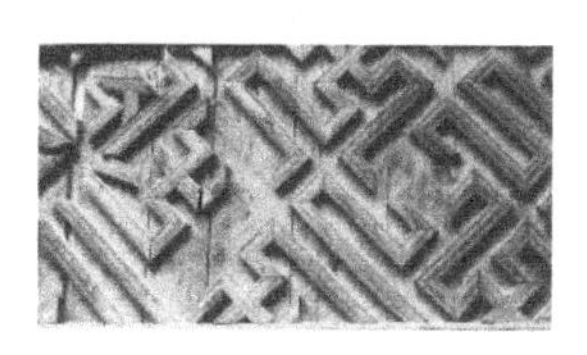

图4.19 栏杆式样

来源：《鸠兹古韵》

传统建筑的装饰最能反映当地人的生活习惯、民俗风情和审美情趣，简言之，装饰是体现传统文化的细节部分。如果说传统建筑的体量、形制及构造，更多的是反映阶级社会的等级观，那么室内装饰的纹样、色彩、图案则更多地反映了中国传统文化的吉祥观，寄托了人们对美好生活的期盼。总的说来，芜湖传统建筑的装饰主要有木作栏杆、梁头雕饰、砖作、石作、铺地、楼面、楼梯几个部分。

4.1.8.1 栏杆

栏杆在宋代以前被称为“勾阑”或“勾栏”，不仅用于围护，而且栏杆本身亦是一种装饰。芜湖传统建筑的栏杆样式，花纹多类似于《营造法原》所示葵纹灯景式，内容依然为祈福纳祥。如薪市街12号的栏杆为海棠纹，寓意“金玉满堂”（如图4.19）。

4.1.8.2 挂落

挂落，又称楣子，安装于廊柱间，檐枋下，用木条相搭而成，与传统建筑的屋面墙体形成虚实相间、刚柔相济的艺术效果。芜湖传统建筑的挂落样式大多类似于《营造法原》上所示灯景式（如图4.20）。

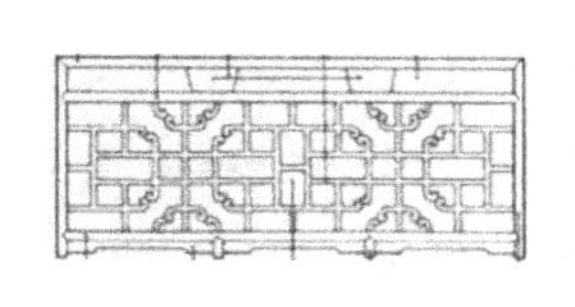

《营造法原》中灯景式栏杆

挂落

图4.20 挂落式样

4.1.8.3 撑拱

撑拱又称斜撑，俗称“牛腿”，为檐下的支撑构件。芜湖传统建筑中，二楼楼板悬挑处与出檐梁头常使用撑拱，或以简单的单木支撑，上施以雕花，同时也是传统建筑常作木雕的部位之一，可以增加檐下的装饰效果。撑拱上的雕花，以卷草、如意、修竹、祥云等花草纹样居多，形状多为兽形或几何形（如图4.21）。

图4.21 撑拱及雕花式样

4.1.8.4 梁头雕饰

木雕在明清的时候被广泛应用，作为装配构件可灵活拆卸和组合，完成后一般置于梁柱中间，居中为贵。所以芜湖传统建筑正堂大厅内的装饰与雕刻较多，门头、梁头和雀替及斗拱部分装饰的图案一般有动植物和几何纹饰，雕刻手法以透雕和高浮雕为主，雕刻精美，有较强的立体感。房屋梁架上的木雕多采用阴纹雕刻，雕完后再施以涂料，图案以写意的花草为主，如“随心草”（如图4.22）。芜湖传统建筑广泛使用卷草纹图案，如城隍庙拱轩梁上的如意卷草纹；还有南正街弋江经理部，虽为民国时期所建，其檐下有7米长的横梁，梁头雕刻有牡丹和如意卷草纹，依然是传统做法。

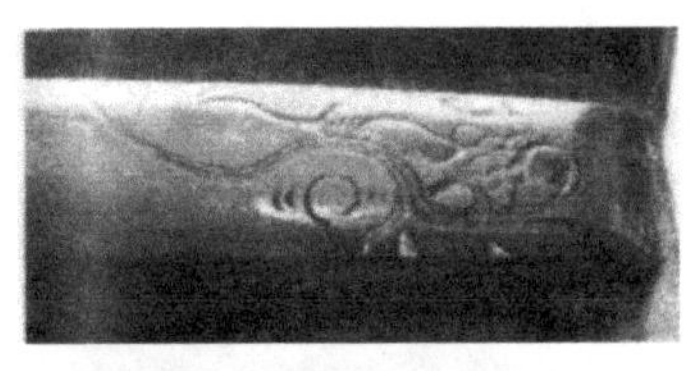

图4.22 梁头雕饰

4.1.8.5 砖作

芜湖传统建筑的砖作装饰手法常用在两个位置，分别为墀头和墙面压顶。芜湖的传统建筑以硬山居多，建筑几乎都做有墀头，做法或用砖层层叠涩而出，或抹出枭混线。而墙面压顶做法则用在院墙与外墙，用砖瓦做出屋脊与屋面（如图4.23）。

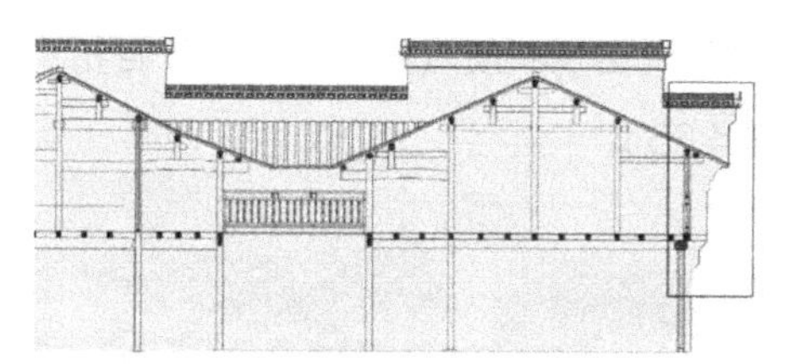

墀头示意

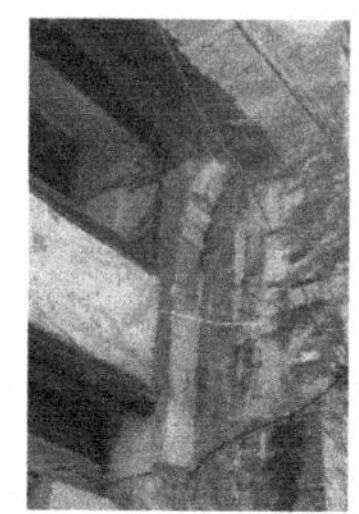

墀头示例

墙面压顶示意

墙面压顶示例

图4.23 砖作解读

4.1.8.6 石作

芜湖传统建筑的石作常见于以下部位及做法。

（1）院门石抱框。门洞条石边框的脚部，上部和中间是重点装饰部分，纹样有花草、福禄寿等（如图4.24）。

郑耀祖石门柱基座

胡友成积善堂石门基座

缪家大屋柱础

杨家老宅石门柱基座

钟家庆故居柱础

图4.24 院门石抱框等石作示例

（2）气孔。墙垣勒脚处常出现石质气孔，分两孔与四孔，用以木地板排气防潮，以花草等花纹装饰（如图4.25）。

图4.25 气孔石作示例

（3）石雕。石雕也是芜湖传统建筑的重要组成部分，一般集中在门头、柱础石、栏板和门枕石等部位。因芜湖地处江南，多雨潮湿，柱础一般都比较高大，这就为石雕装饰提供了施展的条件。如公共建筑文庙（学宫），因规模庞大，又是本地最高的翰墨圣地，能见到不少石雕柱础（如图4.26）。

方形柱础1

方形柱础2

方形柱础3

瓜形柱础

图4.26 石雕柱础示例 来源：《芜湖古城》

4.2 西式建筑立面

日本学者滕森照信曾发表文章《外廊样式——中国近代建筑的原点》，文中论述了外廊样式建筑对中国近代建筑发展的重要性，他认为：“中国近代建筑的历史同日本、韩国，或许多东南亚国家一样，是始于外廊样式的，因此这种外廊样式对于研究亚洲以及中国近代建筑的进程来说是十分重要的。”同时他在文中还介绍了外廊样式在世界各地的分布情况，并分析了外廊样式的起源。对于芜湖来说，外廊样式可以说是近代建筑发展的起点。芜湖于 1876 年签署中英《烟台条约》后，成为真正意义上的开埠城市，之后，殖民者进入并进行大量建造活动。作为西方建筑文化在芜湖传播的第一批产物，外廊式建筑承载了非常重要的意义，不仅要承担宣扬殖民者权利与财富的重要任务，代表殖民者的形象，同时也要解决他们工作生活的基本需求问题，因而这一批外廊式建筑的建造从外观、结构到材料等均格外用心。

以下将对芜湖的殖民地外廊式建筑立面进行重点分析，因外廊式立面与芜湖其他西式建筑立面外观、做法等均有重叠之处，所以在其基础上总结其他西式建筑立面外观特征，使分析更全面。

4.2.1 外廊式建筑立面

随着时间的推移、经济的发展与技术的进步，外廊式建筑在芜湖不再是西方殖民者专属建造的，其逐渐被当地人所接受并模仿。外廊式建筑立面形式由于其横向伸展的体量、用料考究、做工精细等，以及其所传达出来的庄重、肃穆的效果，被人们较多用于政府办公建筑、钱庄以及一些有钱人的家宅外立面，通过这种物化形式，直观传达他们想要凸显自己声望的诉求。

事实上，外廊式作为这种特有的建筑形式，给人最重要、最直观感受的还是外廊式建筑的立面形态。通过研究芜湖的外廊式建筑形态发现，可按外廊布局将建筑分为单面廊、双面廊、三面廊等3种形式。区别于其他地区的外廊式建筑，近代芜湖的住宅立面形式有的也采取外廊样式。对芜湖的近代外廊式建筑形态进行研究，本节拟从屋顶形式、墙垣外观、檐部及装饰廊柱构件、门窗、门洞等方面进行。

4.2.1.1 屋顶形式

芜湖外廊式建筑的屋顶基本上都是四坡顶，且常常在屋顶部分加入形式华丽多变的老虎窗和烟囱以丰富建筑的外轮廓线。红色屋顶的大量出现，某种意义上丰富了近代芜湖因徽派建筑居多所呈现的以灰白为主色调的城市色彩风貌。

芜湖西式建筑的四坡顶形态根据建筑平面形式不同又分为两种。

（1）“口”字形。单栋建筑多见，芜湖外廊样式建筑中，此形式的屋顶最为多见，如老芜湖海关。

（2）“凹”字形。平面呈三合院布局形式，屋顶形态相应呈“凹”字形状，如圣雅各中学博仁堂的屋顶（如图4.27）。

老海关“口”字形四坡顶

圣雅各中学建筑群屋顶

天主教主教公署四坡顶

图4.27 西式建筑四坡顶

除四坡屋顶外，芜湖西式建筑中还出现了双坡屋顶形式。这种双坡屋顶一般为悬山式，出檐较大，使得双坡屋顶更为突出，屋顶的体量得以强调。如英商煤油公司、基督教主教公署、圣雅各中学的附属建筑屋顶等均属此类情况（如图4.28）。

英商煤油公司

基督教主教公署双坡屋面

基督教主教公署双坡、四坡混杂屋顶

图4.28 西式建筑双坡屋顶

4.2.1.2 墙垣外观

墙面的效果主要来自砖块不同的砌法和用材的质感及色彩。芜湖近代建筑砖墙立面色彩以及砌筑方式颇为多元化，色彩部分以青、红，以及青红夹砌为主。在砌筑方式上也各有不同，其中梅花丁和英式是比较常见的砌筑方式（如图4.29）。

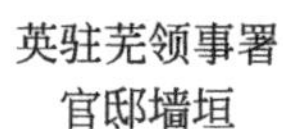

英驻芜领事署官邸墙垣

老芜湖医院内科楼墙垣

修道院墙垣

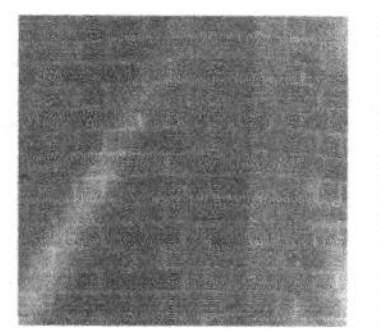

领事署原人事局办公楼墙垣

老芜湖海关墙垣

图4.29 芜湖近代主要西式建筑墙垣

此外，为了加强立面的设计感，常运用材质的变化对立面进行构图上的划分，表现在砖块砌法上，即是在局部采用不同于墙体主要用砖的色彩来达到勾勒横向线条的效果，与主要用砖平行，在色彩及材质上同时加以区分。这种局部处理手法通常还应用于檐下线脚、拱券、立柱、立柱基础、拱券起拱线向下的墙面装饰带等。这种局部装饰带虽然没有直接影响立面构图组成，但在视觉上间接参与了立面构图，使建筑立面横向延展趋势更加强烈，立面效果更丰富（如图4.30）。

图4.30 西式建筑墙垣中砖砌的色彩划分效果

4.2.1.3 檐部及装饰

外廊式建筑的檐部本身已表现出水平感，但因缺少装饰而略显单调，因此芜湖近代外廊式建筑常通过下方的檐部饰带或水平饰带弥补其装饰上的不足。如老芜湖海关的檐下采用整块条石凸出或凹进相叠，同时雕刻横向线条，用料做法考究，使得线条感充足，与外廊立柱表达出来的竖向感形成对比，凸显庄严与稳重感。除采用石料，也有用砖砌做法进行装饰的例子，即因地制宜地使用材料，使得砖的艺术性被发挥完全。檐下采用砖块砌筑横向线条，通过颜色和砌法来做区分，完成装饰效果，凸出檐部（如图4.31）。

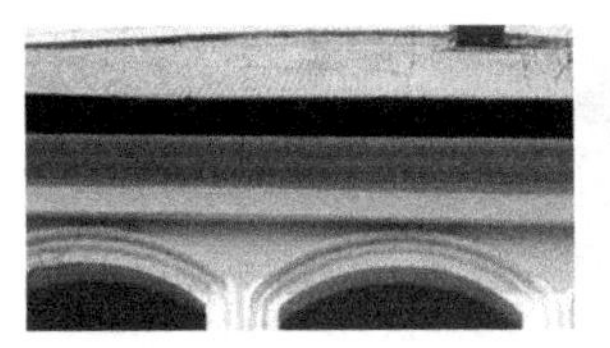

洋员帮办楼檐部

神父楼檐部

英驻芜领事官邸檐部

图4.31 西式建筑檐部的处理手法

4.2.1.4 廊柱构件

外廊式建筑中，廊柱是构成外廊的重要细部构件。芜湖的外廊式建筑中，廊柱或为单柱，或为单柱与附壁柱的混合，中西合璧的单廊式建筑中，还出现了附和柱。廊柱构件以老芜湖海关和英驻芜领事署两幢建筑为突出代表。

（1）老芜湖海关廊柱。老芜湖海关的廊柱形式有两种，转角处的廊柱为单柱和附壁柱的混合。以檐部条石作为横向联系构件，将廊柱串联在一起，柱头配以带有雕刻线条的石块，实际上比起西方建筑中的爱奥尼、科林斯、塔斯干等样式已简化很多，但装饰性丝毫没有减弱。此外，单柱上采用边角凸起三分之一砖块的砌筑方法，做出竖向凹槽之感，强调廊柱的竖线条；角柱上，单柱与附壁柱混合，立面上以平均纵向五皮砖为基准面、一皮砖凹槽相隔的形式，获得线条感极强的效果。连续的柱廊已有纵向划分之感，加之角柱上这些具体的细节处理手法，使得廊柱富有较强的雕塑感和体积感，建筑立面虚实相交，凹凸结合，对比之中更可突出均衡、稳定的艺术效果（如图4.32）。

图4.32 老芜湖海关外廊廊柱的细部处理

（2）英驻芜领事署廊柱。英驻芜领事署的外廊柱式出现了单柱、附壁柱、附和柱三种形式。柱式华丽，以连续的拱券横向联结，提高了柱式的整体感，立面看上去庄严、稳定、连续，虚实相间，艺术感强。柱头柱础做法考究，一层、二层做法各异；入口因同时有圆形的附和柱，出现了两种不同的柱头，柱式也不同，但搭配在一处并不违和；廊柱上以雕刻完成竖向的面，增强廊柱的挺拔感；檐部下的装饰雕刻更为细致，镂空与实体以横向线条串联，体现出极强的设计感和秩序感。所有处理手法集中在一起，使得整个建筑看上去精致、考究，等级较高（如图4.33）。

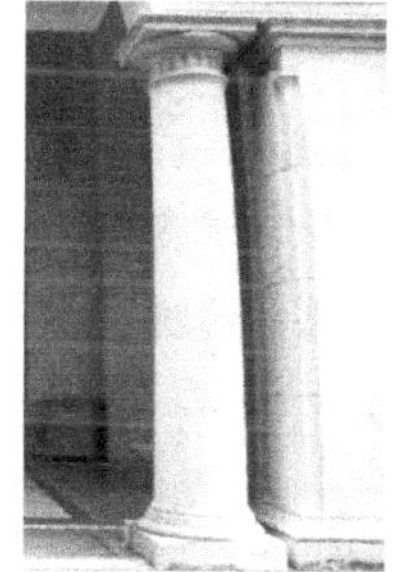

图4.33 英驻芜领事署外廊柱式

4.2.1.5 门窗、门洞

在西方，窗的主要功能在于调节建筑物的通风，开口多朝向外部空间。早期西方殖民者在东南亚炎热地区建造的殖民地式建筑，为更好地适应当地的气候条件，更注重建筑的通风，建筑物四周往往开设大量窗户且采用百叶窗。进入中国后，早期殖民者也将此类做法照搬进来，芜湖的第一批外廊式建筑也是如此。虽然此类建筑“水土不服”，无法适应芜湖沿江温润潮湿、四季分明的气候条件，仅流行了短短的一段时间，外廊式建筑形式很快消失，但外廊式建筑仍以精湛的做工和优美的外形成为芜湖近代建筑中的代表作品。芜湖外廊式建筑中门窗数量多，且门窗洞口开设尤为注意比例，使得门窗洞口兼具装饰的作用，虽没有中国传统建筑复杂而富含寓意的窗棂，但是在门窗洞口周围的装饰也自有独特意蕴，出现了平券饰纹、拱券饰纹、圆形、项链形、绶带形等多种颇具美感的样式（如图4.34）。

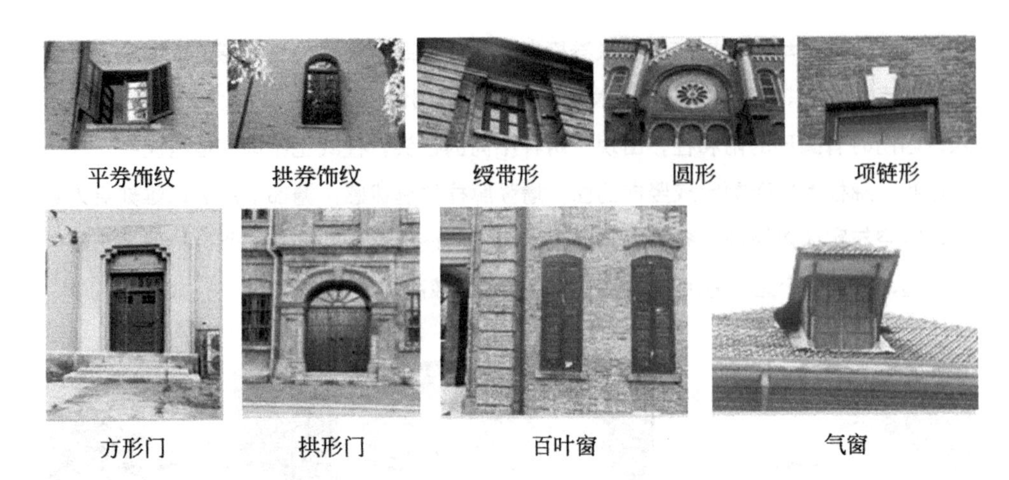

图4.34 门窗及装饰

4.2.1.6 室内天花

芜湖的西式建筑多做室内天花，天花将屋顶结构遮蔽，多在顶面与垂直墙面交界处设多层线脚作为装饰，线脚造型一般为直线。如老芜湖海关、英驻芜领事署的廊柱天花及室内天花。天花正中一般设灯池，灯池是装饰的主要部位，如老芜湖医院内科楼（如图4.35）。

老芜湖医院内科楼室内天花

图4.35 室内天花

4.2.1.7 楼梯

西式建筑的楼梯与传统建筑相比，位置较突出，一般放置在临近入口处；楼梯形式也不相同，按功能及层高的需要灵活设计，有：①直跑楼梯，如圣雅各中学经方堂、基督教附属建筑等；②双跑楼梯，此类型较多；③双分式平行楼梯，此类多用于教育建筑内，如圣雅各中学主教学楼博仁堂（如图4.36）。

经方堂直跑楼梯

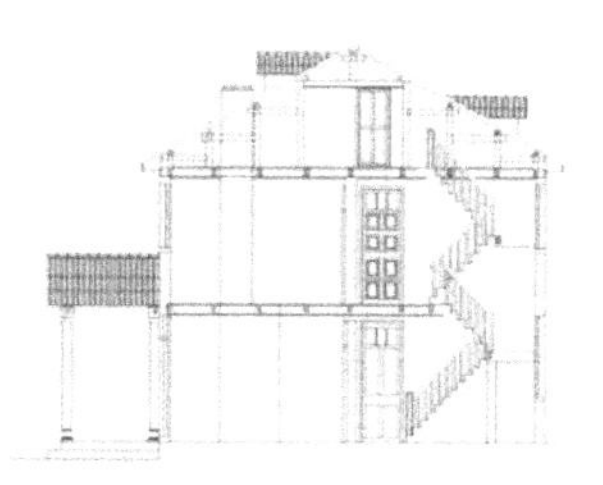

基督教主教公署双跑楼梯

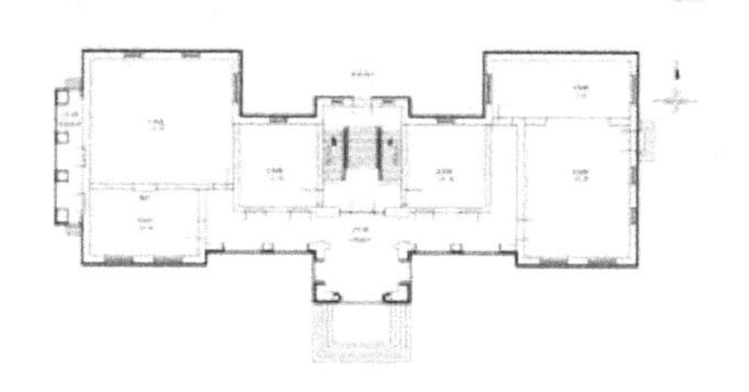

圣雅各中学主教学楼双分式平行楼梯

图4.36 不同的楼梯形式 来源：芜湖市博物馆

4.2.1.8 栏杆

芜湖近代外廊建筑的栏杆多用于外廊临外侧的位置或是围绕于门廊顶部四周，材质或形式上较多元，透过虚实相间的表现手法，使立面显得不会过于沉重，更增添了洋楼立面装饰的丰富性。其样式多有板式栏杆、宝瓶状、竹状等，还有其他特殊形状（如图4.37）。

图4.37 形式多样的栏杆

4.2.1.9 台基

芜湖近代外廊式建筑部分台基的材质与立面墙体统一，台基中层部和下层部则分为截然不同的两个层次，另也有如天主教主教公署将外廊底部做成架空层的形式。砖是台基制作中使用最多的材料；而台基的外观材质则大部分与外廊地面相一致，以水泥、石材、水磨石三种材质最为多见，石材中最常见的是花岗岩这种较为光滑的石材。可以看出，基座的材料一般使用较为粗糙的材质，稳固结构的同时，塑造厚重感。台阶部分则用较为光滑的材质，以精致的外观达到突出入口部分的目的，能够强调出入口的位置。台基的高度也各不相同，大半在600厘米以上（如图4.38）。

图4.38 台基主要部位及样式

总体上看，芜湖的外廊式建筑的廊柱，随着时间的推移和建筑观念的变化，廊柱的结构性作用降低，装饰性作用更强，因而尺寸变小。材料上从开始以砖石结合为主过渡到全部用砖，后期还出现了水泥、混凝土材料的柱子。立面上，连续的竖向线条也在逐渐向局部过渡，这也恰好说明了外廊式建筑的设计手法在芜湖渐渐被其他形式所取代。

4.2.1.10 立面构图

芜湖的近代外廊式建筑基本以二层为主，体量适中，冠以四坡顶横压，使得整体看上去横向感较强，同时，腰线、檐部的横向装饰等强调线条感的处理手法更加强了这种横向的延伸感；但通过竖向感的窗扇、门扇的开设、外廊竖向柱式的摆放，又与这种稳定的、主要的横向构图形成对比，构成了以横向为主、竖向为辅的图面关系，形成了庄重、稳定、均衡的立面构图效果（如图4.39）。

老芜湖海关正立面

■:□= 56.3%

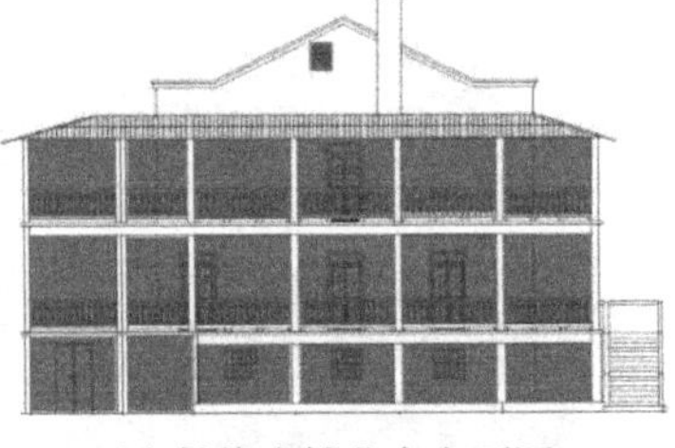

天主教修士楼北向立面图

■:□= 81.5%

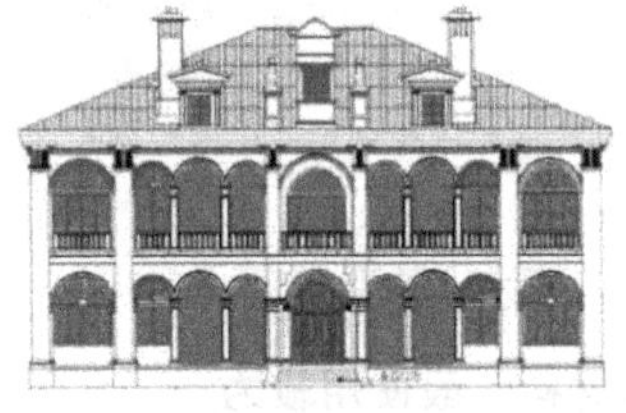

英驻芜领事署

（人事局办公楼）

南向立面图 ■:□= 61.9%

芜湖圣雅各中学

“博仁堂” 立面图

■:□= 58.9%

图4.39 外廊式建筑的立面构图及图底关系示例

4.2.1.11 图底关系

芜湖外廊式建筑立面，门窗面积一般较大，门窗占墙面的比例多在50% ~ 85%之间（如图4.39）。立面构图对称、均衡，入口一般设在立面正中，两侧为连续的柱廊以及统一的窗洞，建筑立面外观表现出较强的开放性。以天主教修士楼为例，可看出这种图底关系与芜湖以往传统建筑内向式天井采光照明、较为封闭的立面外观大不相同，是一种外向式采光照明及开放的外表样貌。然而，虽然加强了采光和通风，但由于其过度的开放性，冬季无法保持良好的保温性，使得冬季的居住环境并不理想，这也是芜湖近代后期外廊样式慢慢消失的原因之一。

4.2.2 西式建筑立面特征

总体说来，西式建筑立面的某些特征基本上可以由外廊式建筑立面涵盖，如屋顶、墙体、基础、楼梯及装饰细部等，但其他方面也有差别。相较而言，西式建筑由于平面组织更自由，体量更大，立面构图上水平延伸感更强；竖向上则通过众多窗洞的排列、开设来加强挺拔效果；也有体量较小的单栋建筑，如基督教主教公署等，因体量集中，立面窗墙比更大，开放性较强，体现出特别的设计感（如图4.40）。

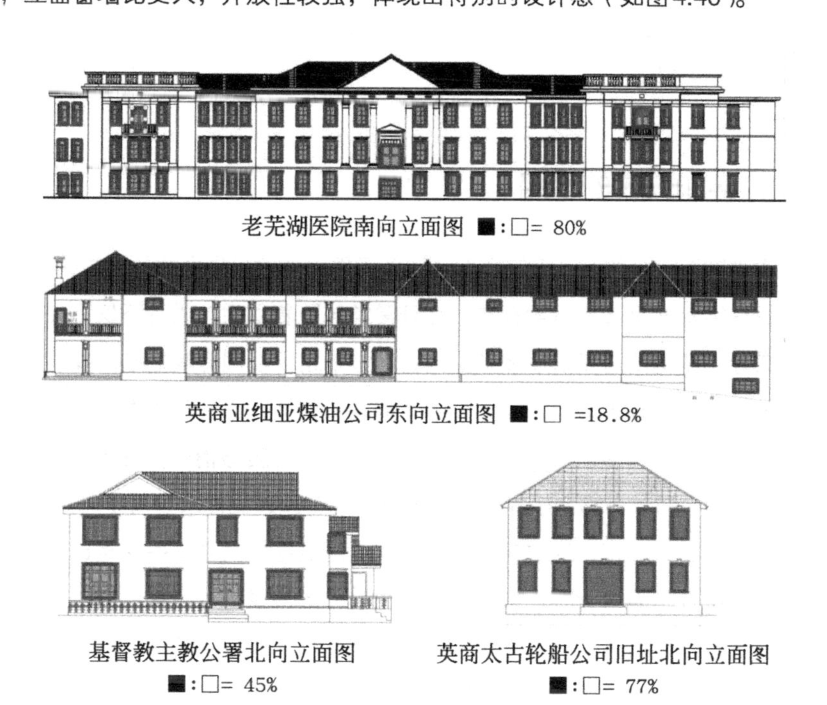

图4.40 西式建筑立面特征示例 来源：在芜湖博物馆提供资料基础上绘制

4.3 仿西式建筑立面

仿西式建筑所包含的元素较西式建筑更为多元化，原因是西方列强宗主国当时受到西方复古主义、折中思潮的影响，模仿运用不同时期、不同风格的元素，并且将其糅杂综合。这种思潮传入中国后又与中国本土文化相融合，使中国传统元素与西方折中主义元素结合。但由于是受文化冲击的先前时期，人们在模仿和借鉴时往往只在外表面投入较多思考与尝试，模仿的仅仅是西方建筑的装饰元素，而相应的如平面功能、空间组织及施工技术等方面还是较多采取了中国传统的材料、工艺及风格。

4.3.1 屋顶

仿西式建筑立面一般保持了西式建筑四坡的宽大屋顶，但在此基础上又有更新。如芜湖杂货同业公会，其屋顶虽然仿照了附近的圣雅各中学教学楼，但采用大水法，坡度很陡，这样出水快，不易渗漏，一般建筑是五至五分半水，而同业公会楼则是七分水（如图4.41）。

图4.41 芜湖杂货同业公会屋顶–大水法

来源：《鸠兹古韵》

4.3.2 拱券和立柱的使用

与西式建筑类似，仿西式建筑立面也较多采用了立柱或是立柱与拱券结合的形式。弧形的拱券往往代替平直的过梁存在，并且常常伴随着立柱，拱券不仅体现了西方建筑文化中巧妙的结构处理手法以及较高的力学技术水平，同时其形态对建筑的外在立面造型特征也产生了较大影响。如萃文中学的教务处楼，立柱与拱券形成一个单元体并进行连续组合，在立面上形成丰富的层次，且砖砌的质感精妙，细节十足。除了教务处楼这种将立柱与拱券结合组成连续的廊道，也有通过立柱来强调竖向构图的做法，既有结构性又兼具装饰性，这与芜湖传统建筑中隐藏结构的处理手法相比有很大的不同。国内研究学者把西方立柱比作中国传统建筑中的斗拱是有根据的。以芜湖中国银行为例，通高的巨柱式不仅进行了竖向体量的分割，而且强调了中心视线，突出入口的同时体现了巍峨庄重之感（如图4.42）。

结构性的立柱在立面上使建筑显得更加向上和挺拔，并且突出了开间的概念，同时立面被分割，不仅使建筑的体量感减小，更增强了建筑的雕塑感及体积感；壁柱也可以达到类似的效果，壁柱可以增强墙体的稳定性，是近现代建筑设计中较为普遍的做法，可以丰富建筑立面，给建筑立面提供一种向上挺拔的韵律感（如图4.42益新面粉厂）。

芜湖中国银行正面

萃文中学教务处楼

益新面粉厂

图4.42 仿西式建筑立柱、拱券、壁柱的使用示例

4.3.3 图底关系

仿西式建筑的立面基本呈对称布局，强调竖向构图，立面设计感更强，窗墙比为20% ~ 40%，基本适中，说明仿西式建筑大多按照使用功能和空间布局合理地进行了门窗的设计，因而更讲究功能性。

4.4 中西合璧式建筑立面

中西合璧式建筑立面首先是中西两种建筑立面形式的融合，进一步说，是西式建筑文化与本土建筑文化的融合。而中式所蕴含的传统建筑文化本身就因地域的不同有丰富多彩的形式，这决定了中西合璧式建筑立面的形式是多样化、复杂化的，既包含了具有封闭性特征的传统建筑立面元素，又兼具西方建筑文化中对建筑立面比例与尺度的追求。概括地说，中西合璧式建筑立面形式表现出来的是一种折中的手法，不仅仅是元素的模仿、拼凑，更是两种文化的糅杂。要关注中西合璧式的建筑如何将各种要素进行融合，同时注重比例的相互协调也是中西合璧式建筑立面需要重点研究的地方。

4.4.1 屋顶

中西合璧式建筑屋顶，很多与传统建筑屋顶类似，大多为双坡硬山屋顶，如郑耀祖宅、黄公馆、刘贻毂宅等，但也有双坡悬山的做法，如华牧师楼（如图4.43）。

中西合璧式建筑也有受西式风格影响采用四坡屋顶的，且做法上和传统建筑屋顶

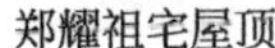

郑耀祖宅屋顶　　黄公馆屋顶　　华牧师楼屋顶

图4.43　中西合璧式建筑双坡屋顶示例

结合，如项家钱庄的屋顶，虽然是四坡屋顶，也设置了老虎窗，但带有歇山式样。再如芜湖十二中主教学楼也是歇山式四坡顶与双坡顶的组合。这种歇山式样的四坡顶摒弃了歇山式屋面的举折做法和精美的山墙，也没有了飞檐翘角及繁复的装饰，大大增加了建筑的实用性与功能性。此外，芜湖中西合璧式建筑屋顶还出现了民间俗称“四沿齐”的处理方式，即：四面斜坡和一条正脊相交，类似于中国古代皇家的庑殿顶，又类似于西式建筑四坡顶的变形手法。值得注意的是，民国中后期受传统复兴思潮的影响，许多中西合璧式建筑采用中国传统大屋顶形式来表达其设计想法，如沈克非和陈翠贞故居即为传统歇山式红色琉璃瓦屋顶，且做法沿用传统，装饰较多。再如古城内的公共建筑望火台，其三层是一个方形楼阁，屋顶则为四坡顶（如图4.44）。

项家钱庄屋顶　　沈克非和陈翠贞故居　　望火台

芜湖十二中

图4.44　中西合璧式建筑四坡及双坡屋顶示例

4.4.2 山墙形式多样

与传统建筑山墙形式不同，芜湖中西合璧式建筑中出现了巴洛克式观音兜山墙形式。观音兜式山墙起源于福建民居，徽派建筑受其影响，结合皖南地区特有的地域文化，将其变异并发展，后又逐渐影响江南地区，如无锡、镇江等地均有观音兜式山墙出现。近代以后，受西方巴洛克式建筑影响，芜湖建筑出现了类似观音兜的山墙形式，在山尖处以突出屋脊的几何半圆形作为结束，被称为巴洛克式观音兜；有的在半圆形和山墙交界处有凸起的直角造型，被称为带肩观音兜。这种山墙形式在芜湖的中西合璧式建筑中较为多见，是近代时期特别是民国时期民居建筑的重要特征之一，可以说是芜湖传统建筑近代演变的一个佐证，是本土建筑文化与西方建筑文化交融的典型体现（如图4.45）。

图4.45 观音兜式山墙

与传统建筑多做混水砖墙不同，芜湖中西合璧式建筑多用清水砖墙做法，这种做法对青砖的质量要求是较高的（如图4.46）。

图4.46 清水砖墙示例

4.4.3 入口单廊

芜湖中西合璧式建筑中，受西式风格影响，正立面多用单廊形式，近似于殖民地式的外廊。单廊中有砖柱和拱券的组合，也有仅用砖砌立柱承重挑檐。以俞宅、项家钱庄为例，采用砖砌圆柱和三圆心拱组合做单元体，围合单廊。三圆心拱即三心拱，由三段相内切的圆弧构成，三段圆弧具有不同的圆心，所以称之为“三心拱”，呈现出倒写的“凹”字形，拱的弧度则较为平缓，萧家巷19号单廊的入口部分即是三心拱与柱的组合做法；也有半圆形拱与柱的组合，如东内街某宅。这些拱券组合围成的单廊样式，柱头、柱础部分多为西方古典柱式的简化体或是变异体，使建筑外立面显现出较强的西式建筑外观效果，但因屋顶及山墙仍为传统样式又整体表现出中西合璧式的建筑外观。除了拱券和立柱组合，也有仅用砖砌方柱围合成单廊的立面做法，如黄公馆和刘贻穀堂。这种处理手法更像是西式拱券外廊简化的做法，只强调外廊立面，弱化细部装饰做法，但仍然与芜湖传统建筑立面有本质的区别（如图4.47）。

萧家巷19号入口三心拱　俞宅三心拱　刘贻穀堂砖柱

图4.47　入口单廊

4.4.4　门窗

近代，芜湖中西合璧式门楼出现了西方式样，用砖砌圆形券，类似于巴洛克的山花线条；若不做门楼时，门洞常以条石勾边，并在脚部施以石刻。建筑院落内部多为单扇平开门，且有木刻几何雕饰，通常上嵌玻璃（如图4.48）。

近代门洞样式

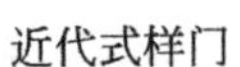
近代式样门　近代长条木门　近代单木门

图4.48　中西合璧式建筑门洞解读

与传统建筑外墙较少开窗或窗洞尺寸较小相比，近代芜湖中西合璧式建筑外墙出现了券窗和圆窗的做法，且依据功能的需要加大了窗洞尺寸。建筑内部窗扇为简洁的几何式样，也嵌上玻璃。项家钱庄还用的是当时颇为昂贵的彩色玻璃（如图4.49）。

图4.49　中西合璧式建筑窗洞

4.4.5　楼梯

芜湖中西合璧式建筑中的楼梯以转角楼梯居多，转角楼梯即转角处有方形平台或仍为踏步，项家钱庄、俞宅、潘家大六屋、萧家巷19号均为转角楼梯。和传统民居建筑楼梯位置类似，转角楼梯多放置在板壁之后；也有直接放置没有遮挡的，如项家钱庄、沈克非和陈翠贞故居。除了转角楼梯，还有双跑楼梯形式出现，如黄公馆、刘贻穀堂、郑耀祖宅；这些形式与传统民居建筑以直跑楼梯为主相比已经有了转变。

楼梯多为木质，扶手与传统建筑类似，多用宝瓶造型，造型复杂，分为多段，形态圆润优美。如潘家大六屋的楼梯，造型简洁，扶手为三段式，上下两端为简单方形，中间段以宝瓶造型为基准雕凿，比例修长且形态优美（如图5.50）。

4.4.6　栏杆

中西合璧式建筑因阳台、前廊、平台的出现，栏杆也被大量使用。栏杆多采用石质仿宝瓶状栏杆的做法（如图4.51）。也有用砖砌栏杆的做法，如沈克非和陈翠贞故居等。

4.4.7　图底关系

芜湖近代中西合璧式建筑主立面由于廊柱的设置，更注重比例关系的协调，强调对

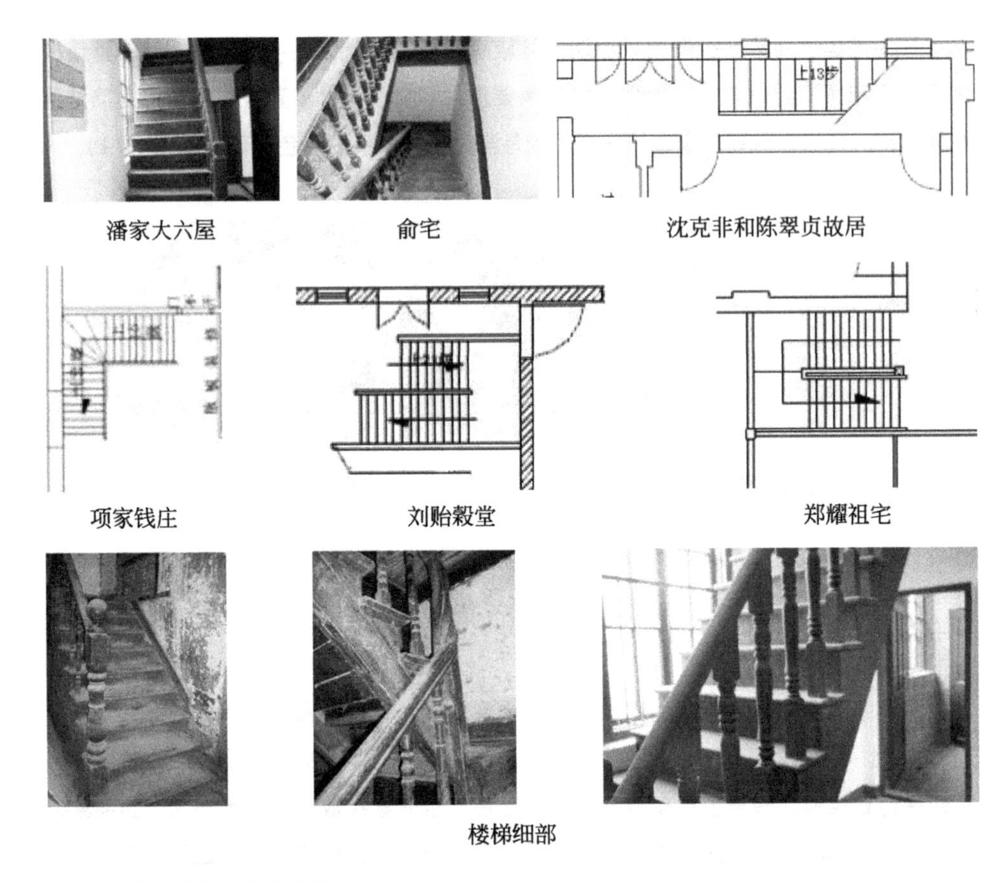

图4.50　中西合璧式建筑楼梯

图4.51　中西合璧式建筑栏杆

称，高度较传统建筑略有降低，因而立面多方正，更有集中的感觉，入口处也多突出强调；侧立面上开窗较传统建筑多，窗墙比略大，但封闭感依然较强；横向腰线的加强强调了建筑的水平感，同时增强了建筑立面的设计感（如图4.52）。

总的说来，中西合璧式建筑的外观主要表现出西式建筑的样貌特征，因而显现出和传统建筑显然不同的外观，而这种西式样貌又因较多地融入了中式建筑元素，建筑外观呈现出混杂但仍有序之感。其本质在于，近代芜湖的乡绅和精英，虽然能接受西

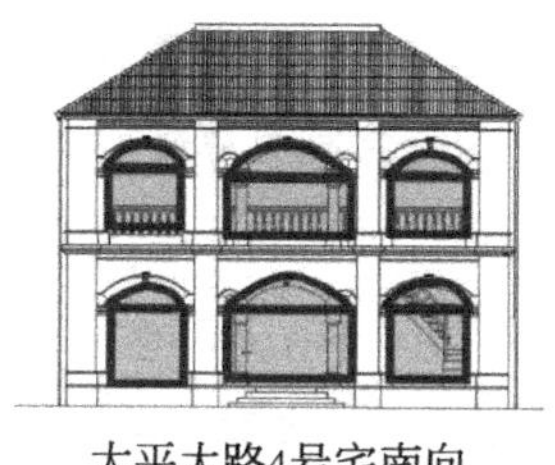
太平大路4号宅南向
正立面现状图 ■:□=31.2%

芜湖古城公署路66号宅现状
立面图 ■:□=12.5%

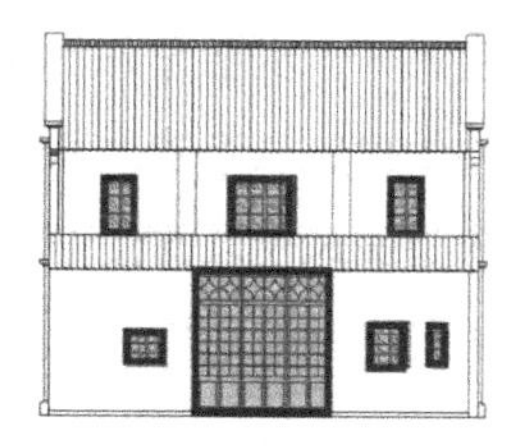
太平大路13号宅
立面图 ■:□=30 %

肖家巷28号宅北向现状立面图 ■:□= 8.5%

肖家巷19号宅正立面图 ■:□= 27.8%

图4.52 中西合璧式建筑立面图底关系示例 来源：在芜湖古城办测绘图纸基础上绘制

方开放的文化思想，但鉴于东西方巨大的文化理念差异，体现在立面造型上，即表现为一种矛盾但并不违和的统一体。同时，芜湖的本土匠人往往缺乏系统的西方建筑知识，不能深刻理解西方建筑理论的精髓，更多只能是对西方建筑元素进行片段式的截取和折中模仿，这使得建筑外观立面拼凑和集仿的效果较为明显。本质上也正说明这个阶段正处在传统建筑演变的进阶时期。

4.5 现代式建筑立面

4.5.1 立面造型趋于简洁

平屋顶的出现可以视为现代建筑的要素之一，传统建筑在向近现代建筑转变的过程中一部分建筑仍然使用四坡屋顶，立面较为方正简洁，层数比较高，装饰较少，几乎鲜有檐线、腰线和线脚，呈现出少装饰、重形体的感觉，重视比例关系和开间布局。公共建筑的现代转型较早，对称均衡的立面布局是其特色。空间组合方式按照水平维度展开，水平方向上有延展趋势，但在竖向上如入口处会加强设计感以追求水平与竖向的对比从而使得稳定感更强。芜湖的现代建筑出现较少，中山纪念堂可算是初具现代建筑风貌，其位于春安路与北京路交汇的丁字路口，坐东朝西，面对北京路，南邻镜湖，砖混结构，木屋架，观众厅跨度18米，建筑面积约1500平方米。其立面对称，为突出入口，设四根中式立柱挑檐，女儿墙中部有三角造型凸起。总体上看立面简单，仅在入口做些处理，已初具现代建筑风貌（如图4.53左）。

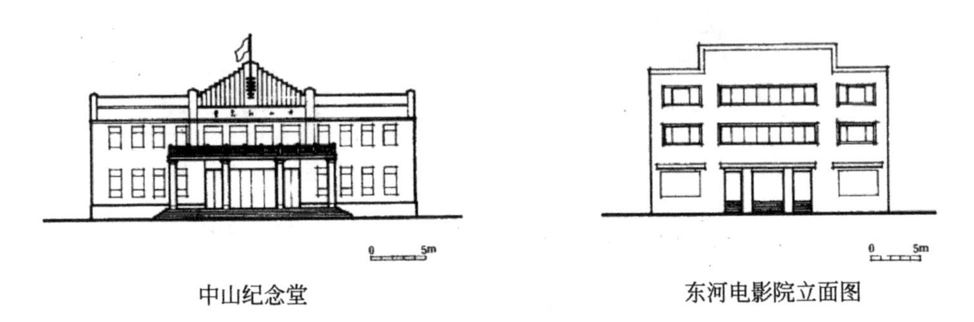

图4.53 芜湖近代后期建筑示例 来源：杨秉德《中国近代城市与建筑》

4.5.2 注重几何感的立面构图

现代建筑立面中，作为三段式重要因素之一——屋顶的重要性已经大为降低，因而外立面中墙面作为立面的重要组成部分在极大程度上决定了立面造型。现代建筑仍以水平线分隔建筑墙身，但是造型结构却大为简略，最多只有一皮或两皮砖的叠加；内在的功能比装饰性的外表在建筑设计中显得更加重要了。早期还在模仿西式建筑立面垂直的划分手法，近现代式建筑后期已取消了立柱，墙面成了一个整体，因而门窗洞口、入口、阳台等构件的形式与组合，直接影响到建筑的外观。因装饰简化，这些多为矩形、尺寸不同的构件相互组合，设计感增强的同时，立面外观呈现出较强烈的几何感。

日本占领芜湖期间曾建有少量建筑，颇具现代风貌，如东河电影院。该影院坐南朝北，设座600席，建筑面积约为850平方米，采用砖混结构，木屋架、铝皮屋面。影院立面简洁，顶部女儿墙呈台阶式，中间高，两边低，入口处有高大台阶，中有两根粗壮的圆柱，上部有两排横向长窗，整个建筑没有繁琐装饰，立面呈现出简洁的几何式构图（如图4.53右）。

4.6 芜湖近代建筑的造型演变

纵观全程，芜湖近代建筑从屋顶到立面构图、门窗洞口以及细部装饰等都发生了近代转型。总体而言，屋顶从双坡硬山为主向四坡屋顶演变，到后期则向具有现代风貌的平屋顶转变。立面构图上，由相对封闭、开窗较少的立面形式向具有设计感、相对开放的形式发生转变。门窗洞口以及装饰细部上，从对西式建筑元素的直接模仿，到融入本土文化的两者结合，体现出的是对功能性的进一步追求。这个演变过程分阶段以不同风格特征的建筑外观这种物质形态进行展现，传统建筑是演变的基础与起点，中西合璧式民居造型的变化最能体现出演变的动态过程，因其处在演变的进阶时期，可以说这一时期是芜湖近代建筑造型演变的高潮。

5

芜湖近代历史建筑的空间形态

建筑空间的变化是与人类的文明发展历史同步前进的。建筑空间作为一种客观存在，具有物质和社会的双重属性。近代建筑演变的本质是建筑空间的变化，不仅体现在单体建筑空间形态的变化，在建筑群体的空间组织构架和空间秩序上的改变也有所体现。其中，空间的形态，是由建(构)筑物、铺地、建筑小品、水体、绿化、家具陈设、装饰等多种因素组合而成。具体的形态构成与时代的、地域的、民族的、使用者的需求有关；空间的组织架构与秩序则可以理解为各功能系统间的一种组合关系，是隐含于空间形态中的组织网络，是支撑空间网络的几何框架。正因空间形态、组织架构和秩序的变化使得近代建筑呈现出多样性和多元化的特性。

芜湖近代建筑的空间形态和空间结构的特征亦是多元化、多样性的。可分别通过研究传统建筑空间以及近代建筑空间的形态特征，比较其不同，总结其变化的内在规律，探究其变化的原因，进而得到芜湖近代建筑空间的演变过程。

5.1 空间形态

对空间形态进行研究，应当是一种多维度的、动静态结合的探索。芜湖近代建筑空间的发展与演变，主要是在平面和垂直维度发生变化，尤其是平面维度上变化较为明显。而芜湖近代建筑的空间形态演进过程，可以通过对比传统建筑、西式建筑、中西合璧式建筑的空间形态特征得来。这里的西式建筑包括在租界区由洋人主持建造的建筑以及由当地业主主持兴建的“洋房”即仿西式建筑。芜湖现代建筑空间因案例极少，不在分析之列。通过分类分析并对比，可以将芜湖近代建筑的空间造型特征及演变过程展示得较为清晰。诚然，传统建筑、西式建筑、中西合璧式建筑的空间形态并不是界限分明的，只是代表了芜湖近代建筑演进过程中的不同阶段，因而其空间形态特征必然有交叉重叠之处。

5.1.1 单体空间的开放与封闭

5.1.1.1 传统建筑的空间

平面维度上，芜湖传统建筑以院落组织建筑空间，沿中轴线一字排开，建筑多以一至三进院落为主。实际调研过程中，尽管建筑大多被严重改建，但从柱网与铺地仍可以推测出院落大小。受建筑用地大小局限，芜湖传统建筑院落中较少用厢房，多用边廊代替。院门多开在中轴线上，或偏于轴线一侧；其中，传统商铺的空间组织略微不同，商铺多为两层，前后进之间以单廊或双廊连接，天井空间较小；建筑单体明间开间通常在3 ~ 4.5米，次间开间在2.4 ~ 3米。从形状上看，传统建筑平面大致为长方形，也有略近于正方形的形状。也有因地形及周边建筑限制等而设计的特殊平面形状（如图5.1）。

垂直维度上，芜湖传统建筑的高度差异较大，一层房屋的屋脊高度常在4.6 ~ 5.7米；二楼屋脊高度常在6 ~ 9米。传统商业建筑多为两层，二楼屋脊高度基本上也在6 ~ 9.2米。

传统建筑空间表现为围合的院落，空间相对封闭。

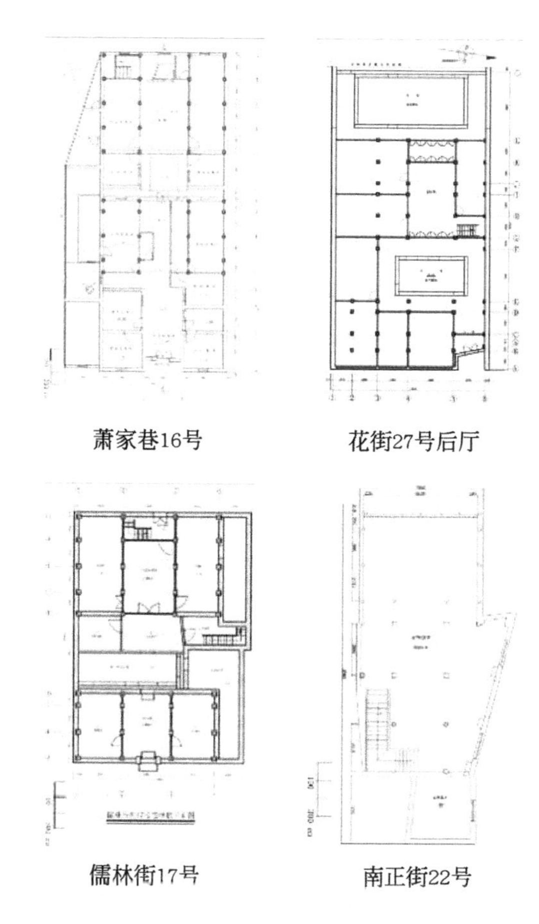

萧家巷16号　花街27号后厅

儒林街17号　南正街22号

图5.1　传统建筑的院落组织空间

来源：芜湖古城办测绘图纸

5.1.1.2　西式建筑空间

平面维度上，西式建筑平面组合多样，形式丰富，围绕入口和楼梯组织空间，追求实用性，空间的使用功能被放在更为重要的位置。建筑类型不同，其平面形式也较为不同。总体来说，居住建筑尺度相对较小，教堂、医院和学校较大，办公楼等的建筑尺度相对居中（如图5.2）。

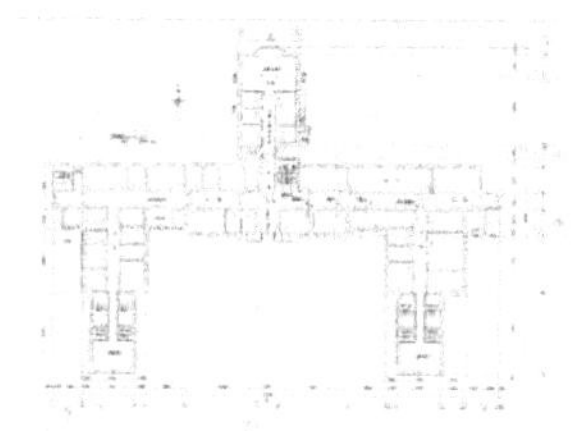

天主教堂　内思高级工业职业学校　老芜湖医院内科楼

图5.2　西式建筑空间的平面维度示例　来源：芜湖古城办测绘图纸

居住建筑的开间多在4 ~ 9米，进深多在4 ~ 8.5米；办公楼和医院局部空间尺度与居住建筑较为接近；教育建筑尺度较大，主要功能开间有的在8米以上；教堂更为特殊，空间尺度更大。

垂直维度上，西式建筑多为两层至三层。居住、办公建筑多为两层，教育、医疗建筑多为三层，二层高度最高可达13.81米，三层屋脊高度可达15米左右。也有特殊情况，如圣雅各中学主教学楼钟楼的屋脊高度达到27.40米。

西式建筑空间形式多样，可集中也可水平延展，较传统建筑自由、开放，并没有形成相对固定的建筑空间布局模式。

5.1.1.3 中西合璧式建筑空间

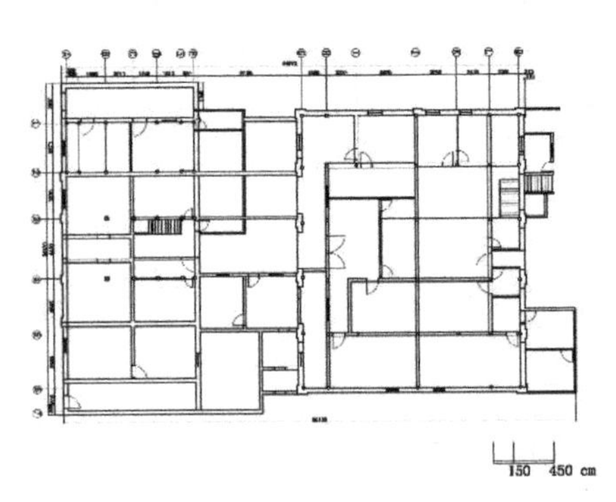

图5.3 清末官府平面

平面维度上，中西合璧式建筑多为“口”字形，形状规整，取消天井，代之以厅堂来组合其他使用功能，这使得其空间较传统建筑更向心聚集，整体体量上较传统建筑偏小，但单体空间加大，更注重功能与私密。单体空间开间多在3 ~ 4米，进深多在4 ~ 7米；也有开间进深更大的，如清末官府，局部空间开间达到6.44米，进深约为5米（如图5.3）。

垂直维度上，中西合璧式建筑多为两层，也有特殊，如华牧师楼建筑层数为四层，其山墙高度在9 ~ 10米；虽为四层，其屋脊高度也只在10.3米。

总体来说，中西合璧式建筑空间比传统建筑空间略开放，但整体仍处于围合的状态，表现出较强的封闭感。

总体上看，传统建筑空间形式较为规整，空间封闭；西式空间则自由开放；中西合璧式建筑处于二者的过渡状态，但整体上传统封闭的感觉依然较强。这说明芜湖的中西合璧式建筑是以传统建筑为基础发生了演变，这与中国其他地区中西合璧式建筑的两条演变路径不完全相同。其他地区的中西合璧式建筑演变的路径，其一是传统建筑的演变，其二则是西式建筑的本土化演进。芜湖中西合璧式建筑的演变本质是在传统建筑地域性文化的基础上，受到了近代西方建筑文化输入的较强影响。

5.1.2 建筑的空间体量

平面维度和垂直维度代表的是二维空间，是能表达建筑个体空间的基本要素，那么代表三维空间的体量则是考察建筑与外部空间环境的重要因素，体量的形状、大小、尺度以及体量的组合，直接影响了建筑群体的风貌特征以及建筑与外部空间环境之间的关系。

（1）传统建筑的空间体量。芜湖传统建筑的体量总体来说是较大的，呈规整的形状，合院式的空间被高墙围合，呈内向型的封闭空间，“聚族而居”的传统观念在芜湖传统建筑上依然适用。

（2）近代建筑的空间体量。芜湖近代建筑出现了不同的类别，依据功能不同，空间体量也有显著的区别，这也是近代建筑发展最显著的特征之一。具体来说，近代的公共建筑以及产业建筑的体量都比较大，空间生长的态势是一种相对自由的状态，突破了尺度的局限，空间在三个维度上都有扩展的可能；而居住建筑与传统相比，体量反而相对减小，更为集中向心，使用者比以往更注重与外部空间环境的交流，这从侧面体现了近代芜湖商业发展到一定阶段，人的思想观念逐渐变得开放。虽然中西合璧式居住建筑空间仍然相对封闭，但相较于传统民居，其体量已在缩减，封闭程度也不似传统建筑（如图5.4）。

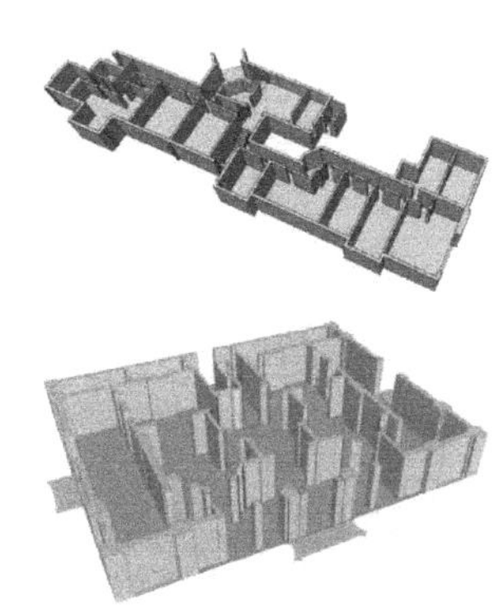

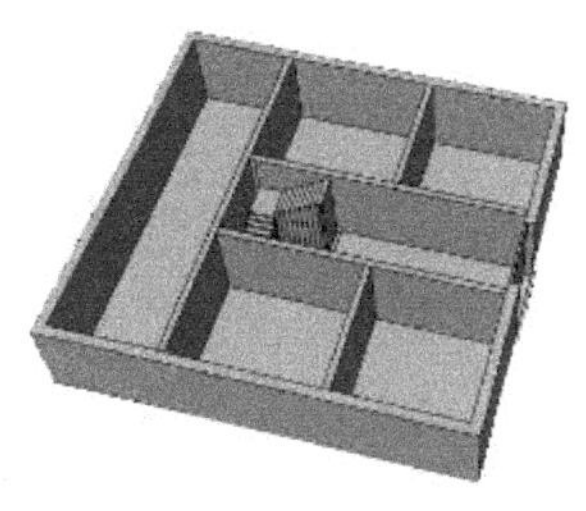

芜湖近代居住建筑体量

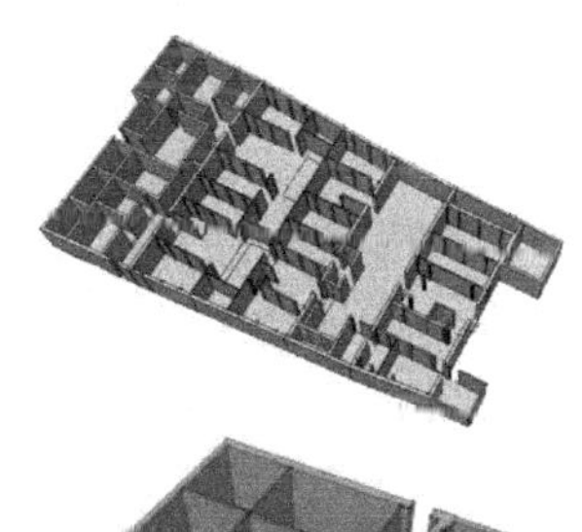

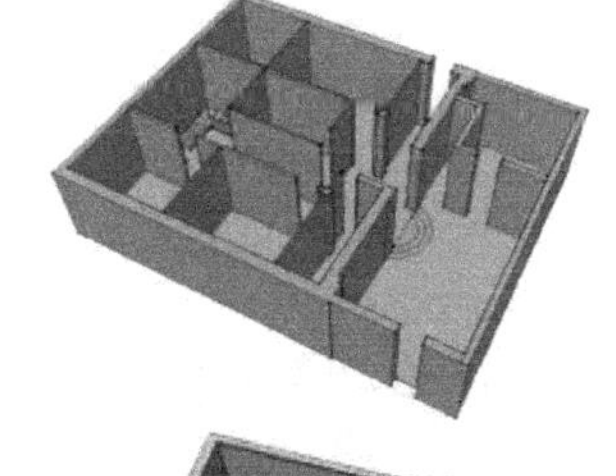

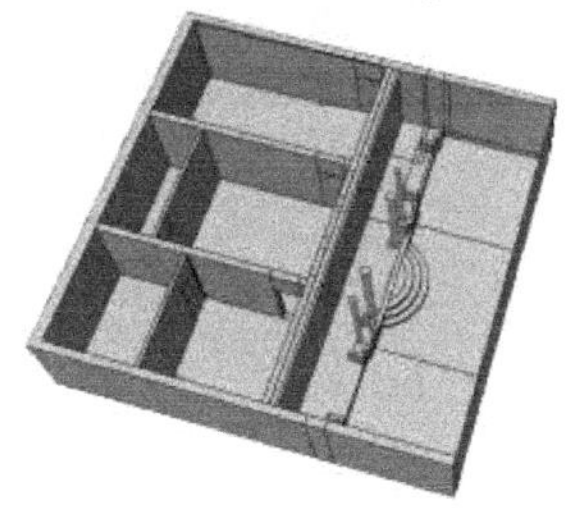

芜湖传统建筑的体量演变

图5.4 芜湖近代建筑的体量变化图示

5.2 空间结构模式

空间的结构，可以理解为各功能系统间的一种组合关系，是隐含于空间形态中的组织网络，是支撑空间网络的几何框架。建筑空间结构可以理解为建筑系统内部、各空间相互之间以及各空间与建筑整体之间的关系。建筑空间结构不是自然生长的，没有遗传基因，而是人为构成的，因此建筑空间结构的形成受伦理道德、社会发展、地域文化、生活方式、艺术审美等人为因素的影响。由于使用者的需求迥异，建筑空间结构是一种可变但内在稳定的有机体，是较为抽象的空间组织构架。

近代芜湖的建筑空间，包括传统建筑在内，有不同的空间结构模式，具体可以分为以下几类。

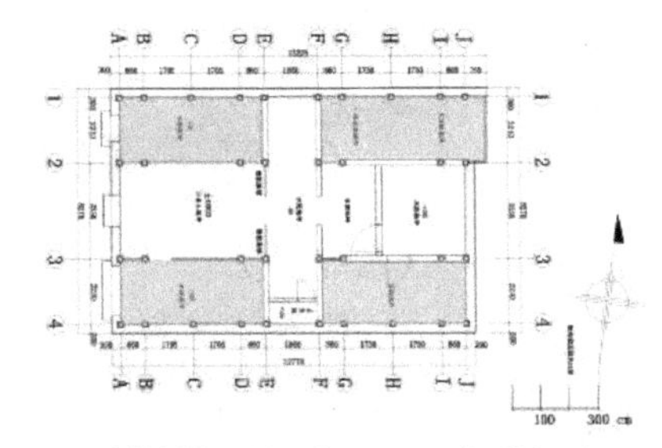

儒林街49号三间“回”字形布局

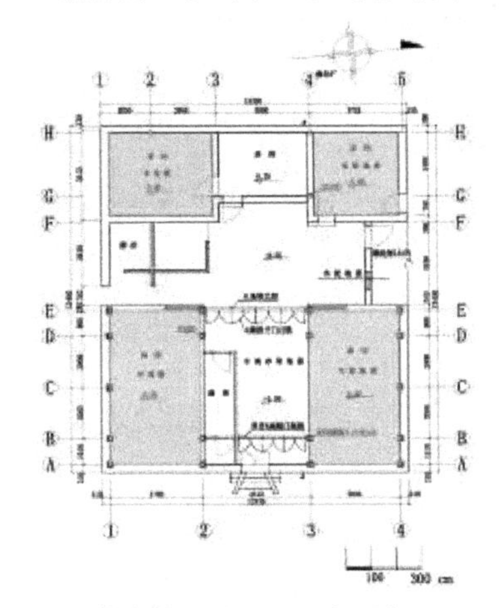

萧家巷45号“回”字形布局

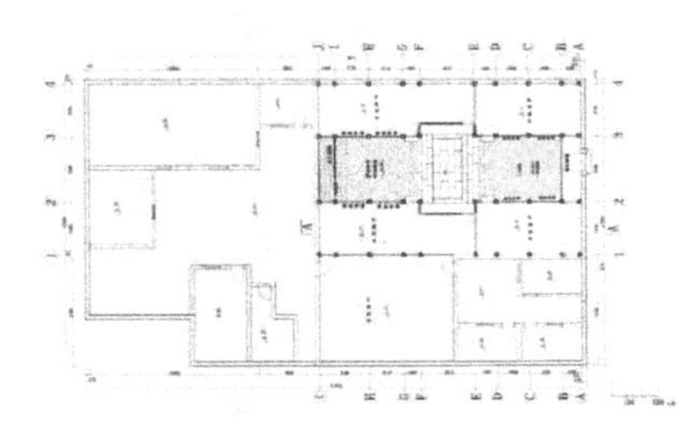

官沟沿1号李仲文宅五间两进布局

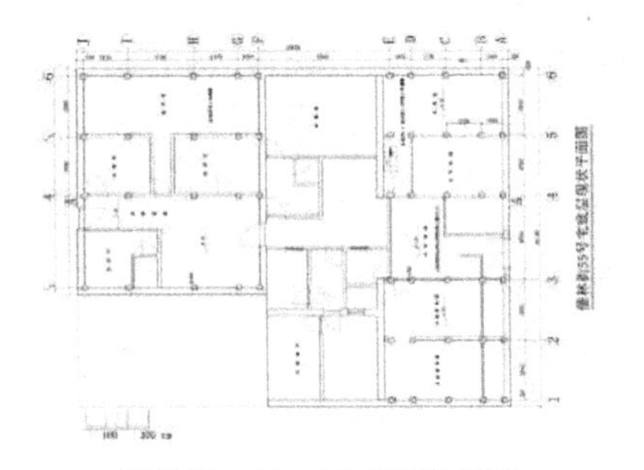

儒林街55号宅五间两进布局

图5.5 “回”字形布局模式

5.2.1 传统合院模式

明中叶以后，众多徽商定居芜湖，在促进芜湖工商业发展的同时，也影响了芜湖的建筑风格，徽派建筑与本土建筑逐渐渗透、融合。芜湖的传统建筑无论是整体风貌还是细节处理上，都有显著的徽派建筑特征。芜湖的合院式住宅形制亦受到了徽派建筑形制的影响。徽派建筑按类型可分为宅居、祠堂、书院、戏楼、商业、牌坊等，而每种类型的建筑都有自己的形制和分类以及空间结构。如宅居按照空间布局可分为“凹”字形、“回”字形、“H”字形、“日”字形等。每座宅居建筑内部都有天井空间、厅堂空间、厢房空间和附属空间等。受徽派建筑影响，芜湖传统合院又可细分为以下几种模式。

5.2.1.1 “回”字形布局模式

此种空间布局又称四合式，俗称“上下厅”，也称“上下对堂”，为两组三间式相向的组合，即门厅与客厅相对的四合式组合。通常在天井周边围绕回廊，且在入口开间的两侧倒座的位置有东西厢房，多为晚辈或下人居住，或作为厨房空间使用。近代芜湖传统建筑在此基础上又有延伸，也有五间两进的空间布局模式（如图5.5）。

5.2.1.2 “日”字形布局模式

该合院布局即“三间三进深”式，是天井位于第一进与第二进、第二进与第三进之间的组合方式。两组有天井的院落及走廊空间的组合，即南侧有天井空间，北侧也有天井，并且均靠南侧布置，南侧院落的天井南侧有倒座厢房的组合（如图5.6）。

5.2.1.3 “凸”字形布局模式

“凸”字形布局又称“明三间”式。三间一进楼房，有厢房的称“一明两暗”；没有厢房的三间朝天井露明，称“明三间”。“明三间”在多单元合院组合的群屋中作用较多，因为大宅中用作卧室的房间多，明三间才能解放出来提供给家庭做公共空间使用（如图5.7）。

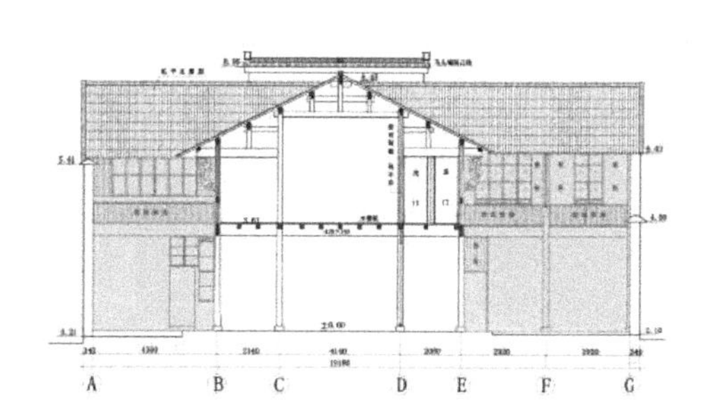

图5.6 花街27号南北天井

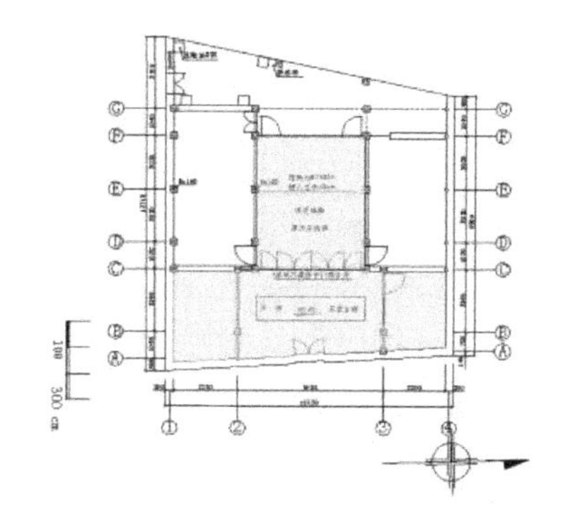

图5.7 潘家大六屋“凸”字形布局

5.2.1.4 “H”字形布局模式

“H”字形布局即“三间两进”，厅堂中间为两个三间或贴背式组合。两组有天井院落的庭院空间的组合，南侧天井靠入口南侧，北侧天井靠北侧围墙。芜湖古城现存的传统建筑中，暂未发现此种布局模式。

5.2.1.5 组合布局模式

顾名思义，组合布局就是不同的合院以不同的方式组合在一起，按方向的不同，组合布局大约分为横向并联组合与纵向串联组合两种布局模式。

（1）横向组合。通常情况下，将南北朝向定位为纵向，东西朝向定位为横向，芜湖的传统式布局中，除季嚼梅将军故居外，横向组合布局不算多见（如图5.8）。

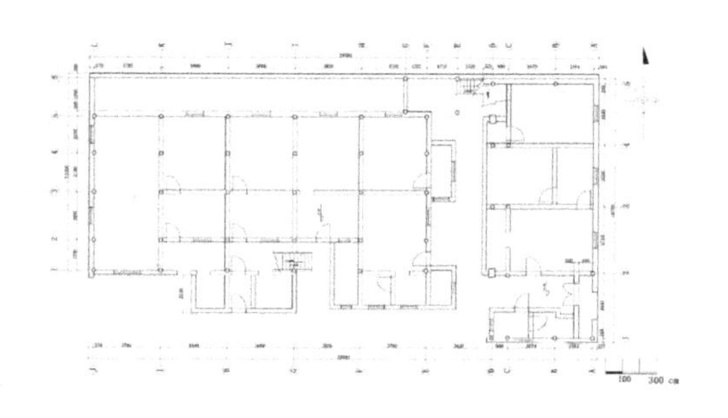

图5.8 萧家巷3号季嚼梅将军故居横向组合模式
来源：芜湖古城办测绘图纸

（2）串联组合。院落单元沿轴向伸长，即一进、二进、三进……通常情况下，每增加一进需增设一纵向天井，但近代芜湖，传统建筑的空间受到西式风格的影响，更趋向自由并讲求功能，因此串联组合布局模式灵活多变，通风采光靠窗洞的开设来解决，未必会增加新的天井（如图5.9）。

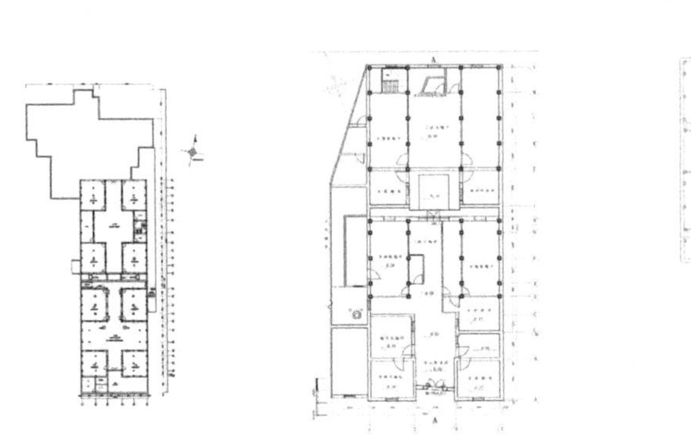
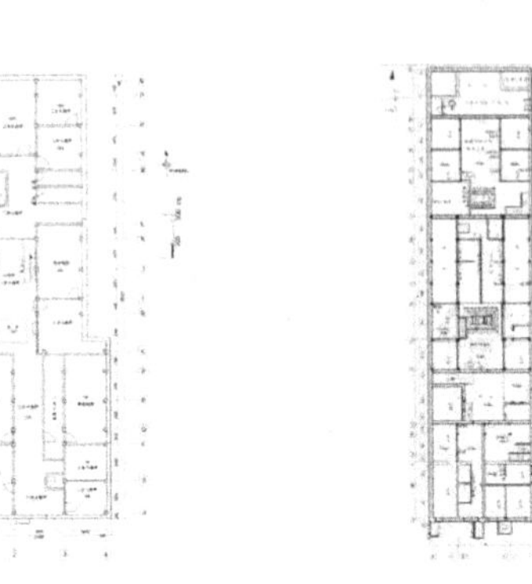

小天朝　萧家巷16号“凹”字形和“回”字形串联　萧家巷58号　薪市街28号

图5.9　串联组合布局模式　来源：芜湖古城办测绘图纸

正大旅社剖面回廊

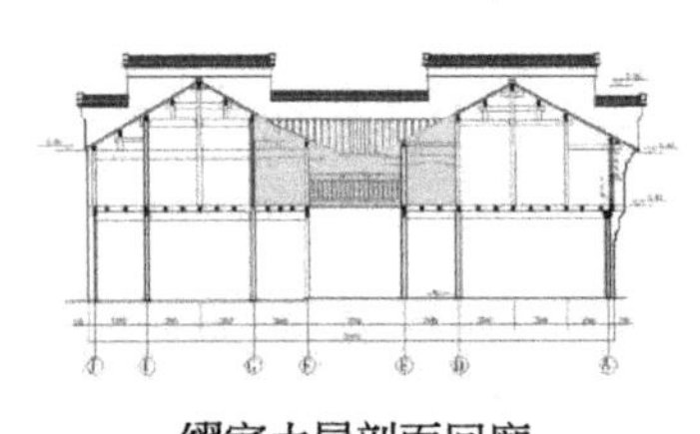

缪家大屋剖面回廊

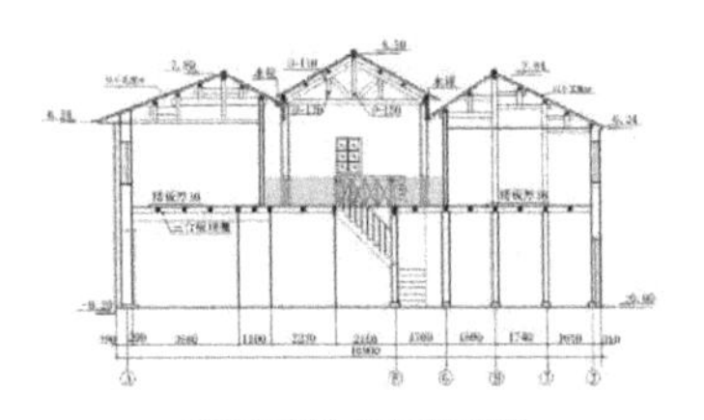

秦何机坊剖面回廊

图5.10　“回马廊”布局模式

5.2.1.6　回马廊式布局模式

回马廊式的典型特征是回廊的应用（如图5.10）。回廊通常布局在传统建筑的二层，为天井与建筑之间的过渡空间，具有观景及交通联系的主要功能，芜湖当地俗称“走马楼”。

5.2.1.7　单间并列式（传统商业建筑，非合院式）布局模式

芜湖古城内的传统商业建筑及沿街住宅常以多个独立的矩形空间以并联的方式重复出现，这个独立的矩形空间为一个基本单元，组合在一起后成为一种较为简单的空间序列。这种单间并列式的传统建筑在芜湖古城内较为普遍，多为下店上宅，以商业建筑形态示人（如图5.11）。

近代芜湖传统合院式建筑空间形态上有一个较为显著的特征——空间次序，这种空间次序是一种共时性的位序主次关系。传统建筑总体来说可以分为主体部分和附属部分，主体部分包括厅堂、厢房等，附属部分主要包括厨房、储藏室

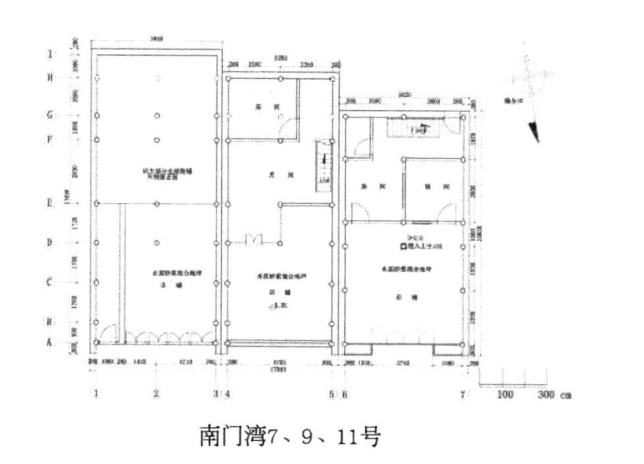

南门湾7、9、11号

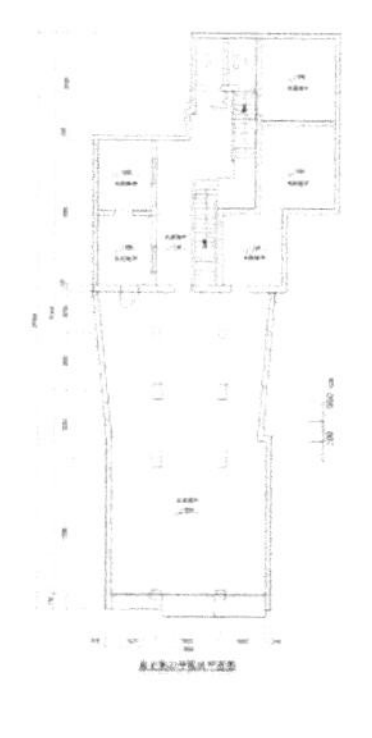

南正街6号

图5.11 单间沿街住宅及并列组合

等部分。在主体部分，通常将等级较高的天井和厅堂布置在主轴线上，等级次之的厢房两边对称布置；附属部分等级较低，一般不受制约，形式较为自由。这种空间次序表现在三个方面：体现空间演化的先后关系；体现空间等级的主次关系；体现空间序列的位序关系（如图5.12）。

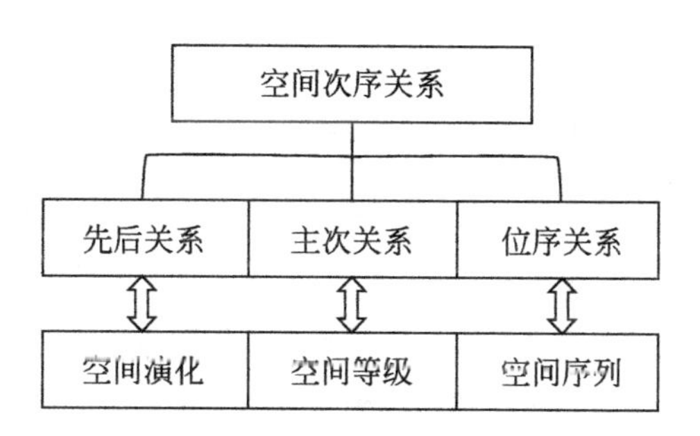

图5.12 合院式住宅的空间次序

传统建筑空间形态构成上有一个核心的部分——天井。如图5.13所示，无论是独立的居住单元还是组合，其空间形态的组合都是围绕着天井来展开。从调研的情况来看，新中国成立后芜湖传统建筑大多被严重改建，很多建筑在天井空间加建房屋，但

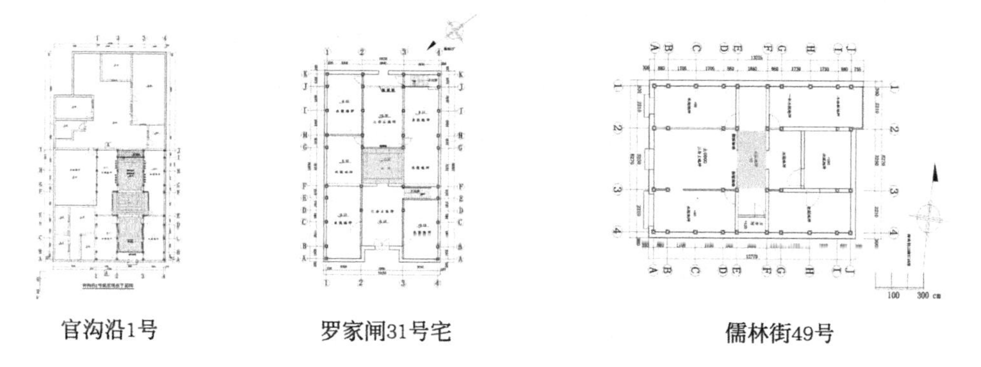

官沟沿1号　　罗家闸31号宅　　儒林街49号

图5.13 传统建筑的天井布局

依然能推断出原有的天井状态。天井作为传统建筑的连接和过渡空间，还承载了采光通风、收集雨水并且排水的功能，最重要的是天井承载了芜湖传统合院建筑的家族精神和情感核心，是一种文化隐喻，天井是家族最重要的凝聚空间。

5.2.2　西式风格影响下的空间结构

近代，芜湖传统建筑以天井为核心组织空间，合院式布局封闭内敛，而西式建筑及受到西式风格影响的建筑空间布局则丰富多样，且形态自由。

5.2.2.1　线式布局模式

线式布局以廊道空间为重点，通过廊道来串联起各个功能空间。按廊道的分布来划分，具体的空间布局模式又可分为内廊与外廊形式。线式布局是芜湖近代建筑中数量众多的空间布局模式之一，以公共建筑使用较多，中西合璧式建筑中也有宅邸采用外廊的线式布局。由于廊道空间的联系作用，线式布局模式空间组织紧密，交通便捷，空间形态也有线式的生长性，沿廊道延伸，因而空间布局自由。

以外廊为核心的线式布局模式在近代芜湖采用较多，尤其是早期殖民地外廊式建筑。这种空间布局模式基本上是西方列强在东南亚各殖民国家的一种复制，最初源于印度，为适应当地炎热的气候，出现了这种通风良好的外廊样式。殖民地的外廊样式进入芜湖后，由于气候湿润，冬季寒冷，建筑不需要四面均通透，因此外廊样式也有改变，逐渐发展出三面廊、双面廊、单面廊及局部设廊的样式。建筑入口多分布在一侧的外廊上，与室外的联系经外廊过渡，外廊的室内属性亦相对较强，同时又保持了良好的开放性。随着西方文化的日渐传播，中西合璧式建筑中也出现了外廊样式，基本上都是以单面廊的形态出现，多分布在建筑的南向，使建筑获得更好的采光。入口也分布在外廊上，空间形态较传统建筑更为开放（如图5.14、图5.15）。

和外廊式线式布局不同，内廊式线式布局多应用于医院、学校及其他相对大型的公共建筑。通常将联系上下的楼梯构件放置在内走廊的中间部分以方便使用（如图5.16）。

5.2.2.2　集中式布局模式

集中式空间布局以楼梯等上下联系交通构件为核心组织空间，近代西式建筑中，集中式空间布局模式多用于住宅。因注重功能，楼梯的功用更为显著，位置也较为突

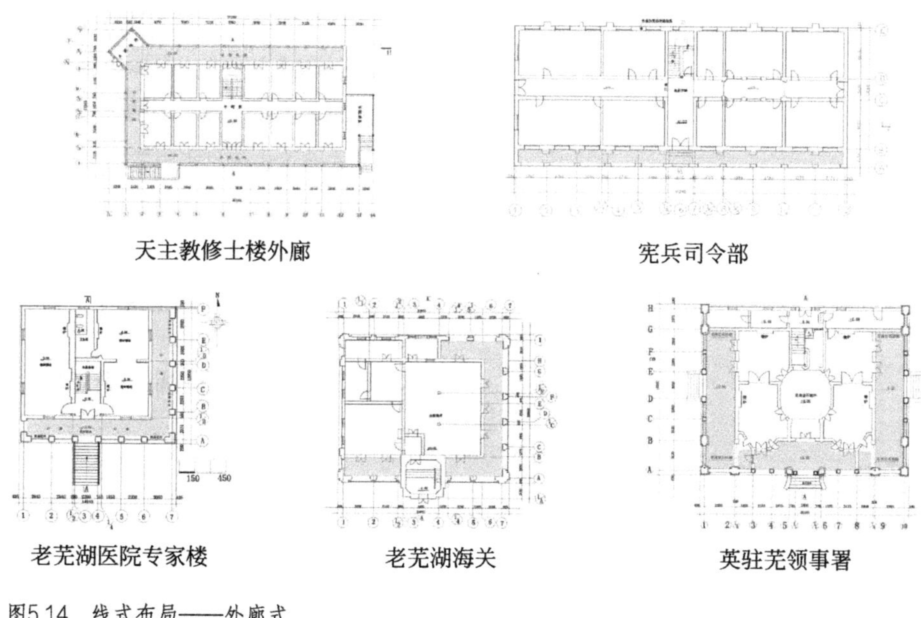

天主教修士楼外廊　宪兵司令部

老芜湖医院专家楼　老芜湖海关　英驻芜领事署

图5.14 线式布局——外廊式

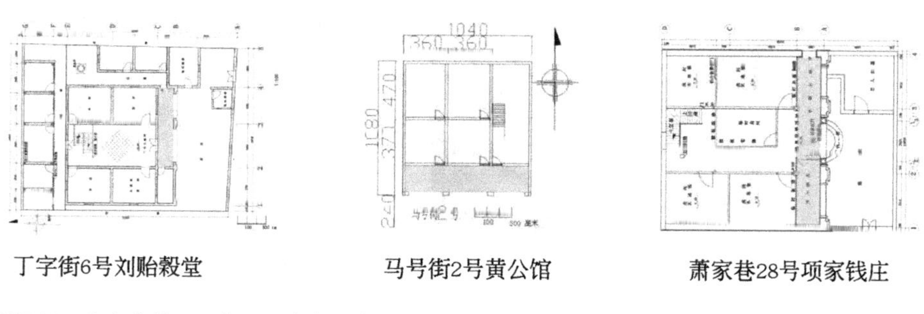

丁字街6号刘贻穀堂　马号街2号黄公馆　萧家巷28号项家钱庄

图5.15 线式布局——中西合璧式外廊

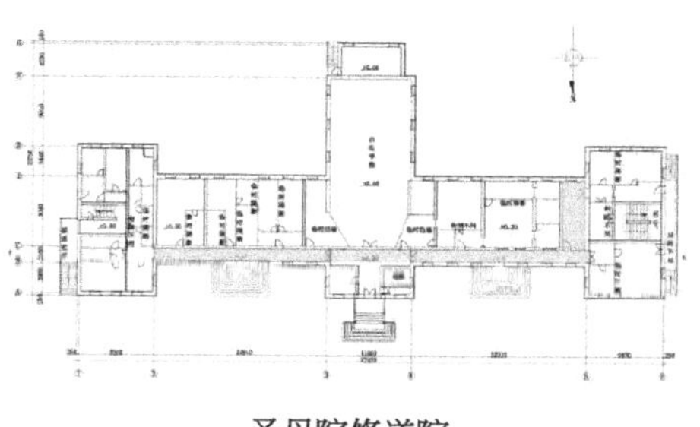

圣母院修道院　老芜湖医院内科楼

图5.16 线式布局——内廊式

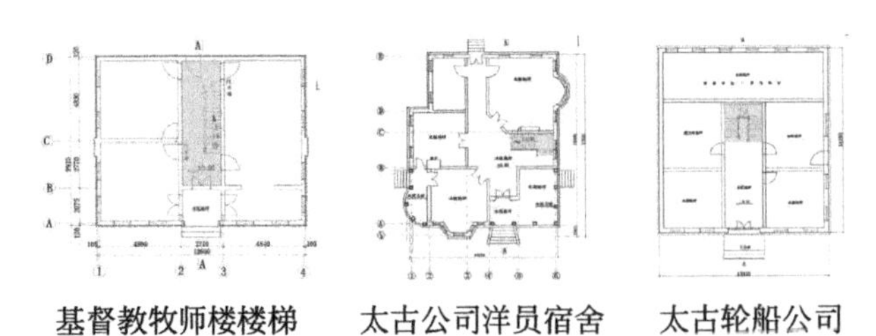

基督教牧师楼楼梯　太古公司洋员宿舍　太古轮船公司

图5.17　集中式布局——以楼梯为核心

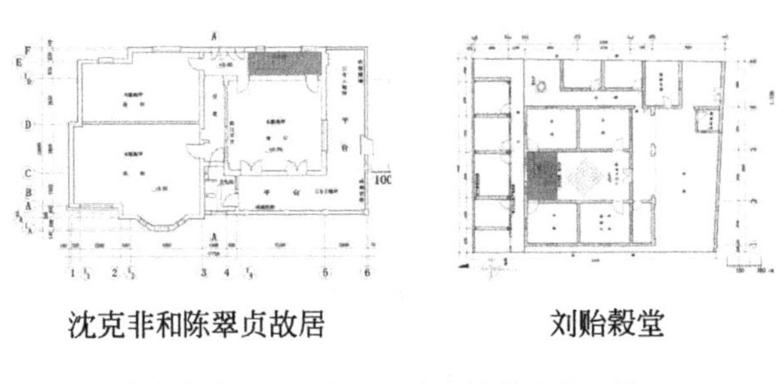

沈克非和陈翠贞故居　刘贻毅堂

图5.18　集中式布局——中西合璧式楼梯分布示例

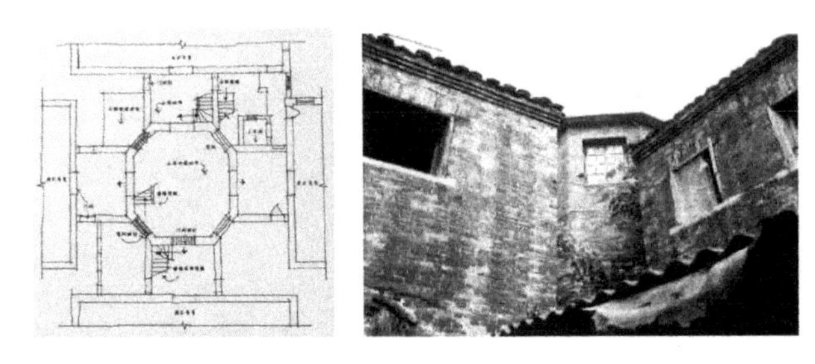

图5.19　模范监狱的过渡空间

出。其他空间则围绕楼梯展开，布局因此较为集中，但体量通常较小，因而多见于住宅。芜湖近代中西合璧式建筑也可见集中式布局的模式，其楼梯基本上与传统建筑类似，仍然略显隐蔽，功能空间围绕楼梯展开（如图5.17、图5.18）。

5.2.2.3　过渡空间连接模式

这种空间布局模式由多个可独立使用的建筑空间通过过渡空间连接而成。各建筑空间相对独立，又可通过过渡空间相互联系，组合后的空间多体量庞大。如模范监狱，其过渡空间为十字楼，为整座建筑的中心，其余部分功能相互独立，互不干扰。模范监狱在空间布局模式上仿效西方，结构和功能设施也具有仿西式色彩，在管理方法上更是如此（如图5.19）。由此看出，过渡空间连接模式应用于近代芜湖的建筑单体本质上是为了追求较多功能空间，但结构技术并未达到要求，其所处的阶段刚好也是建筑近代转型的过渡阶段。

5.3　特殊空间的形态特征

5.3.1　多元化的入口空间

入口空间是建筑的重要部位，是使用者从外部纷杂的空间进入自己熟悉空间的第一环节，而对于探访者来说，入口空间则是进入他人私密领域的开端。入口空间作为建筑与外界联系的枢纽，其与建筑外部环境有非常密切的联系，要与外部环境和谐地融为一体。入口是建筑内部与外部的过渡空间，常在入口采用门扇来区分建筑的内外空间，这要求入口空间首先是区分室内外的界面，还承载着协调建筑外部到内部或建筑内部到外部的整体环境，使得人们在进入或离开建筑之前产生不同的心理感受。芜湖近代建筑的入口多样，按位置、形状、组成构件的不同等可划分以下几种类型。

5.3.1.1 连续型入口空间

建筑入口只在建筑单体的外部界面上开口，并不破坏建筑的几何秩序，保持视觉上的连贯一致，具有较强的整体性。从平面上看，建筑入口与建筑单体的平面位置重合，除开门外，平面上不做其他处理。这种入口可以采用图案或装饰突出其位置，通过入口周围的材质、材质的颜色和肌理的变化或是构筑物的设置，使其与它所邻近的地方有显著区别[1]。这种入口空间多见于芜湖近代传统建筑，但又略有变化，传统院落在入口临街时，门洞所在墙体会有一定角度的偏转，多向东南倾斜，避免门正对街道。这主要是出于传统风水文化的考虑，八卦中巽（东南）为通风佳处，可以通天地元气（如图5.20）。

图5.20 连续型入口空间示例
来源：《鸠兹古韵》

5.3.1.2 独立式门楼

芜湖传统建筑入口有采用独立式门楼的做法，门头上装饰精美的砖雕。这种入口空间显赫，通常是为了彰显使用者的身份和地位，有特殊的情感意义（如图5.21）。

图5.21 米市街47号独立式门楼
来源：《鸠兹古韵》

5.3.1.3 上升或下沉式入口空间

这种入口的室外地坪与建筑室内的基准标高有较大

[1] 梁振学.建筑入口形态与设计［M］.天津：天津大学出版社，2001：22.

内思高级工业职业学校入口

老芜湖医院内科楼入口

内地会圣经学校入口

沈克非和陈翠贞故居入口

图5.22 上升式及下沉式入口示例

高差，或高于室内标高，或低于室内标高。这种入口空间多用于地形有坡度的建筑，除了突出和强调作用，也可以达到一定的情感效果，上升的入口空间为处理高差通常加入多样的台阶，给建筑增添了庄严和神圣感（图5.22）。

5.3.1.4 外廊式入口空间

近代建筑中外廊式入口较多，西式建筑中的殖民地外廊式建筑及中西合璧式建筑中的单廊也有所应用。这种入口空间因为外廊的存在显得较为特殊，入口通常位于廊道的中间部位，较为突出（如图5.23）。

老芜湖海关

英驻芜领事署入口

俞宅入口

项家钱庄入口

图5.23 外廊式入口示例

5.3.1.5 楔入或凸出型入口空间

楔入型空间为建筑入口凹入建筑单体，将外部空间或浅或深地引入建筑的区域内；凸出型空间为建筑入口凸出建筑单体，多借助于雨篷及柱式构件，或借助于建筑的附属空间，如阳台。相对来说，凸出型入口布置灵活、造型方便，引导性强（如图5.24）。

张勤慎堂入口

老芜湖医院院长楼入口

英商亚细亚煤油公司入口

图5.24 楔入和凸出型入口示例

5.3.2 新型附属空间的出现

西式建筑较传统建筑更追求功能，最大程度上利用空间，且更强调室内外空间的交流，注重亲近外部环境，因而阳台的出现满足了这些需求；而传统建筑相对封闭，高墙大院，立面上开窗都很少，阳台的引入则使建筑的空间体量变大，建筑形体产生变化（图5.25）。

图5.25 新型附属空间示例

5.4 街巷空间

街巷空间是一个相对复杂的组织结构，由建筑单体组成，基本形态表现出连续性、匀质性、开放性的特点。由于建筑本身的特性，街巷空间并不只是特定时期的静态产物，而是在历史发展过程中历经了变迁所形成的。建筑单体的演变，直接影响了街巷空间，而街巷空间的形态和肌理则是城市空间的基本构成部分。微观上建筑单体的演变势必会引起城市宏观上的发展变化。

5.4.1 近代芜湖的街巷分布

近代，随着芜湖商品经济的发展，长街的规模更盛，古城内的街巷亦有较大发展。古城内的街巷有花街、南门湾、南正街、萧家巷、东内街、井巷、东寺街、罗家闸、太平大路、米市街、薪市街、十字街、马号街、儒林街、打铜巷、同丰里、官沟沿等。

除古城内的传统商业街外，近代时期还开辟了一些新的商业街区。如长街以北1894年新开辟与其平行的“二街”；1902年开辟“大马路”（1925年改名中山路），南北贯穿新市区；20世纪20年代又开辟东西向“二马路”，东起陶塘，西至江边。这三条马路形成了新的商业街区。

5.4.2 花街－南门湾－南正街街巷

新中国成立后，芜湖城市更新速度加快，反复拆建使得许多历史街区消失不见。近代时期达到鼎盛的十里长街已基本不存，仅剩古城内东段一小部分；近代新开辟的商业街区上遍布的历史建筑在频繁的拆建过程中也已基本不存。

为充分保护好芜湖古建筑、古文化遗产，同时为申报国家历史文化名城和4A级旅游景区奠定基础条件，芜湖市委、市政府启动了芜湖古城的旧城改造保护更新工作，并于2012年组织编制芜湖古城规划导则。古城内现存街道界面较完整、沿街店铺保留较完整的，首推花街—南门湾－南正街三段，还包括十里长街在古城内的东段。这部分街巷空间内，建筑建造年代从清末到新中国成立前时期不一，是近代芜湖街巷空间发展变迁的鲜活见证，同时街区内整体风貌也较为协调。

5.4.2.1 街区状况

花街位于芜湖古城中心区，始建于北宋初年，距今已有一千多年历史。街道呈“|”形，南北走向，南起南门湾，与薪市街垂直相交，北至十字街，全长180米，宽4米左右。花街以经营竹、木器为主；南门湾是芜湖最古老的商业街之一，形成于宋代。街口正对城南门——长虹门。南门湾街道原来呈“T”字形，长约130米，宽约3米多。民国八年（1919年）之前，其正对南门的竖式街道（长约80米）被从南门湾中单独划出，命名为“南门大街”，即今南正街。因此，南门湾只剩一段横式街道，呈“一”字形，长约50米，宽3米多，东西走向，与南正街垂直相交，东与儒林街相衔接；近代南正街商贸亦十分繁荣，各色店铺都有开设，品种齐全。

5.4.2.2 街巷空间特点

街区内建筑群多为明清以来发展较为成熟的传统商业建筑风格，多为一二层砖木结构，下店上宅，建筑紧贴山墙排布于道路两侧。街区按组织原则形成了街区肌理，建筑密度较大，面宽较窄而进深很大，建筑中间的道路仅有3～4米，三条街巷道路首尾衔接，呈“S”形状，体现出狭窄、精巧而又极富人情味和文化情趣的街巷空间特征。受西式风格影响，街区内建筑出现了山花、柱式、拱券等西方古典式样，但仅限于局部的应用，街区整体风貌仍以传统为主。

5.4.2.3 街道立面

街道立面体现了近代芜湖传统商业街区的特征，即湘西地域特征、徽州地域特征，同时又受西式风格影响，部分建筑有中西合璧的建筑风貌特征。建筑总体上以二层为主，局部有一层、三层或四层。建筑天际线平缓连续，街道延伸感和导向感较强（图5.26）。

南门湾北立面现状

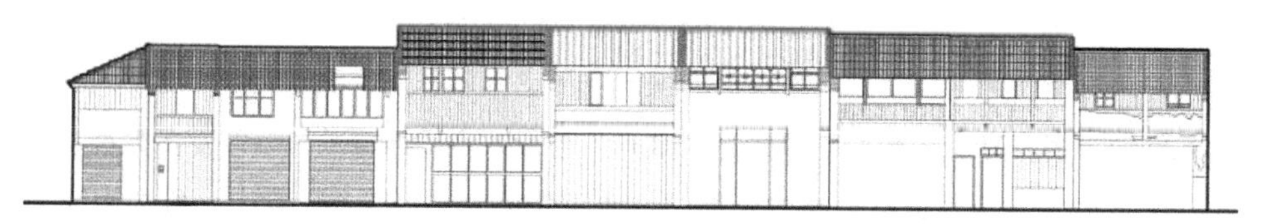

南门湾南立面现状

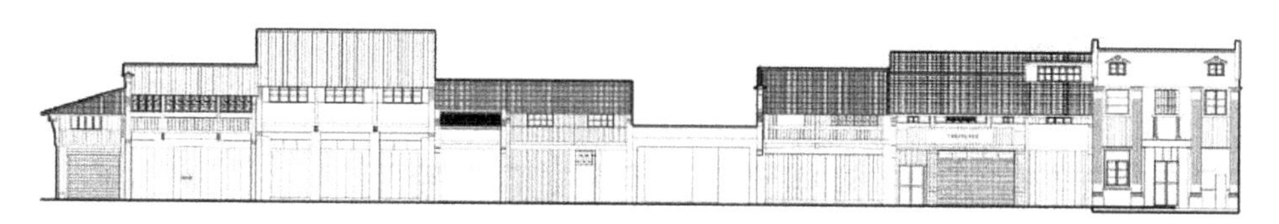

南正街东立面现状

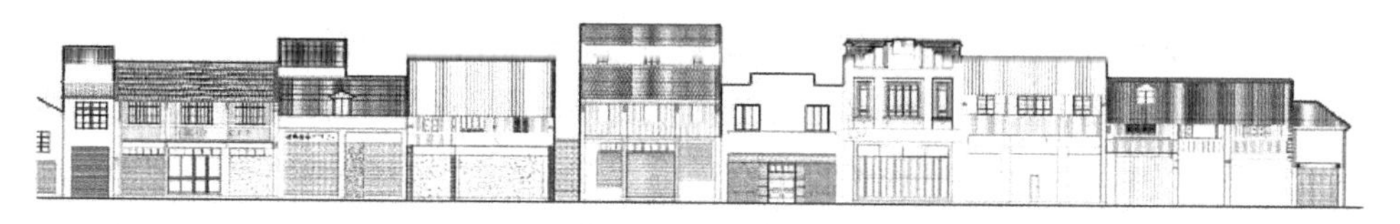

南正街西立面现状

图5.26 街道立面

5.5 文化交融下的空间变迁

同治元年（1862年），曾国荃攻克芜湖。虽饱受战争之害，却也形成了独特的地方文化，芜湖古城留下了川湘文化的痕迹。古城内的传统建筑构件体现了川湘文化的典型特征，但空间形态上仍主要表现出受徽文化影响的痕迹。近代芜湖的开埠，使得芜湖的文化构成变得复杂。除受徽文化的深刻影响外，芜湖还受到海派文化的影响。因此近代以来，芜湖的文化特征可概括为：中西文化交汇、徽州与湘地文化局部融合，芜湖古城内的建筑则是这种多元文化融合的典型实证。其中，代表川湘地区文化的斜撑以及建筑翼角融合了徽州传统文化，只运用于大部分商业建筑及文庙牌坊等礼制建筑的细部。古城内的民居则最能体现西方建筑文化与徽文化融合下的空间变迁。

5.5.1 芜湖传统民居空间

芜湖传统民居的空间布局汲取了院落式特征，将院落改造为狭长的天井。用天井来满足通风采光的需求，同时营造冬挡风夏阴凉的宅内生态空间；其余功能空间均围绕天井来布置，通常以“一厅两厢”的模式来形成院落开间，较大规模的宅第则扩大为五间或更多，厅堂多数面积较大，半敞开，与天井空间连成一片，卧室多数面积较小；天井两侧或用作通往二楼的楼梯间，或用作穿廊；以天井为核心，纵向上可以“一进”为基准叠加为多进院落形式，形成中轴对称的格局；竖向上多为两层（个别有三层）的楼居式。

5.5.2 传统建筑中的洋楼到中西合璧式建筑空间

芜湖古城内的洋楼也是中西合璧式建筑，但其空间变化的基础是传统建筑，与古城外的中西合璧式建筑有显著的区别。这些洋楼已经取消了传统建筑的核心——天井，代之以花园式院落；整体规模变小，没有了几进的院落，通常只有三开间的面宽及两间的进深，以中间大厅为中心组织空间；竖向上多为两层（个别有四层）；常以单面廊来构成入口空间及阳台，入口常居外廊正中，立面对称。较传统建筑高墙院落封闭围合相比，洋楼的院墙多为一层，因而建筑空间表现出半开敞的特点，这也体现出洋楼是传统建筑近代演变的过渡阶段。

芜湖古城外的折中式建筑，其空间形态更多表现出西方建筑的特征：追求有效率的功能空间，多以入口门厅和楼梯组织空间，通常体量较小但更为集中，更注重与外部环境的交流，空间更为开敞。

5.5.3 西式建筑空间

西式建筑更注重实用，追求功能，因此空间形态组织高效、严谨。西式建筑更强调平面形态的组合，因为这是决定建筑空间形成的基础。从平面形态来看，式样多变，尺度灵活，组织精巧，这本身也是追求功能多样化、复杂化的结果。加之建造技术的进步，使得建筑从平面到空间较往常更为自由与开放。机器大工业的发展，最大化地追求生产效率，也加大了西式建筑以功能为首的追求。

5.5.4 近代传统建筑演变的精神空间解读

从传统合院式民居到中西合璧式建筑，这一演变的过程体现了基于芜湖传统民居平面格局的调整，而并不是西式建筑的直接异地移植。这与传统民居受宗法礼制的深刻影响有关。传统建筑的空间也严格遵守封建礼制下严格的长幼尊卑等伦理位序，大部分情况下，厅堂空间的中轴上部空间最神圣，为主位；中偏左的房屋为上，中偏右的房屋为次上，左右两侧分厢而立的东西厢房按靠近主位的序列依次排序。可以看出，正屋厅堂空间是家族制度的核心物质体现，是家族及家族进行内部管理的中心，代表极强的权威和尊严。从传统合院式民居到中西合璧式民居，都将厅堂作为平面布局的控制中心，这同时也体现了使用者的精神需求，而这种精神需求并不会因为西式文化的引入而轻易改变。从某种意义上说，这种精神需求更像是传统居所——“家”的根基。

中西合璧式建筑实质上更多地体现了近代芜湖富商贵胄光耀门楣的一种炫耀心理，其精神空间内涵更多地可以解读为一种普遍的社会价值观念，是近代芜湖开埠后中西交融的社会文化环境下的群体精神需求。

芜湖从传统民居到近代中西合璧式建筑的混合共存，是在经济发展与历史文化共同作用下形成的，其空间变迁历经了传统民居到局部洋化再到文化熔融的中西合璧式建筑的发展过程。传统民居是空间演变的原型，西式建筑文化是一种外在催化作用力。在演变的过程中，空间集中与外部洋化是其发展的主要特征，而其内在的精神空间更多地体现了地域社会价值观与群体精神需求。

6 芜湖近代建筑的建造方式及特征

近代芜湖，米市的迁入加之开埠事件的发酵，极大促进了芜湖经济的发展。西方文化的传入，使得芜湖的社会生活各个方面都发生了变化。这种变化在物质层面上体现得最为明显。芜湖近代建筑的发展变化是体现这种变化的一个方面。芜湖近代建筑从建筑材料到建筑结构再到建造技术以及附属设施等营建环节的各个方面都发生了变化。事实上，物质层面发生的变化，本质上体现的是精神层面的发展变化。芜湖近代建筑的演变，本质上是人的思想观念发生了转变。因此，除了研究建筑本体的一系列发展变化，建筑制度、管理制度、营造所、营造厂、设计师的出现与发展，是建筑本体发展演变的根本，也是需要着重研究的方面。

6.1　材料的变化

材料的力学特点，决定了结构方式，继而决定了建筑物的空间形式。中国的传统建筑材料以木材为主，皆因木材有着良好的抗拉性能。中国人习惯于木作，习惯于渗入了封建礼制观念的梁、柱、斗拱等结构、装饰构件。

近代西方工业革命以后，建筑业发生了剧烈变化，这种变化也随着西方列强入侵中国而影响着中国建筑的方方面面。新科学、新技术、新材料的传入和使用都在深刻影响着中国的传统建筑。钢、铁、水泥、玻璃、机制砖瓦、钢筋混凝土等新材料的出现，新结构、新工业、新设备等的大量应用，使得近代时期的中国建筑展现出了与传统建筑截然不同的风貌。

6.1.1　传统建筑材料

芜湖地处皖中沿江地区，地理位置上兼容安徽南北，文化上亦为南北交融。明中叶以后，众多徽商定居芜湖，其居所实为徽派民居和本土建筑的融合，建筑风貌上受到传统皖南徽派建筑的影响，但又不尽相同。因此，芜湖传统建筑材料也有其自身的特点。

6.1.1.1　屋面材料

芜湖传统民居建筑中的屋面材料，大量使用了烧制的青瓦。青瓦中有板瓦、筒瓦和瓦当的变形（如图6.1）。

6.1.1.2 墙体材料

传统建筑的墙体材料以砖石为主。青砖尺寸有320mm×160mm×80mm、280mm×140mm×70mm、245mm×125mm×40mm等规格，多为空斗砌法。空斗砖墙适合芜湖的湿润气候，且空斗砌筑相对来说减少了用材数量。

芜湖传统建筑墙面还可见绞胎砖（如图6.2）。绞胎砖不同于一般的墙体用砖，它专门用来美化墙面。由不同颜色的泥土糅合在一起，烧成之后，深浅不同的黑白灰三色相间，纹理千变万化，无一相同，是具有艺术效果的墙面装饰材料。其砌法有别于一般的砖墙，是用黏合剂粘贴在砌好的空斗墙上。其最大的特点是不粘灰尘，不产生吸附力，可以随空气湿度的变化显现出不同的浓淡深浅效果。其外形有长方形，也有正方形，一般用于外墙的尺寸为240mm×120mm×20mm，用于大门的一般为正方形，可依需求定制。

图6.1 中江塔筒瓦

来源：《鸠兹古韵》

6.1.1.3 结构材料

传统建筑的结构材料以木材为主。木材有其独特的生长特性，其质地显现出柔性的特点，偏暖的色泽，使人容易亲近。明清时期，油漆技术的完善使得传统家具大为盛行，传统建筑的室内木构件和家具成为一个完整的体系，同时具有良好的视觉审美效果。

图6.2 绞胎砖

来源：《芜湖古城》

木结构材料的易得性，使得传统建筑中木梁架结构得到广泛普及。民居建造，多采用乔木，如杉树、松树和枣树等。木梁架作为承重结构，砖石作为维护结构各自发挥自身的特性优势。传统建筑中的元素，如榫卯结构的反复运用、斗拱的装饰与结构作用、柱与梁的交接处理手法、屋顶梁架的举折、曲线的收分……无不体现着传统建筑木结构整体技术发展演进的稳定（如图6.3）。

6.1.1.4 装饰建材

图6.3 传统木构架

芜湖传统建筑的装饰艺术反映了芜湖人的生活习性、风俗民情和审美情趣，内容上一是宣扬儒家礼制，即宗法和等级制度；二是表现佛国的极乐永恒；三是以几何纹和动植物纹来表现吉祥寓意。而这些精神内容在芜湖的传统建筑中多以“三雕”和彩画及楹联匾额来做具体的物质展现。

（1）三雕。受徽派建筑的影响，芜湖传统建筑以木雕、石雕、砖雕为主要装饰材料。木雕在明清时期被广泛使用，一般做成拆卸灵活的装配式构件，雕成之后安装在梁柱之间。装饰图案以动植物和几何纹饰为主，装饰手法多为透雕和高浮雕。石雕一般集中在门头、柱础、栏板和门枕等部位。芜湖地处江南，多雨潮湿，柱础做得都比较高大，石雕装饰也有充分施展的空间。芜湖的传统建筑还有一种专门的石刻——泰山石敢当，正对着路口的房屋，基本都有此类石刻。明清两代“泰山石敢当”是有大小标准的，“高四尺八寸，阔一尺二寸，埋入土八寸”。砖雕主要用在屋脊、门楼、影壁等部位，表现手法与木雕、石雕相仿，也有圆雕、浮雕和透雕三种。此外，芜湖的传统建筑可见“堆活”，即在成品砖上用灰堆塑纹饰，以表现卷曲的花瓣、细嫩的枝梗等（图6.4）。

（2）彩画。传统建筑彩画主要施于室内和室外，室内主要在建筑的梁、枋、廊道、天花、门扇、窗棂、板壁及建筑构件等部位。民居结构营建完成后，其木结构梁、架、枋、额等都会涂抹上清油漆，而经济条件较好的家庭会用天然大漆。室外的彩画主要体现在墙上，尤其是山墙的外轮廓，特别是门窗、门楣上的彩色与黑色的颜料所勾画的彩画（如图6.5）。

图6.4 俞宅堆活

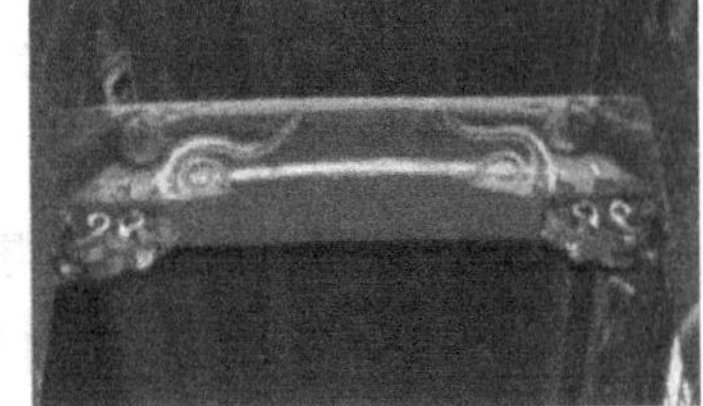

图6.5 大成殿檐下彩画 来源：《鸠兹古韵》

（3）楹联匾额。传统民居无论规模、等级，几乎都可见精心布置的楹联匾额。其使用空间主要有厅堂、卧室、书房、厢房等处。民居楹联大都是木版雕版，长约五尺，宽约五尺七寸，有长方形，也有包柱的半弧形，漆工很讲究，有金边红底黑填字，也有红底金字，或淡黄底黑填字，或石绿填字等。

6.1.2 近代建筑材料

建筑材料是建筑发展的物质基础。近代西方的新材料——钢铁、水泥等传入中国，带来了近代建筑的发展变化。芜湖亦是如此。开埠后，西方建筑文化影响芜湖，给本土建筑文化带来了不小的冲击，新的建筑材料也传入芜湖。

图6.6 老芜湖海关瓦楞铁皮屋顶
来源：《鸠兹古韵》

6.1.2.1 屋顶材料

芜湖近代建筑的屋顶材料按建筑形式不同又有不同。租界区的殖民地式建筑屋顶一般采用瓦楞铁皮作为屋顶材料（如图6.6）。而中西合璧式建筑的屋顶材料有中国式青瓦、筒瓦、琉璃瓦、机制平瓦以及板瓦等材料，尤其是机制平瓦在近代屋顶材料中较为普及。

6.1.2.2 墙体材料

芜湖近代建筑的墙体材料以砖、石为主。建于近代的单体建筑，多为砖、木、石混合结构，墙体开始承重，砖的用料大大增加。芜湖的近代建筑墙体材料，多用青砖、红砖、灰砖和机制砖。租界区建筑中，墙体材料以红砖用料最多，这是因为西方建筑文化传入芜湖后，与当地的建筑文化互为影响，因地制宜，材料有本土化的倾向。值得一提的是，租界区建筑也有少数青红砖夹砌的用法，如英驻芜领事署外廊的砖柱、入口上部等处采用了青红砖夹砌的做法，使得建筑整体雅致、工整；圣母院的修女楼，也是青红砖夹砌，砌筑的位置多为线脚、拱券、檐口以及门窗过梁等部位。此外，芜湖近代的建筑采用青砖砌筑墙体的，也不在少数。

砖瓦的大量应用促进了机制砖瓦的产生。萃文中学的竟成楼以及教务处楼的墙体均采用机制红砖砌筑（如图6.7）。

受西方建筑文化的影响，建筑墙体材料中，石材的运用也开始出现并逐渐增多。但与砖相比，石材仅作为辅助材料运用，分布在以下部位：一是石柱、石过梁等结构性用石部位，如老芜湖海关和英驻芜领事署及领事署官邸；二是建筑基座或墙的转角，如芜湖中国银行旧址和圣雅各教堂牧师楼等（如图6.8）。

近代芜湖也开始使用水泥，水泥多用于建筑局部或者是地面。如萃文中学的竟成楼，其地坪即为水泥、木板混合地坪。水泥还可以作为黏结材料出现在地面混合材料中，如皖

英驻芜领事署外廊砖柱

圣母院修女楼外墙

图6.7 砖砌外墙

老芜湖海关檐下结构性用石

英驻芜领事署外廊结构性用石

芜湖中国银行外立面石材

圣雅各教堂牧师楼结构性用石

图6.8　石材的运用

江中学堂教学楼之一的乐育楼，其一楼是绿色水磨石地面，即用水泥作为黏结材料；混凝土紧随着水泥的出现而被使用，和水泥一样，混凝土被较多地使用于建筑局部，而且比水泥更为广泛。如芜湖益新面粉厂的外墙扶墙壁柱和砖拱券过梁，局部采用混凝土砌筑。芜湖近代建筑单体局部用混凝土的并不在少数，混凝土多用于门窗过梁、窗台、入口台阶以及栏杆扶手处，也有将混凝土用于入口柱子的例子，如乐育楼。

6.1.2.3　结构材料

芜湖近代建筑多为砖木结构，也可见砖石木混合的结构。砖墙、砖柱承重，混合木柱、木梁与木楼板组合构成，多为2层高，墙体较厚。砖的大量运用自不在话下，石材的点缀则表达了业主追求庄严、伟岸的外观展示效果。他们将石材用作外廊的柱子、入口的古典柱式以及承重的梁等部位，并且在表面雕刻出线条，使得建筑外观庄重、肃穆并且美观。

到了近代后期，受西方建筑材料和沿海开埠城市的进一步影响，钢筋混凝土在芜湖也开始应用于建筑主体结构，如雨耕山上的内思高级工业职业学校。这座建筑结构坚固，跨度较大，走廊净宽4米，楼层也较高，每层净高4.3米，是当时颇为轰动的建筑。在内思高级工业职业学校的西北，同样风格的神父楼的主体结构也是钢筋混凝土及青砖砌筑外墙（如图6.9）。

内思高级工业职业学校外墙

内思高级工业职业学校内部空间

神父楼

图6.9　混凝土的应用

近代芜湖，使用现代建筑材料和钢筋混凝土结构的建筑基本上就是内思高级工业职业学校和神父楼两栋，且此两栋建筑建造时间属近代中后期，说明在芜湖，由于现代新建筑材料并没有普及，现代新式建筑也并没有成规模发展。

6.1.2.4 附属建材

芜湖近代建筑中，玻璃主要作为采光材料被应用，尤其是在许多传统民居中替代了窗纸被广泛应用。除了玻璃，芜湖租界区的近代建筑中，亦有较多采用木百叶的，主要出现在外廊式建筑的门扇和窗扇中，内思高级工业职业学校和神父楼的门扇和窗扇亦是百叶形式（如图6.10）。

图6.10 百叶窗的广泛使用

英国工业革命开始后，铁逐渐被运用于建筑构件及结构材料，之后铁作为结构材料被钢逐渐取代。近代芜湖，铁被大量应用于建筑构件。如落水管、附属空间的维护构件以及遮阳罩的支撑件等（如图6.11）。虽然应用广泛，但这些材料的应用仍然落后于沿海开埠城市。

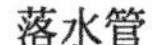

落水管　　遮阳罩支撑件　　阳台维护构件　　入口平台维护铁件

图6.11 铁的广泛使用

6.1.3 材料的演变

简而言之，近代时期随着技术的进步，芜湖的建筑材料种类扩大，内容丰富。屋面材料从传统的筒瓦、青瓦、板瓦向西式机制平瓦、板瓦以及瓦楞铁皮过渡；墙体材料从青砖向机制青砖、红砖过渡；结构材料上则从传统木材向砖木、砖石木等材料过渡，近代后期还出现了钢筋混凝土的新材料；附属装饰建材则从木材、窗纸、彩画等向水泥、玻璃、铁、油漆等材料演变。

6.2 建筑营造方式的进步

近代，新建筑材料和结构技术的引进和发展，给传统营建方式带来了巨大的影响。近代的营建者将新技术和传统的纯熟技艺相糅合，在不断克服了复杂的技术难题之后，形成了新的同时可以说是符合近代国情民情的营造技术。这个过程体现了中西建筑文化在民间交融的能力与智慧，是建筑近代化的重要过程。但这一时期，建造技术的发展也是不平衡的。沿海较早开埠的大中城市，新的营造技艺愈发成熟且稳定发展，而内陆中小城市及偏远乡村则影响甚小，大部分建筑仍然采用传统的构造手段。

西方新的结构技术的传入，也不是直接就颠覆了传统的营造技术，而是一个两者缓慢融合的漫长过程。总的来看，这种融合的过程可以概括为三个阶段：① 砖（石）木混合结构建筑技术的引入初期，表现为西方砖、石建筑材料的运用与演变以及西方砖石砌筑技术的引进；② 钢和混凝土混合结构的过渡时期，表现为水泥、钢铁及钢筋混凝土材料应用于结构体系以及西方三角形屋架的传入；③ 新技术的全面引入期，表现为西式建造技术结合中国传统建筑形式，探索适应本地环境和气候条件的新建筑构造做法，以增强建筑的实用性。

6.2.1 基础

基础是建筑地面以下的承重构件，承受着建筑物上部传布下来的全部荷载，并把这些荷载连同自身的重量一并传到地基上。芜湖的传统建筑通常以坚硬的花岗石、大青石等形成圆形或方形的石墩，垫在木柱下端，以承托荷载，同时也防止木柱受潮、受损，即为柱础。因柱子长短大小没有定制，所以柱础也无一定尺寸的规定，随宜而制。近代西方新技术传入芜湖以后，传统木梁结构逐渐被砖木结构取代，砖墙承重，基础多采用石灰、砂、碎砖等灰浆三合土材料。

6.2.2 结构

芜湖传统建筑结构体系为木构架承重的木结构体系，主要有抬梁式、穿斗式和抬梁与穿斗的混合式。这种结构体系，砖墙不承重，仅作维护之用；建筑明间用抬梁式或者抬梁穿斗混合做法，山墙则为穿斗式做法，中柱落地；构架类型多样，从四界到十二界不等，以六界与八界为主。芜湖的传统民居建筑中，抬梁式使用较少，只有较为大型的民居如小天朝等，其室内采用抬梁式结构（如图6.12）。

近代，芜湖的建筑出现了混合结构体系，即同一房屋中采用两种或者两种以上不同承重材料的系统。最先出现的是砖（石）木混合结构，即由砖块、石块等砌体作为竖向承重构件，而由木楼板、木屋盖、木屋架作为其他承重构件的建筑结构体系。这种结构体系，屋顶构架和立柱分离，转变为砖墙和立柱承重，这也是近代时期结构上的最显著变化。墙体此时不仅仅是维护构件，同时也是承重构件。这种砖（石）木混合结构，比木结构更坚固和耐用，也更具有耐火和耐腐蚀的特性，因此相较于芜湖传统建筑结构体系，这种近代时期新的混合结构发展得很快，覆盖的范围也较为广泛。

近代后期，又一种新的混合结构模式出现——钢筋混凝土框架结构。这种结构模式采用由钢筋混凝土柱和梁形成的框架作为建筑物的骨架，而墙体不承重。相较于砖木混合结构，这种结构模式的优点也相对明显。由于没有承重和墙体的限制，空间灵活，跨度较大，同时可以支撑较高的楼层。但由于取材不易和物价以及技术水平等各方面的因素，钢筋混凝土结构并没有在近代芜湖得到推广。

总的说来，近代芜湖的建筑结构由木构架、墙体不承重的方式向砖（石）木混合结构、墙体承重的方式演变。

穿斗式构架山墙

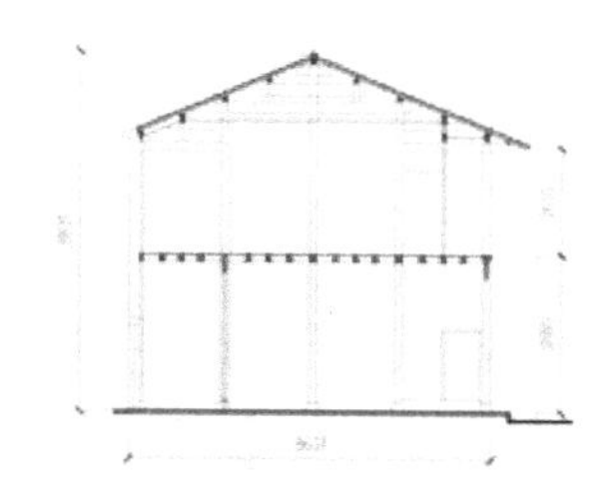

穿斗图示

抬梁式

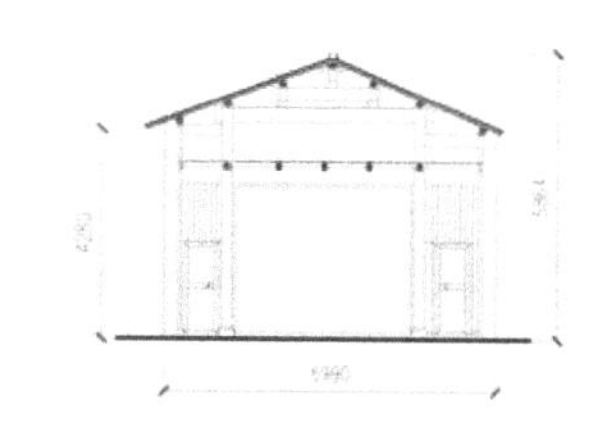

抬梁图示

图6.12 传统建筑常见结构体系

6.2.3 屋顶

6.2.3.1 传统屋顶营造方式

中国传统建筑的屋顶结构是与木柱连接在一起的，使得屋面与墙面成为一个整体构架，屋顶自然成为建筑立面的一部分，成为中国传统建筑的第五立面。芜湖传统民

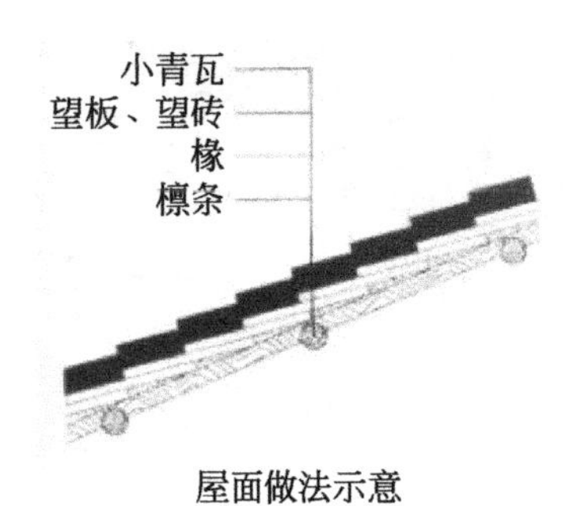

屋面做法示意

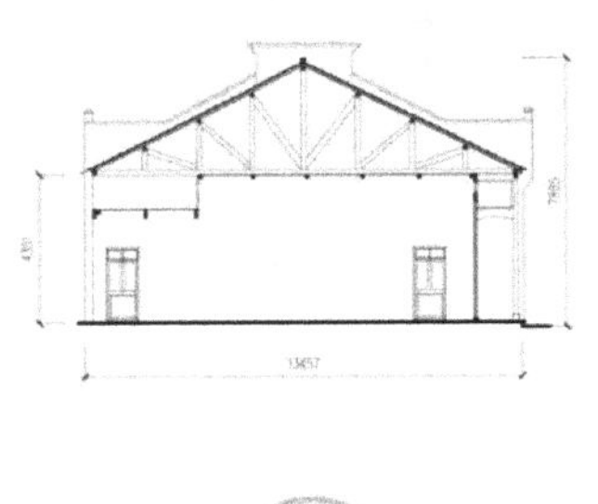

南正街店铺屋檐及屋脊高度示意

图6.13　屋面构造及檐口高度示意

居建筑屋面以双坡顶为主，部分合院式民居的倒座使用单坡顶。屋顶形式多为硬山，且已无举折。屋顶的构造层次为：首先在檩条铺椽条，然后在椽条上铺设望板或望砖，再加瓦板，最后铺上小青瓦，而一般民居屋顶采用冷摊瓦构造即檩条上直接挂瓦。此外，芜湖古城内沿街的店面多为前店后坊，楼上住家，出檐深远，能遮挡风雨。建造时，常用檐砖叠涩来实现屋檐远伸的目的。如南正街的店铺，常叠涩十多层砖，每层伸出约5厘米（如图6.13）。

6.2.3.2　近代屋顶营造方式

近代，受西式风格影响，芜湖建筑的屋面结构发生了变化，相应地，屋顶形式也发生了变化，出现了四坡顶等形式。新的屋面结构以木制的豪式屋架等为代表（如图6.14），跨度以六节间与八节间居多，最突出的特点是屋面结构与墙体分离。芜湖近代的屋架中，以三角形木屋架居多，三角形木屋架的跨度为6 ~ 15米，木屋架的间距宜为4米，以不超过4米为佳，否则檀条跨度太大，会使木材用料过多。

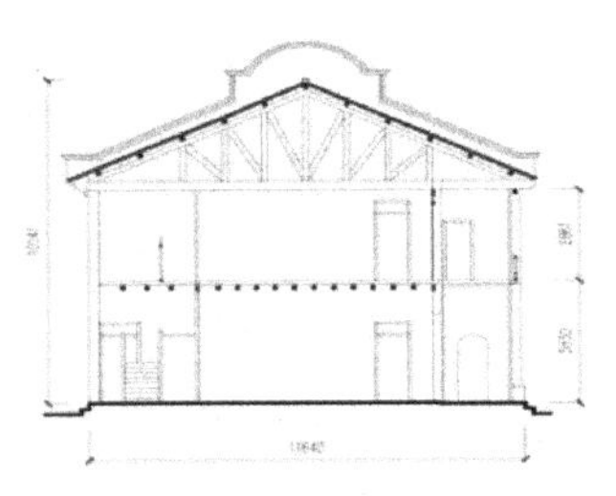

图6.14　豪式木屋架

6.2.4　墙体

和中国传统建筑一样，芜湖传统建筑的墙体仅作围护之用。近代，墙体承重并兼围护之用，砌筑手法与传统建筑相比也有区别。

6.2.4.1　传统建筑墙体的砌筑方式

芜湖传统建筑墙体多用混水做法，以白灰抹面，即用白色石灰粉涂刷的墙壁。白灰由石灰石或白云石在900 ~ 1100℃的高温下烧制而成，这种浆体洁白细腻，可以方便地填充、涂抹于墙面、砖石块之间，自然干燥之后，会形成致密坚硬的石灰石，能隔离雨水，使墙体免于受潮。墙体的砖块之间用石灰嵌缝（勾缝），一般为阴嵌缝，即线条稍稍内凹。考究的用阳嵌缝（圆嵌缝），石灰线条稍外凸，防潮防渗功能更强。

“砖之较长一边，称为长头，较短一边，称为丁头。砌墙之式不一，就其大要，可分三类：即实滚、花滚、斗子，或称空斗……实滚者以砖扁砌，或以砖之丁头侧砌，都用于房屋坚固部分，如勒脚及楼房之下层。花滚者为实滚与空斗相间而砌。空斗者乃以砖纵横相置，砌成斗形中空者，一斗须用砖上下左右前后共六块，其砖省而其价廉，亦可借此防声防热，有如今之空心砖，虽不及实滚及花滚之坚实，用于不须负重之隔墙，亦属相宜。空斗之式，以结构用砖之不同，又可分单丁、双丁、三丁、大镶思、小镶思、大合欢、小合欢等，小镶思、小合欢墙厚仅半砖，料省工简，非简陋之屋，不宜用之。”[1]芜湖传统建筑的外墙多用空斗砌法，墙体上部多用单丁斗子与实扁镶思，下部多用扁砌、实滚芦菲片等砌法（如图6.15）。

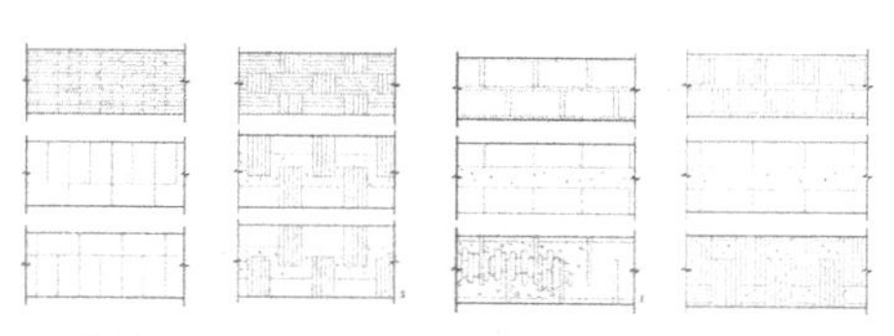

扁砌

实滚芦菲片

单丁斗子

实扁镶思

图6.15 芜湖传统建筑常见砌法实例

6.2.4.2 近代建筑墙体的砌筑方式

芜湖近代建筑墙体出现了新的砌法，如一皮顺砖、一皮丁砖的新式扁砌。砌筑时，一皮顺砖、一皮丁砖交错砌筑，保证灰缝不是通直，使墙体更趋于稳定。近代空斗墙也出现了新式砌法。芜湖近代建筑墙体用砖，以红砖和青砖为代表，红砖多用于租界区的西式建筑外墙，与传统建筑墙面多用混水做法不同，近代墙面多用清水做法处理（如图6.16）。

一皮顺砖、一皮丁砖交错

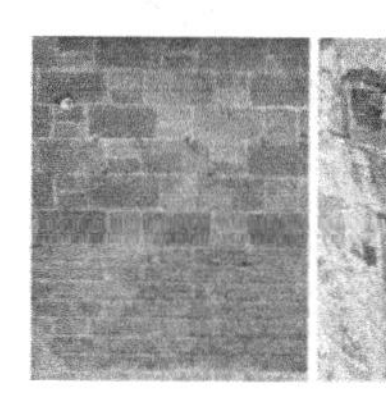

近代新式空斗墙砌法

新式扁砌

图6.16 近代墙体新式砌法

[1] 姚承祖.营造法原［M］.北京：中国建筑工业出版社,1986：54.

近代中后期，墙体的砌筑方式以一顺一丁为主，也有的采用混合砌筑方式。近代建筑大部分都有勒脚，多用水刷石或麻石，还有的建筑设有架空防潮层，室内可作为战时的防空洞，同时利于解决防潮及水灾问题。租界区内的西式建筑，其墙角底部砌若干皮砖，稍微拓宽，又称“放大角”，这样的做法是为了增大墙角的承重面积，使墙身稳固（如图6.17）。

沈克非和陈翠贞故居

乐育楼勒脚

架空层

放大角

图6.17 近代中后期墙体新式砌法

6.2.5 门窗

6.2.5.1 门的营造

芜湖传统建筑的入口是立面装饰的重点，大门上常饰以门楼，门洞脚部常以海棠线或砖细抹角，门洞上方常有砖作牌匾。近代以后，门楼的装饰简化，受西式风格影响，常以砖或水泥发券或做几何形线条。

芜湖传统建筑的门扇大多为木板门，尤以店铺居多，面阔方向满铺，上皮钉到楼板下梁，使用时可全部拆卸下来。用于住宅院门的木板门，常在其上以铁钉或铜钉作装饰，组成各种精巧图案。院落内部的常开门则用长条木门窗；近代，院落内部开门也有长条木门窗。

图6.18 墙拱及窗拱做法示意

6.2.5.2 窗的营造

传统建筑外墙较少开窗，外立面上常开较小的窗洞，以砖券过梁、砖挑线脚为主要构造方式；近代，山墙上出现券窗和圆窗，且随着时间推移，窗洞越开越大。方形窗洞注重突出窗台窗檐线脚，拱形窗洞则用砖砌小拱作为窗过梁使用。窗洞的上缘或为平拱，或为弧拱，砌筑时应在正中略微加高，此举是为防止砖拱砌筑完成后出现沉陷。事先做高，沉陷后，可以得到适宜的平拱或相应拱高。墙拱砌法，其两端砖块应在墙洞边线砌进一皮砖，砖块砌筑时分普通砖块砌筑和刨尖砖块砌筑，如果用普通砖砌筑，其灰缝为外宽内窄，如果用刨尖砖，则内外灰缝隙等宽。砖拱和墙身砖皮的连接，其砌筑方式如图6.18。

传统窗扇一般为花格窗，或格栅窗。由立向的边挺和横向的抹头组成木构框架。抹头又将槅扇分成槅心、绦环板和裙板三部分。槅心是主要部分，占整个槅扇高度的五分之三，由棂条拼成各种图案；近代建筑多为木制平开窗，有的还设平开的木百叶窗，有的在外墙上还附有遮阳罩。

6.2.6　地面

芜湖传统建筑的地面可分室内地面和楼地面，台院式住宅还有院落地面。院落地面多用宽400厘米、长800 ~ 1200厘米的条石铺地或方形青石铺地。室内地面则多为三合土地面，基层为石块，面层为石灰、青石等混合而成。操作时，先将地面杂土清除，用陶制缸、罐倒覆放置，间隔约三尺，缸、罐之间填鹅卵石，而后上三合土夯拍压光做假方砖铺地（图6.19）。近代，地面多采用新材料，如水泥地面或水磨石地面等。芜湖传统建筑的楼面多用木板，沿进深方向排列，木板在木梁处接缝，木板宽度200~400毫米；建筑中木楼地面居多，主要由格栅、隔层、楼面板、底板等组成。

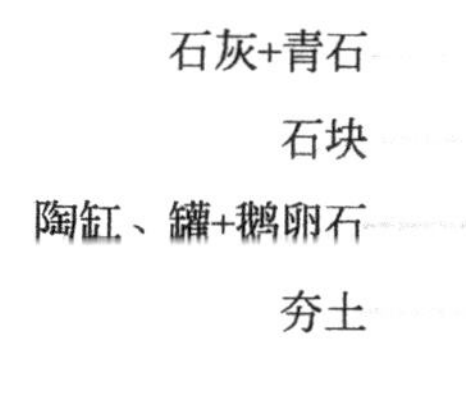

图6.19　三合土地面做法

6.2.7　楼梯

芜湖传统建筑的楼梯多为木质，楼梯间常常占据很小的空间，坡度也较陡，多设在次要、隐蔽的位置，如厅的后半部分。近代，受西方居住文化和习惯的影响，楼梯常设在比较重要和显著的位置，逐渐将楼梯作为住宅的核心，并加以装饰，刻意强调地坪起步处的宽度。楼梯形式有平行双跑、平行双分等形式。

6.2.8 营造方式的演变

芜湖的近代建筑结构从穿斗、抬梁这种结构的承重方式，向墙体承重的方式转变，这事实上是近代建筑最显著、最根本的变化。墙体的砌筑方法上，芜湖传统砌法从“空斗砌法”向近代“一皮顺，一皮丁”的砌法转变。其他部位的做法也有变化，总体来说向新材料和新工艺转变，建筑物的附属设备也越来越多样和完备。

6.3 营建人员的分化

中国古代传统的营建人员多被称为“工匠”或是“梓人”。“清朝以前，民间营建房屋的人员，多以工匠师傅为主，且营建技艺多为父子相传，师徒相授，若技艺超群为朝廷所知，则会被拔擢到中央封为营造官，成为兴建宫廷或宗教建筑的官方营造团队中的一员”[1]，或是“遇有兴作，即应征服役”。上述即为清朝以前营建人员的职业形态。近代，受西方建筑文化的影响，与建筑发生密切关系的一系列人员，包括使用者、管理者、设计者、施工者等从业人员，同时还有相关的法律法规等新的形态出现，这些新的形态及人员也成为促进中国近代建筑发展的一个重要方面。

6.3.1 建筑设计人员

6.3.1.1 清末民居建筑的“经验设计”

清末至近代初期，芜湖的建筑类型以住宅和手工作坊为主。住宅与手工作坊一般由当地的工匠沿用历代流传的技艺而建，多为父子或亲友协同而作。因结构以传统木构架为主，工匠以自己熟悉的、经多年实践所得的一套营造行为模式和建造方法进行营建，并不需要设计图纸，有此种技艺的匠人即芜湖民间所称“掌墨师”，意即是掌控墨线的师傅，负责从堪舆选址、规划设计、地基开挖、来料加工到掌墨放线、房屋起架、上梁封顶等一系列活动，以及预算规划、材料组织、施工管理和施工监督等建造活动。

---

[1] 黄元炤.中国近代建筑纲要［M］.北京：中国建筑工业出版社，2015：13.

6.3.1.2 近代芜湖建筑的设计人员

近代初期，芜湖的西方宗教文化建筑以及大型的公共、工业建筑均为外国建筑师设计、监造。如1877年建成的英国驻芜湖领事署，设计者即为英国人；又如裕中纱厂，英国人不仅提供了厂房设计，同时提供了纱锭设备；益新面粉厂聘请美国和英国工程师设计、指导；明远电厂由德国西门子公司的工程师罗史、门鲁、培路等人设计安装。

随着时间的推移、技术的进步和专业的进一步分化，芜湖出现了由专业的设计师设计的建筑，较为知名的是芜湖中国银行，其设计者为中国第一代建筑设计师、近代著名建筑师及建筑教育家柳士英先生。但经济发展的落后及近代中国混乱的政治环境和战事的频仍，使得近代芜湖的建筑发展较为落后，除柳士英外，并无其他知名建筑师来芜湖设计知名作品。

6.3.2 建筑施工人员

6.3.2.1 清末以前芜湖的营造人员

明清时期的芜湖建筑业为工匠制，按工种分木作、泥作、石作等，一般为独立经营的手工业户，他们出身于工匠世家，父子相传、师徒相授。主要集镇均有父子或师徒经营的泥、木、竹、石店铺或作坊；农村工匠大多亦工亦农，农忙时务农，农闲时务工，没有固定组织形式，但共敬祖师鲁班，有的集体捐资，兴建鲁班殿，有的称鲁班庙，定期聚会，举行祭祀仪式，订立行规及工价，交流业界行情，议论承包工程。古代，芜湖的匠师们，营建了青弋江口的中江塔，以寺庙为中心的永寿院、古城院、永靓禅林、清凉寺、东能仁寺等。

6.3.2.2 近代芜湖的营造厂概况

古代能工巧匠的营建手段被称为“技艺”，实际上更多体现了一种中国古代工匠身份不被重视的状态。至清朝末年、近代初期，中国的建筑从业人员均挂靠在洋人所开设的洋行、事务所与建筑公司，而非自己经营。芜湖的状况又有不同，近代以后，随着米市的兴起和经济的发展，来芜经商的外来人逐渐增多，纷纷同乡相约，捐款购地，争建会馆；同时，各国在芜湖的商品倾销和资本输出规模随之扩大，市区建成了洋行、商店、工厂等新建筑类型，砖木结构代替了传统的木构建筑，近代建筑由此出现。相应地，芜湖出现了瓦作业公所与木作业公所，同时，受到上海等地的营造厂来省内承包建筑工程的影响，如1931年重建的芜湖杂货同业公会，即为聘请当时上海著名的王鳌记营造厂设计建造，新大楼为庭院式布局，正面朝南有传达室、阅览室，中间有个很大的花园，花园北面是会所办公楼，建成后很受瞩目。受这些知名营造厂的影响，芜湖长期存在的分散的工匠形式开始向营造组织发展，营造厂商应运而生。如弋矶山医院病房楼即由赵南记营造厂负责施工，建于1927年，1935年添建东翼，至1937年完工。事实上，近代芜湖的建筑大部分是由本土的营造厂建造的，除了由各国设计师设计的西式建筑（前文已有描述），这些营造厂承担了大部分从设计到施工的全部工作。芜湖的这些营造厂为数众多，这可以从新中国成立初期芜湖的营造厂统计数据中略见一斑。至新中国成立初期，芜湖市共有47户营造厂，总计资本16743万元（见表6.1）。

表6.1　新中国成立初期芜湖营造厂一览表

序号	名称	负责人	营业资金 / 万元
1	马瑞记	马瑞洲	1234
2	王峰记	王清峰	10668
3	大业	席上珍	无资金
4	联和	李先芝	无资金
5	建业	许昌标	150
6	丁顺记	丁见江	115
7	李茂兴	李国海	16
8	刘祥记	刘必坤	253
9	李新记	李大发	57
10	季永发	季业金	100
11	董汗义	董世汗	108
12	李发记	李先发	8
13	李顺记	李明星	15
14	义顺记	谢元金	34
15	王玉和	王金华	56
16	王正祥	王振祥	59
17	丁圣记	丁尚元	36

续表

序号	名称	负责人	营业资金 / 万元
18	李圣记	李起良	58
19	易胜记	易志福	190
20	程顺记	程家贵	73
21	唐兴记	唐金山	126
22	朱伦记	朱家伦	61
23	费有记	费广有	369
24	过沅隆	过沅隆	73
25	裕泰隆	过裕隆	416
26	王兴圣	王光友	23
27	汪义兴	汪绪乐	274
28	陈金记	陈兆金	83
29	姚安记	姚承安	619
30	姜荣记	姜昌荣	64
31	卜圣记	卜恒友	13
32	史祥圣	史庆文	75
33	三友	高树清	50
34	邹元兴	邹效陶	117
35	周福记	周传才	176
36	高炳记	高宏炳	133
37	贾金记	贾金奎	77
38	束兴记	束从木	91
39	龚宗臣	龚宗臣	66
40	吕兴记	吕性木	128
41	罗义发	罗炎	128
42	巫兴记	巫先发	80
43	姜兴和	姜开友	188
44	罗顺兴	罗保离	41
45	胡顺发	胡家馀	42

续表

序号	名称	负责人	营业资金 / 万元
46	过文原	过家福	无资金
47	蒋鸿林	蒋鸿林	无资金
总计	16743 万元		

从列表可以看出，芜湖本土的这些营造厂，大部分资金少，规模小，技术力量较为薄弱。据《芜湖志》载，小型的营造厂往往“因事雇人，机动灵活，用人不固定，有工人多，无工人少，工程完工，随时辞退”。本土的建筑施工业态仍以分散的工匠和泥木作坊为主，且多主要营造民间房舍，一般只能建造砖木结构的平房和简易的二层楼房，甚至有的多以建造竹木结构的平房或茅草房为主。当时设备简陋，没有任何机械，泥瓦匠仅有泥刀、泥夹之类的工具；木工则只有斧、锯、锤、凿等简易工具，全为手工作业，施工时多为手抬肩扛，劳动强度大，效率低下，工伤事故也较多。但即便如此，还是有联合性质的公所进一步出现，如瓦业公所和木作业公所。宣统元年（1909年）工务总会创办后，瓦、木作业公所相继归并至商会，至民国时期，政府忙于内战，通货膨胀加之投机盛行，建筑业趋于萧条。

6.3.3 建筑管理及房地产发展

6.3.3.1 规划管理

芜湖的城市建设规划管理机构建立较早。清朝末年实行道制，道辖皖南二十三县，芜湖是皖南道邑。光绪二十八年（1902年）芜湖商务局会商办道台许鼎霖就商务拨银二万两，开辟修建二街、大马路（即中山路）等马路，设立马路工程局，专司市政建设管理。据《芜湖志》载，1928年之后，芜湖县工务局成立；1944年，芜湖县自治委员会成立，并成立工程技术、会计事务和工程队；1945年，芜湖县城区建设委员会成立；1946年，芜湖市政建设委员会于中山纪念堂成立，内设秘书、总务、总工兼工务、会计和后勤等科室。

6.3.3.2 建筑管理

明清时期，朝廷设工部，历代官府设有工官，管理各地宫殿、陵寝、衙署、府第等的建造事宜。近代，管理形态发生变化。民国十六年（1927年），国民政府改安徽省政务委员会为安徽省政府，分设民政、财政、教育、建设4厅。按国民政府颁布的《建筑法》规定：主管建筑的机关，在中央为内政部，在省则为建设厅，在市为工务局，未设工务局者归市政府主管，在县则归县政府主管。省建设厅在建筑管理方面，主要管理市、县公共工程的营造审核，营造厂商的登记，拟定建筑法规实施细则，审批建设规划等事宜。上文提到，1928年，芜湖县工务局成立，主管辖区内建筑业、城市规划、道路、防洪、城市公用事业等。

6.3.3.3 房地产经营

（1）租赁。近代，芜湖土地多为私有财产，私有土地经营的方式主要为出租，即租地建屋、订期归东。土地租赁须有中人、保人，签订租约，交付押金。清光绪年间，芜湖租界中，外国人每亩地付本洋180元租金便可永久占用。

建屋的资金来源则各有不同，外国商人、传教士在芜湖建教堂、学校、医院、铁路、工厂等；民族资本家和国内官僚资本则纷纷建造工厂、公馆、会馆等建筑。如民族资本家章惕斋创办芜湖益新面粉机器公司；民族资本家筹办的明远电灯股份有限公司，官僚资本家建设的裕中纱厂；等等。

（2）房产交易。近代，芜湖的房地产交易由官府主持办理，发给卖契执照，即“官契”“红契”，征收契税，也有买卖双方签订协议，即草契、白契，买卖双方均有中人。中国人若在租界内买地，须挂外商招牌，即“挂旗”，由外国领事馆及芜湖警察厅发给执照。

6.3.4 人为因素的变化

其一，建造资本发生了变化，传统建筑由房屋主人提供建材和资金，近代转变为不同的资金来源，包括外商、宗教支持、民族资本家、买办和官僚资本；其二，施工人员变得有组织性，更趋于专业和精细；其三，分工更为细致，出现了专业的设计师。

7 芜湖近代建筑发展过程解析

纵向地分析事物难免陷入孤立、片面的境地，为了更清晰、更全面地剖析芜湖近代建筑，可将近代安徽境内最具代表性、发展规模最大、发展速度最快的三座城市：芜湖、蚌埠、安庆放在一起进行横向的比较，比较其近代城市化程度、城市空间格局和建筑发展状况，可使芜湖近代建筑特征更清晰、更突出。同时，在全面静态地描述了芜湖近代建筑的特征之后，应进一步分析芜湖近代建筑特征形成的原因以及动力，分析其发展、演进的动态过程，从而得到芜湖建筑的近代演进方式。

7.1 近代安徽省内其他城市的发展情况

1876年《烟台条约》的签订，使得芜湖成为安徽第一个受西方文化冲击的城市。"芜湖的开埠，意味着芜湖和安徽逐渐步入半殖民地半封建境地。"[1]近代芜湖经济、政治、文化等各方面发生的巨大变化，影响到了安徽省沿江及省内腹地其他城市。安徽省位于中国东西部交接地带，靠近东部沿海、沿江城市，近代安徽的城市当中，以芜湖、安庆、蚌埠的发展最具代表性。

7.1.1 近代安庆的发展

安庆位于安徽西南部皖河与长江交汇处，南临长江，北靠大别山南缘丘陵，背山面水，自古地势险要，乃历代兵家必争之地。康熙年间编纂的《安庆府志》载："……滨江重地也。上控洞庭、彭蠡，下扼石城、京口。分疆则钥南北，坐镇则呼吸东西，中流天堑，万里长城。"特殊的地理位置决定了安庆成为军事要冲，同时也深刻影响了历代安庆城市的发展变化。

安庆位于长江下游之首，上至九江、武昌，下达芜湖、南京、镇江及上海，占据了非常重要的长江航道位置，但安庆附近流入长江的支流较少，仅有皖河。皖河流域多山地丘陵，加之河水浅、流程短，水系并不算发达，航运不便；同时，安庆北靠山地丘陵，内地交通极不方便。以上种种，决定了安庆的对外交通以长江航运为主，但对内交通又较为不便，这也直接影响了安庆城市的发展。

---

[1] 茅家琦.横看成岭侧成峰 长江下游城市近代化的轨迹［M］.南京：江苏人民出版社,1993：246.

7.1.1.1 近代安庆的经济发展

作为安徽的行政中心，近代安庆的发展，除了受到西方外力的推动，政府的行政干预则成为安庆发展的主要动因。无论是1856年太平天国石达开的安庆易制，还是1861年曾国藩所设安庆内军械所，都是影响安庆发展的行政手段。不仅如此，近代安庆的教育、司法、警政与宪政等各方面都发生了变革，也在一定程度上推动了安庆城市的发展。同时，安庆城内聚集了大量的官员、士绅、军队，这也使得安庆的消费市场进一步扩大，一定程度上助推了安庆发展。

除了行政力量的干预，近代商品的输入也改变了安庆的经济格局。1902年，《中英续议通商行船条约》签订，安庆、大通等地增辟为通商口岸，但事实上，安庆一直并没有真正开放，而安庆的对外贸易发展依然缓慢增长。芜湖开埠后，安庆的商品输入依托于芜湖口岸；而安庆被增辟为通商口岸后，商品输入既依托于芜湖，又受到上海的较大影响。商品的大量输入使得安庆自给自足的自然经济格局被打破，商业开始繁荣。民国初年，安庆和芜湖、蚌埠、屯溪并列为安徽四大市场，出现了专营或兼营洋货的商业，如洋油、西药、颜料等；还出现了如方复太、同兴泰等商号。商业繁荣又促进了金融业的进一步发展，“钱庄多达28家，资本额多者达数万两”。

清末民初，除内军械所、火药局、制造局、军械局等军事工业外，政府在安庆还创办了一系列工业企业，如电政、造币、电厂等，还有模范工业以及官办实业学校创办的附设工厂。在官办工业的带动下，安庆的民营工业也有了发展，以织染、印刷、化工等行业为主，资本少，规模小，发展较为缓慢，但依然促进了安庆近代经济的成长。

总的说来，近代安庆的经济有一定发展，但是发展缓慢。政府主导的系列变革，在外国商品输入的推动下，一定程度上刺激了安庆的经济发展，但政治的衰败和国内混乱的环境，使得安庆的经济缓慢发展后又陷入衰败的境地。

7.1.1.2 城市格局变化

清中期，安庆城除城外有零散寺观外，城市建设几乎集中在城墙围合的内部。城区规模也较小，仅2.7平方千米；清末，城市扩张，安庆城西加筑月城，增辟金保、玉虹城门，至1894年，城区面积2.7平方千米，加月城面积共约3.7平方千米，城市空间呈整体、集中的点状。从城市总体布局上看，官府衙门和府邸为数众多，且多位于城厢居中偏北的高岗上，从正观门(西门)始，怀宁县署、布政司署、试院、抚署、按察司署一字排开；往北则有安庆府署和安庐道署、守备署等。此外，城市文教区集中了如城隍庙、育婴堂、书院等建筑，多分布于城区西北面(集贤门附近)；市肆和一般民居则在城南；城市仓储位于镇海门附近；沿长江一线则是城市商业较为繁荣的地带。

清末至民国，随着近代工商业的发展，城市规模有了进一步扩张的需求。因安庆西部和南部受长江、皖河以及凤凰山、狮子山的阻断，无更多发展空间，安庆城区便转向以怀集路和华中路及长江为伸展轴的轴向延伸阶段，此时怀集路向东延伸，城区也向北向东发展，呈星状形态。

清末至近代，安庆的人口缓慢聚集，城市规模扩张缓慢。虽然速度过缓，但城市格局依然呈现出由封闭型向开放型转变的态势。

（1）建筑新类型出现。曾国藩进入安庆后，安庆迎来了一段相对稳定的时期，由此至清末，安庆重修或新建了大批会馆；新政后，在为数众多的学宫及教育设施的基础上，安庆又涌现了大量的新式学堂、慈善局和医馆。与此同时，西方建筑的涌入也极大地影响了安庆的建筑风貌：城区东北角一带，南至黄家狮子，西至卫山头，东与北一直到城墙根，先后建有同仁医院、圣保罗中学、培媛女中、天恩堂等，几乎成了西式建筑的样板区；天主堂、圣救主堂、成仁堂、福音堂等一大批西式建筑也纷纷在城区兴建；官办的各式工厂与制造局等也相继涌现。

（2）建筑风格演变。安庆的传统民居受到了皖南徽派民居的影响，以单层庭院天井式布局居多，木结构承重加砖墙围护，青砖青瓦砌筑，建筑风貌多受徽派民居影响，风格类似；传统商业建筑以前店后坊居多，店铺多为木结构，青砖砌墙、木制椽枋以及小瓦屋顶。清末民初，受西方建筑思潮影响，安庆出现了大量仿西式建筑：外廊样式、拱券门窗等西方样式元素不同程度地被运用在建筑上；青砖、青瓦逐渐被红砖、平瓦、机制瓦替代；玻璃、钢筋、水泥等新式建筑材料也开始被采用。如民国时期的安徽省立图书馆、安徽邮务管理局大楼、国民党安徽党部大楼、圣保罗中学教学大楼、安徽大学红楼等均属此类。但这些仿西式建筑在安庆以行政办公及教育建筑居多，其他如会馆等商业建筑类型也有少数受到这种西风影响，表现出仿西式建筑的细部特征（如图7.1）。

安徽大学红楼

安徽省立图书馆

国民党安徽党部大楼

图7.1 安庆近代建筑示例

（3）建筑演变动因及特点。近代安庆城市经济的发展，离不开“行政力”的干预和主导。清末官府和民国政府的一系列决策，催生了安庆的新建筑类型，虽然有西方文化的助推，但究其动因，仍要归结于无形的“人为”作用。安庆近代建筑的产生、发展和变化，表现为一种“自上而下”的演变路径，但基于经济发展缓慢以及政治环境动荡多变等复杂原因，安庆建筑的近代化转变，并未对民间建筑尤其是民居产生过多的影响，这一点，实际上从安庆仿西式建筑类型和数量上可见一斑。

7.1.2 近代蚌埠的发展

蚌埠位于淮河中游，地处安徽省北部，古为采珠之地，因盛产河蚌，且蚌出珠，得名蚌埠。明初朱元璋在凤阳修建中都皇城，淮盐商旅多在此汇集，蚌埠集一度繁盛；清中期，蚌埠集发展成一条50多米长的老大街，集市繁华，但惜毁于太平天国期间战火，街市遂移至淮河北岸小蚌埠一带，处凤阳、怀远、灵璧三县交界。清末，小蚌埠分属三县，为便于管理，三县联合设立“三县司”，当时总人口不到千人。

民国元年（1912年），津浦铁路全线贯通，渐成市面。此后，北洋军阀政府、国民党当局和抗日战争时期的汪伪政权，曾先后在蚌埠设立安徽督军公署、临时省政府和安徽省政府，民国三十六年（1947年），正式设市。短短二十几年里，蚌埠发展成人口超二十几万的中等城市，并成为皖北地区的政治和军事中心。

7.1.2.1 近代蚌埠的经济发展

蚌埠兴起于交通，发展于商贸。清宣统元年（1909年），因蚌埠地势适于建筑跨淮河铁桥，津浦铁路确定从蚌埠穿过。建桥伊始，约两万名民工云集，山东、河北、河南、江苏、浙江等籍商贾移居于蚌埠经商，外国商人也接踵而至。昔日只有500余户的蚌埠集一时繁盛起来。民国初年，皖北盐务局和盐栈迁至蚌埠，淮河上游的土产粮食被运到蚌埠，售出后再购盐回返；淮河下游的盐商，来时带盐，返时带粮，盐粮一并交易。淮河流域的粮食及土产通过铁路外销津沪各地；沿海都市的洋布、煤油、白糖之类的日用品经津浦铁路运至蚌埠，再分销至淮河上下游各地，贸易辐射至皖北、皖西、河南东部、苏北西部。蚌埠逐渐发展成淮河流域的商贸中心及津浦铁路南段最重要的物资集散市场。至1930年，蚌埠已有48家商业银行；1934年，蚌埠人口发展到10余万人，其中注册商户4443户。

可以说，铁路等新式交通的发展，使蚌埠发展迅速，与芜湖、安庆三足鼎立，成为近代安徽最大的城市之一。

7.1.2.2 城市的发展变化

1911年以前，蚌埠集上仅有一条50多米长的街道。1912年津浦铁路通车后，蚌埠日益繁盛，首先于淮河码头和火车站之间自然形成了商业及居民住宅区，淮河南岸形成了顺河街、大马路、二马路和华昌街；民国三年（1924年），倪嗣冲在铁路东建成将军府（后改为安徽督军公署）、阅兵场、皖北镇守使署等军政机关，形成军政区；民国八年，淮河南岸完成船塘，经建设，船塘附近形成商业活动的中心；民国二十三年（1944年），南郊修建机场，占地800亩，形成机场区，迫使城区只能向东向西延伸，同时在机场附近，多置营房，为军队驻扎；20世纪40年代，大马路天桥东西两侧，建成排列整齐的商业门面用房。

1929年3月，蚌埠市政筹备处和市工务局成立，政府编制了城市发展计划。第一期计划市区总面积272.665方里（合68.17平方千米），按行政分东、西、南、北、中五区；按性质分行政、商业、工业、园林、住宅、农业六区。但蚌埠的政治斗争激烈，环境复杂，军阀、政党更迭频繁，蚌埠的城市建设也始终并未真正开展。1938至1945年，为日伪统治时期，虽设有安徽省建设厅蚌埠工务局，但城市建设发展甚微。到新中国成立前夕，城区面积仅4.7平方千米，街道仅30多条。

7.1.2.3 近代建筑发展概况

（1）建筑类型多样

新建筑类型出现：由于新式交通的引入，蚌埠成为皖北和豫东的交通枢纽，也是皖北最大的商品集散地和商业中心。因此，旅馆、仓库和转运公司等迅速增加且为数较多。随着商业的发展，新式手工业也得到发展，作坊、工场100多个，到1937年，手工业行当达43个，作坊工场近700户；服务业也发展迅速，理发店、饭店、浴场为数众多。且规模较大；金融业亦发展迅速，中国银行、交通银行、上海商业储蓄银行、安徽地方银行蚌埠分行、江苏银行等分支行及钱庄纷纷开业，另有合群、大通、太平、泰康保险及太古、美亚等外商保险分公司纷纷成立；外国教会纷纷来蚌传教，教堂、教会医院、学校等不断兴建；工业得到发展，电灯厂、麻油制造厂、肥皂厂、烟厂、面粉厂、印染厂等新式工厂不断出现。

房地产发展和高级住宅：民国九年（1920年），蚌埠出现私人房产商，如广丰置产公司、润记房产经租处、蔚记房产经租处、保记房产公司等；民国十九年（1930年），任河南省政府主席的刘峙，也派委托人在蚌埠经二路陆续建房185间，陆续对外出租；近代蚌埠军阀、政要、商贾往来频繁，私人别墅的兴建也较多见。如凤阳关蚌埠分关总办唐少侯除建造高级的别墅式住宅外，还陆续建造了“逸园”“棠园”等私人花园。

（2）建筑发展特点

商业、服务类建筑占比多：基于蚌埠交通枢纽中心的特点，往来流动人口较多，因此商业服务类建筑数量众多，多分布于大马路、二马路等繁华路段两侧，且建筑质量较好，样式新颖，多为砖木结构，合瓦屋面的二层楼房，三层甚少。

建筑风格新颖混杂：近代蚌埠人口混杂，文化多样，多受南北各地流行因素影响，因此建筑风格也较为新颖且混杂。此时的建筑既有皖北传统民居及商业街区风貌，也吸收了西方文化的特点。以二马路商业建筑为例，既有带巴洛克线条的山墙，又有简单粉饰的传统山墙；既有四坡顶和西式老虎窗，又有皖北传统民居双坡硬山屋角不起翘的屋顶形式；既有折中主义倾向的立面外观，又有未知风格的立面式样……建筑风格虽混杂，但样式新颖，像每日熙攘的商业街一样生动鲜活。

住宅发展二元分化：近代蚌埠因有军阀及商贾居住，高级住宅并不鲜见，但贫苦者为数居多，因此自建自住的简易席棚数量不少。虽有房地产商建屋出租，但这些房屋也以草房为主，质量好些的以瓦平房居多，住宅建设两极分化。

原因挖掘：近代蚌埠是一座因新式交通而兴起的城市，经济发展带来了新建筑的产生及发展，但政权的更迭，“行政力”的交替作用，抗日战争的破坏和解放战争的爆发，使得蚌埠的发展并不稳定，近代的繁盛期仅仅维持了短短的一二十年就陷入停滞，这使得蚌埠城市和建筑的近代化水平也相对较低，城市的空间散乱，建筑发展的水平和质量参差不齐，甚至没有发展到初具规模的程度。

7.1.3 近代芜湖、安庆、蚌埠的城市与建筑发展比较

近代芜湖、安庆、蚌埠是安徽较早发生近代化转变且转型程度较深的城市。其发生近代化转变的过程各不相同，有着较显著的典型性。将三座城市和建筑的近代演变进行比较，可以更深刻地理解近代芜湖建筑产生、发展、变化的过程。纵观芜湖、安庆、蚌埠城市与建筑的发展及演变，结合近代安徽的政治、经济、社会背景，可以总结出三座城市与建筑近代发展的不同与相同点。

7.1.3.1 不同点

（1）城市发展动力不同。近代以前，中国的城市基本上是各级行政中心所在地。1840年鸦片战争以后，中国的城市开始了由传统形态向近代化转变的过程。开埠通

商，首先促成了一批有别于传统封建市镇的近代城市的兴起，西方近代先进科技、近代工业和城市文明率先进入这些城市，工商业得到迅速发展，城市因商而兴，出现了开埠城市、交通枢纽城市、工矿专业城市等类别。

就芜湖、安庆、蚌埠的城市发展动力而言，芜湖的城市发展动力首推开埠事件的作用和影响。芜湖开埠后，成为近代安徽对外开放的第一窗口以及安徽最早的物资集散地，商业发展、经济增长导致人口的增加和城市的快速扩张，城市形成了有别于传统形态的样貌。

而近代安庆的城市发展动力则显然有别于芜湖。安庆自古以来就因为其地理位置的险要而成为安徽的省、府、县行署所在地，近代安庆依然是安徽省会，近代安徽的各项改革几乎都在安庆进行。洋务运动时期，安庆创办了第一所军工企业内军械所；"新政"后以及民国时期的多项变革皆以安庆为试点；安庆近代的教育文化也繁盛异常，建立了多所新式学堂……在这些"行政力"举措的干涉下，安庆的经济也得到一定程度的发展，城市也有了不同于以往的变化。

近代蚌埠的兴起则主要归功于新式交通——铁路的发展。1910年津浦铁路通车，蚌埠飞速发展。除了铁路，蚌埠在近代还发展了汽车和汽船等新式交通工具，当时蚌合、蚌蒙、蚌灵等公路组成了以蚌埠为中心的公路交通网络。这些新式交通方式和铁路，使得蚌埠发展成近代皖北豫东的交通枢纽。蚌埠民间俗称"铁路拉来的城市"，由此可见交通在蚌埠城市发展中的作用。

（2）城市空间形态不同。芜湖的城市空间形态发展至近代，大致经历了三个阶段（前文已有详述，此处不做展开）：首先，三国时期至明朝，城市规模小，呈点状形态；其次，明至开埠前，城市沿青弋江向西轴向扩展，形成了"一"字形城区空间形态；最后，城市在通商开埠后，逐渐发展成以长江口为中心，沿江发展，呈倒"L"形空间形态。总体上看，芜湖近代的城市空间，表现出一种"带"状的发展模式，"古城""十里长街""租界区"沿江发展并且发散，近代芜湖的经济发展轨迹以这种清晰的城市空间发展脉络物化呈现。

安庆的城市空间形态，从清末传统的点状发展至民国的城市扩张，向北和东两向发展，表现为"星"状形态，呈现出一种扇形蔓延的态势。城市格局由封闭向开放缓慢转变，表现出一种明显的轴向延伸，沿主要外向经济流和交通流方向呈现外溢的态势。

津浦铁路通车后，蚌埠的城市空间迅速扩张，交通是空间形态发展变化的首要因素。蚌埠火车站作为主要铁路枢纽，其对周边商贸的辐射作用显而易见。城市商业以淮河码头和铁路枢纽为中心，城市空间呈向周围辐射的分散形态拓展。

（3）建筑类型及风格特征不同。芜湖开埠后，出现了诸多的新建筑类型，包括宗教建筑、殖民地式政府建筑、教会医院、学校、洋行、工业建筑以及公共建筑；居住建筑中随着房地产的发展，出现了少量里弄和一些大买办的高级别墅等新式住宅形式。建筑风格特征上，芜湖的西式建筑更纯粹，除了因材料选择的限制，技术上都尽可能还原列强宗主国流行的建筑样貌；居住建筑的风格特征已经表现出接受西式建筑文化影响的特点，并将其运用于当时新建的住宅当中，无论是内部空间的变化，抑或是外部表皮的改变，都表明近代芜湖已经积极地将本土文化和西方建筑文化进行融合。

近代安庆出现了教会医院和学校、工业建筑、宗教建筑、办公建筑等新式建筑类型；居住建筑中，除一些高级别墅外，传统民居基本上没有太多新的发展。建筑风格特征上，安庆的西式建筑以宗教建筑为主，包括教会医院和学校，更多地表现出一种和中式建筑特征糅杂的特点，这种特点可以理解为一种向本土人民示好的行为，包含有明显的传教意图；民国时期建造的一些高级住宅和办公楼，则表现出对民族主义的粗浅理解，这与当时安庆执政者的个人喜好不无关系。

蚌埠近代建筑中以商业建筑最为瞩目，条件最好，质量最上乘，因几次大火后重建，结构上统一为砖木结构。这些商业建筑类别中，又以浴场、旅馆、中大型饭店等格外夺人眼球，同时，因倪嗣冲时任安徽都督等职务，驻扎了蚌埠，营建了许多军事建筑，如阅兵场和营房、公署卫队营、讲武堂、长江巡阅使署、炮兵学校等，这些建筑物多为砖木结构的瓦平房。同时，倪嗣冲还营建了用于他自住的将军行署（后改为安徽督军公署）和皖北镇守使署等；津浦铁路筹建时，蚌埠当地曾修建一批木房，为最早的铁路房产。通车后，陆续兴建了站房、办公、员司宿舍、存料库、机车房、医院、医官宿舍、水泵房、磅房、闸夫房等铁路用房，为数不少。蚌埠的近代建筑风格各异，以二马路商业建筑最为引人注目，以仿西式建筑式样居多，饰以巴洛克线条，入口有仿古典柱式处理，装有西式玻璃橱窗等；也有早期民族主义倾向的建筑风格，中式大屋顶，西式的简化立面等。总的来说风格多样，相较于芜湖、安庆的中西合璧式建筑来说，蚌埠的近代建筑风格较为混杂和新颖，没有过多遵循既定章法，更多的是反映求新求异的心理诉求。居住建筑风格则较为简单和统一，多与房产商在二马路统一营建出租的砖木结构平瓦房类似，条件简陋；非主要街道和背街陋巷的民房则多为贫苦百姓所居，系砖墙、土坯墙或篱笆墙，草屋顶或反毛脊蝴蝶瓦屋面，均结构简单，屋舍低矮。

7.1.3.2 相同点

近代的安徽在外国资本主义的入侵下，自然经济逐步分解，商品经济缓慢发展，但同时客观上也促进了安徽城乡商品经济的发展。应当看到，安徽的商品经济发展并不充分，是因为当时安徽的封建经济制度和生产关系仍然占据着优势，很大程度上阻碍了商品经济与近代工业的发展。反映在意识形态领域，则人们的封建思想、小农意识强烈，“重本抑末”依然是主流观念；此外，近代安徽政治动荡，战事频仍，加之日伪时期的进一步破坏，安徽的近代化速度较为缓慢，和近代沿海其他城市相比，晚了几十年。

在这种背景下，芜湖、安庆、蚌埠的近代化之路有着明显的相似性，表现为发展依赖性强，商业发展速度快，且规模大，商业建筑占比大，发展迅速；而工业发展则声势浩大，但真正规模较小，最终处在一个相对较低的发展水平。相应地，工业建筑占比较小，并没有发展至一定规模；居住建筑依然以传统建筑为主，并没有从根本上发生转变。同时，整体上看，芜湖、安庆、蚌埠的城乡发展较不平衡，近代化过渡期漫长，这也影响着近代以后安徽的现代化发展速度和水平。

7.2　芜湖近代建筑发展过程解析

表面上看，芜湖近代建筑发生转变的主要原因是受到了开埠事件的影响，西方建筑文化的强行植入引发了芜湖近代建筑的重大转变，实际上背后有着深层次的原因。“人为”的介入，政治、经济举措的倾向性，彻底改变了芜湖的近代经济格局，继而引发了近代芜湖社会的变革和文化思想的转变，芜湖城市也顺理成章地发生了近代化转变……这一切，构成了芜湖近代建筑产生、发展的基础。

7.2.1　芜湖近代建筑产生的诱因

7.2.1.1　地理环境成为经济发展的先决条件

芜湖位于青弋江、裕溪河与长江汇合处，“襟江带河”，得黄金水道之便，自古便是皖南及皖江地区最大的商品集散地.转口贸易比较发达，因此素被称为“江东首邑”。南宋以后至元朝，芜湖已然发展成一个较繁荣的市镇。1876年的《烟台条约》将芜湖划为通商口岸之一，主要原因也是芜湖重要的地理位置。芜湖彼时已是长江中下游的一个重要港口，加上安徽是产粮大省，芜湖则是当时重要的米粮集散中心，西方列强要求开放芜湖口岸，某种意义上说也并不是偶然为之，是一种必然的结果。

7.2.1.2 洋务运动背景下的时局契机

经过了两次西方列强发动的侵略战争，晚清时期的中国人民起义不断，内忧外患的压力，使得清朝统治阶级中的一部分人，为了“中兴”，试图寻找新的手段进行自救，洋务运动就是为适应这种政治需要而开展起来的。洋务运动是由清朝统治集团内部的洋务派提倡和推行的。随着洋务运动的开展，洋务派的政治实力逐渐增强。洋务运动前后三十多年，从发展的内容和特点来看，可分为两大阶段：第一阶段是由19世纪60年代初到70年代初，以创办军事工业为中心，以官办为主要形式；第二阶段是19世纪70年代以后，由兴办近代工业转向发展以谋求利润为目的的民用工业，利用正在积累的民间资本，采用以官督商办、官商合办为主的形式。

洋务派的地主阶级中尤其以李鸿章为代表，李鸿章在洋务运动期间创办或间接创办的工业有江南制造总局、金陵机器局、天津机器局、轮船招商局、开平矿务局、上海机器织布局、漠河矿务局、天津电报总局和天津铁路公司等，总体上涵盖了铁路、电讯、制造等行业；除了创办工业，李鸿章还创办了北洋海军。李鸿章的这些洋务“新政”在不同时期、不同程度上对列强的侵略曾起到一定的抵制作用，并在一定程度上推动了中国近代社会经济的发展。

洋务运动期间，李鸿章及其家族对芜湖的经济发展也起到了重要的作用。光绪八年（1882年）李鸿章任直隶总督兼北洋大臣，张荫桓任芜湖道台。李鸿章的哥哥李瀚章怂恿张荫桓出面，“打着芜湖开埠急需招商的旗号，求乞李鸿章走朝廷路线，争取以圣旨将米市迁至芜湖”，李鸿章认为“事关重大，牵涉面广，非一纸奏折所能为，认为施之以惠让米商自迁才是上策。商量结果，定下具体优惠措施，使米商有利可图，自会见利争迁”。[1]张荫桓又亲到镇江，许诺其时四大米帮诸多优惠措施，鼓动他们到芜湖开设米号；同时，李鸿章将他在芜湖的房产小天朝作为给侄女的陪嫁，旨在给镇江的米老板们信号，即李鸿章在眷顾芜湖。诸此种种，引得众米帮接踵而至，共计20余家，促使芜湖米市蓬勃而起。此后，米市给李氏家族带来了无限商机和巨额利润，也带动了相关行业的勃兴。

可以说，先天优良的地理环境和特殊时局背景下的政策倾斜，为芜湖近代经济的发展带来了无限的机遇，也给近代建筑的产生准备了先决条件。

---

[1] 黄汉昌.李鸿章家族百年纵横［M］.武汉：崇文书局，2011：106.

7.2.2 芜湖近代建筑发展的推动力

芜湖近代建筑的发展以经济的发展为前提，芜湖近代经济因开埠事件的影响和米市的迁入而加速发展；同时，西方思想文化的传入影响了本土的传统文化，新的思想文化在经济发展的助推下也有了快速的发展。

7.2.2.1 开埠事件与米市迁入对芜湖经济发展的助推作用

开埠后，芜湖迅速成为西方国家商品的倾销地和原料供应地以及安徽对外贸易的第一关口，商业有了初步发展。随后，米市迁至芜湖，芜湖成为“四大米市”之一，商业迅速形成规模，人口规模也迅速扩大，至1934年，芜湖人口规模已增长至170251人。因此，开埠事件的发生尤其是米市的迁入，在近代芜湖经济发展的过程中，产生了催化效应，起到了助推经济快速发展的作用。

7.2.2.2 经济发展助推近代城市化

随着经济的发展，芜湖城市规模逐渐扩大，城市空间得到扩展，逐渐形成了四大区域：城内、城外、租界、河南。除长街外，开辟了新的商业街区，出现了主要分布在老城区以东、新市区以北和青弋江以南的工业区。市政方面包括电报、邮政、电灯、电话、无线电台等都有了新的发展；新的交通体系得到初步发展，开辟新的城市街道，发展轮运和航运，发展公路、铁路等新的运输系统等，至此，近代的芜湖城市更具有开放性和集聚性特征，城市的样貌与传统城市相比发生了很大变化，近现代城市面貌初现端倪。

7.2.2.3 新思想新文化的进一步推动

西方思想文化的传入，影响了近代中国的传统文化，新思想文化呼之欲出，社会体制的各方面变革以及其他方面的物化形式即是新思想文化的具体反映。

其一，出现了新式教育。1903年，皖南道刘树屏把中江书院改办为皖南中学堂并附设小学可谓开官办近代中小学之先河；1904年冬，由李光炯创办于湖南长沙的安徽旅湘公学迁回芜湖；1905年成立安徽公学速成师范学校，1906年设立安徽全省女子师范学堂蒙养院；1909年，皖江法政学堂成立；民国期间，安徽省立第二甲种农业学校和安徽省立第一甲种商业学校成立；1924年，洪镕创办一所工业专门学校。五四运动前后，芜湖新式教育初具规模，共30所小学，7所普通中学，师范、职业类学校4所。新式学制则主要沿用全国定制，幼儿园、初等教育、中等教育、高等教育等皆是如此。芜湖的新式教育机构，由最初将原有书院改办成学堂的简易办法，发展至官办，再由官办发展至专门实业教育及平民教育，体现出专业化与普及化的特征，这个过程表明了人们思想观念的转变，“开民智、新民德”是当时人们的心声。

其二，社会类社团如商会、农会、工会的出现。芜湖商务总会成立于光绪三十一（1905年），1915年奉令改为总商会，并将1909年奉工商部批准成立的芜湖工务总会并入；农会于宣统三年（1911年）呈请开办，1913、1917年两次改组；工会于1922年成立，改变了以往以地缘关系为纽带的帮会组织。社会类团体的出现，促进了近代城市的整体发展。尤其是商会，助建皖赣铁路，赞助城市公益事业，如修建利涉桥、创办万安救火会、赈灾和重修十里长街，创办学校及培养商业人才。农会也尝试创办农业学校，如乙种农业小学。尤其是创办的学校内，集聚了芜湖的新式知识分子，他们对促进芜湖近代城市发展起到了重要的作用。他们创办新式报刊，传播新思想；开办新式书店，销售新书刊；培养了新式军界、警界、政界、工商实业界等人才，为近代芜湖的城市文化、经济、政治、城市市政规划、建设管理等都做出了努力。

其三，新思想文化的物化形态表现。新式的思想文化，在社会生活中以具体的物化形态去表现，如新式城市公共设施、新式街道、新式行业、新的建筑类型。学校、医院、教会、银行、海关、货栈、仓库、厂房、码头、火车站、汽车站、宅第、公馆、里弄纷纷出现，新的建筑材料及结构形式也出现了，新的建筑风格也与人们所熟悉的传统建筑样貌有了很大的区别。

新式的思想文化，主观上加快了城市近代化的进程，也促进了芜湖传统建筑向近代建筑的演变。

7.2.3 芜湖近代建筑的形态决定因素

7.2.3.1 芜湖近代建筑形态概括

总体看来，芜湖的近代建筑形态可以概括为多元的、体现出社会性以及更具开放性的形态。这种多元的形态体现在建筑类型的多样、不同风格的交融，以及建筑材料和结构的多样上。人口的聚集、城市的发展本身就建立在开放的基础之上，而人们生活的器质性功能主要依赖于建筑，因而建筑形态上较以往封闭的态势而更显开放性，这是发展的必然要求。社会的进步与发展，主要依靠个体的联系与交往，体现在建筑形态上，以往以家庭为中心的家族性建筑形态显然满足不了发展的要求，而往更具社会性的形态发展。

7.2.3.2 芜湖近代建筑形态的客观决定因素

近代建筑材料经历了从木、石、砖、瓦等传统建筑材料的广泛应用到混凝土、玻璃、铁等材料的改进，再到钢、钢筋混凝土等新材料的开发应用；近代建筑结构的发展则经历了从早期的梁柱构架体系到近代的桁架、框架结构的兴起；建筑工艺经历了从传统的斧、凿、钻、锯、铲和部分铁制工具到近代打桩机、起重机等机械的发展以及冶铁、钢工艺的开发等。从上述可知，建筑材料的更新、新结构技术的运用以及营造工艺的发展，归纳起来意即：建筑技术的进步等这些客观的变革直接影响了建筑的变化，导致建筑从功能到形态全方位的变化。

7.2.3.3 芜湖近代建筑形态的非物质决定因素

芜湖近代建筑形态的非物质决定因素实际上是综合而又复杂的，因为近代建筑形态的变化是一个动态的过程，这种变化蕴含了太多的因素，有外力的驱使和发展的推动。而近代时期，本身就处在一个错综复杂的环境中，政治、经济、文化的转变处在向现代发展的过渡期内，建筑的转变自然也不是自发的，是一种“外发内生”型的，这种被动性使得冲突与抗争出现，转变的过程中充满了曲折和反复也是正常的。具体来说，近代建筑形态的决定因素概括起来即是：文化的冲击与交融、社会的发展与进步、个体思想的嬗变与行为方式的转变。

（1）文化的冲击与交融。建筑是文化的物质体现，不同的文化造成了不同的审美观念，近代西方文化的入侵对中国传统建筑文化的冲击主要因为两者之间存在较大差异，这意味着一开始，中国人对于西方建筑虽然觉得新奇但无法接受。对于近代的芜湖来说，这种冲击也体现为遍布租界区的西式建筑与古城内的传统建筑街巷在近代初始期一直处于一种泾渭分明的状态。两千多年的古城，其形态在近代以前几乎没有太大变化，封闭而又保守，传统文化一直被继承着，而直到近代，古城的形态在复杂外力的冲击下终于被打破，建筑也是如此。

时间推移，发展加速，西方建筑文化逐渐为人们所接受，从开始的模仿，到结合中国传统建筑文化进行了融合的创新，这个过程实际上完成了不同文化的交融，而这也是传统建筑向近代转型的过程。具体来看，中国传统的建筑文化观念对建筑的要求是既具备“器”的功能性和技术性，也要有“道”的意识性和礼仪性，直接的物质形态表现就是建筑也分不同的等级。官式建筑对空间布局、地理位置、规模面积及装饰色彩有着严格的规定，体现礼教秩序，以此区分不同的建筑形态，这使得传统建筑更易被形式化、符号化，因而在中西建筑文化融合的过程中，已经过度西化的近代建筑加入中式元素形成了中西合璧的建筑风格。芜湖的近代建筑中，这种中西合璧的建筑以公馆和一些名人故居最具代表性，功能、材料和结构实际上都已基本是西式的内容，但传统建筑符号作为元素仍然点缀于建筑外观上，文化的交融可见一斑。

应当看到，这种文化的冲击与交融，本身就存在着矛盾性和复杂性。中国传统文化的稳定与西方文化的植入有对抗，有交融，传统建筑文化在转变，西方建筑文化也需要适应本土文化。这个过程反映在建筑形态上，则是传统与西式并存到折中的风格再到中西合璧的、糅杂的建筑外观。从这一点上说，文化的冲击与交融是决定近代建筑形态的最重要因素。

（2）社会的发展与进步。芜湖开埠以后，传统的封建经济体制在资本主义经济体制的入侵下发生了巨大变革，经济飞速发展，行业结构转变，商业建筑发展规模最大，商业建筑面貌也求新求变；政治体制也发生了巨大的变化，新式的政治组织、机关和社会团体出现，改变了社会结构和面貌，民主政治的发展使得新的建筑类型出现，并且以开放的姿态示人；文化体制的转变，带来了新的社会风气，形成了新的社会规范，新的建筑文化传播迅速并易于被人们接受，新的建筑形式被越来越多的人所尝试并应用。因此，近代社会的发展和进步，决定了建筑形态发展与变化的方式，近代建筑的发展变化以社会的发展与进步为根基。

（3）个体思想意识的嬗变与行为方式的转变。开埠以前，作为封建社会中社会风气发展趋向的代表者，芜湖的知识分子尚谦卑，闭门养性、不涉公事，内心是传统封建的，而其言行对其他社会个体成员具有很强的示范作用，芜湖人民应该说过着相对封闭安宁的生活，反映在物质形态上，可从民国初年城里存留多达50多座的坛、祠、庙宇等传统建筑中可见一斑。开埠后，人们的观念发生了很大的变化，“芜湖自光绪初元立约通商，华洋糅杂，趋利者不惜扫庐舍划邱垄以填外人之壑，荒江断岸森列楼台，于是士女习骄奢忘礼谊，风俗迁流，靡知所届政事窳败为厉之阶，”[1]这表明人们的消费观念发生了巨大变化，不再以经商为耻，心态更为开放和包容。心态的变化直接体现在行为方式的转变上，加速了社会的发展与变化，因为个体行为方式的转变产生了更多的需求，使得商业贸易更加繁荣，城市职能扩展，建筑类型更为多样和丰富。

---

[1] 章征科. 从旧埠到新城：20世纪芜湖城市发展研究［M］.合肥：安徽人民出版社,2005: 17.

7.3 芜湖近代建筑的演进方式

7.3.1 起始：被动植入

纵观芜湖近代的历史发展过程，通商开埠对于芜湖城市近代化的影响并不大，其发展更多依赖于“米市”的形成所带来的一系列发展变化；同时，从近代城市化的起始时间来看，芜湖与东南沿海省份各主要开埠城市相比本身就是滞后的，近代建筑的产生与发展自然也要滞后一些；而且，由于开埠给城市近代化带来的影响不同，与其他城市相比，芜湖的近代化进程一直是迟缓的。探寻芜湖近代建筑产生的源头，还应考虑中国近代建筑转型的起始背景。

7.3.1.1 前近代时期的西方建筑文化影响

杨秉德教授在其《中国近代中西建筑文化交融史》一书中曾提出“前近代时期”的概念：“指明代后期至鸦片战争的这一段时期，其时西方文化加速进入中国。”事实上，早在元初，中国即有受欧洲影响而建的教堂；明末，澳门有租居的葡萄牙人建造的宗教及民用建筑；清初，又有广州十三行西洋工商业建筑。这些个别地区的西洋建筑，并未形成气候，不可能对当时中国的传统建筑产生影响。深层次的原因是，当时统治阶级的思想观念依然封闭保守，乃至“唯我独尊”，对西方文明没有任何深入了解，也不会允许其广泛传播。在这一阶段内，西方建筑文化通过两个“渠道”影响中国：教会传播渠道和早期通商渠道。教会传播渠道产生的教会建筑在中国最早可以追溯到唐、元时期，“明清两代虽时驰时禁，在清嘉庆禁教之前仍略有进展”。此节中，“早期通商渠道”以澳门和广州十三行的西洋建筑为讨论的范畴，至于其后各商埠城市中建造的殖民地式建筑，因同期芜湖的近代建筑也已出现，并不是芜湖近代建筑的源头，故不在此节讨论之列。

安徽地区的教会活动最早始于清初康熙年间，即安徽建省之初时，西方传教士进入安徽传教的地点主要分布在五河、安庆、池州和徽州等地，并不包括芜湖。并且，从各地教徒人数以及所建教堂数量及规模来看，这一时期传教活动在安徽的影响是十分微弱的，并且随着清初禁教政策的颁行而终止。当时教堂的形制多采用中国传统建筑形制，或是在当地民房的基础上改建，并无西方建筑式样。

早期通商渠道在澳门和广州十三行所传播的西洋建筑，从时间上看，约集中在18世纪下半叶至19世纪初。这时期，中国的统治者仍然持有封建落后、妄自尊大的观念，国家也处于闭关锁国的状态，清政府只限广州一口对外贸易，西方文明根本谈不上在中国的输入和扩散。同期，安徽依然是以小农经济为主的自然经济，自给自足，但商品经济仍然有进一步发展；芜湖此时乃沟通安徽南北物资交流的枢纽，也是江浙两湖开展贸易的重要口岸，城市与建筑依然延续着上千年传承下来的古老形态，并无其他改变。

7.3.1.2 被动植入后的初步影响

历经两次鸦片战争的冲击，近代中国的国门终于被冲开，国家被迫对外开放。这种开放是被动式的，是一种外来的、侵略式的冲击要素诱发了中国的近代化转型。一系列不平等条约的签订，使得租界纷设，港湾租借地、铁路附属地的圈占和大部分通商口岸的开辟纷纷实现。这些沿海、沿江、沿铁路干线的通商口岸城市，成为中国近代化的前沿和焦点，而引发城市、建筑近代化转型的因素，很大程度都是因为资本主义列强的殖民活动，是一种外力的入侵和推动。这些前沿城市涵盖了中国的长江三角洲、珠江三角洲、环渤海地区和沿长江流域、沿铁路干线地区，“中国资本主义扎根在这些地方，近代商业、外贸、金融、外资工业、民族工业及交通运输业、房地产业等都集中在这些城市，使得这些城市成为工业化、城市化的先行和近代化的中心”。[1]而处在这种状态下的近代建筑，其初始的产生途径即来自西方国家的输入。

芜湖也是这些城市之一，地理位置决定了其开埠通商，西方列强势力的进入虽然不是诱发城市近代转型的最主要因素，但却是最直接因素。开埠通商的既成事实，促成了米市的迁入，米市的发展带来了经济的发展，城市格局的改变，外来文化的植入。这些外在环境的剧烈变化，都蕴含着引发近代芜湖建筑嬗变的因素。

7.3.1.3 演进的起始路径

芜湖开埠后，西方文化强行植入，外力的强推，使得两种异质文化的差异凸显。城市的发展与变化是这种文化差异的物质载体，开埠后，租界区基本自成一体，与古城几乎没有太多联系，从两个区域的空间形态上看，可谓泾渭分明。租界区的规划依据洋人的理念，划分了齐整的马路，市政设施先进，建筑样式新颖，做法考究，但建筑数量不算多。整体上看，租界区的发展规模并不大，皆因芜湖的城市发展更多依赖于米市的繁荣；而同期古城格局基本上延续传统，并无较大改变；传统商业街前店后坊的布局依然如故；住宅以皖南传统徽派民居样式为主，市政也无甚变化。

---

[1] 潘谷西.中国建筑史（第六版）[M].北京：中国建筑工业出版社，2009：321.

通商口岸出现了第一批，也可以说是芜湖最早的近代建筑，这一批建筑为了满足西方人在功能和精神方面的需求，和西方国家在东南亚国家、印度等其他殖民地的建筑形态是类似的，表现出殖民地式建筑的风貌。为了适应炎热的气候条件，建筑一面、两面、三面甚至四面都带有外廊，外廊进深较大，可以作为室外起居室、客厅或餐厅使用。此类殖民地式建筑普遍应用于芜湖的洋行、银行、领事馆及住宅等。当时全国范围通商口岸的租界区内，建造了不少这一类型的建筑，但实际上这类建筑并不符合近代中国大部分地区的气候条件，“水土不服”的情况下，随着时间的推移和建筑的发展，渐渐消失。日本近代建筑研究学者藤森照信将中国的殖民地式建筑以“外廊式建筑”命名，突出了其外在特征，他认为“外廊式建筑”是近代中国建筑的原点，说法虽片面，但对于芜湖来说，这一批殖民地式建筑是芜湖近代建筑产生的起点。随后，文化的碰撞和交融，使得建筑形态发生了近代化转变，芜湖由洋人主持建造的殖民地式建筑逐渐转变为本土也在效仿的外廊式建筑，这个过程其实是一种建筑文化的流变过程，从富有社会人文内涵转变为注重物化特征，这表明芜湖近代建筑的早期演进，是以殖民地式建筑风格为传播主线，以西式建筑为演绎载体的被动植入路径。

7.3.2 演进：冲突对抗到融合共生

传统文化与西方文化在近代中国相遇，碰撞过程中，二者相互作用，并通过不同的传播渠道进行影响，引发中国传统建筑作为一种文化载体而发生近代转型，芜湖亦是如此。

7.3.2.1 文化的整合

两种异质文化的相遇，相互间并不是一开始就能和谐共生，二者间产生作用，发生一系列变化，最后融合共生。一种外来文化的进入，对于本土文化来说，应该会表现出排外的情绪，甚至发生冲突与对抗。以西方的宗教文化在安徽的传播为例，太平天国运动失败后，西方传教士对安徽进行迅速的渗透，19世纪60年代中叶至70年代初，教会势力在原有据点五河、安庆、皖西地区等基础上向安徽沿江至皖南一带扩张，但文化的差异和道德观念上的冲突，引发了民众对教会的反抗，非教民与教民之间产生了“民教”斗争，“教案”层出不穷，各种形式的反洋教斗争从1869年到1911年间在安徽发生了30多次。其中以安庆教案、皖南教案、芜湖教案、霍山教案四大教案最为典型。芜湖开埠后，在安庆、皖南等地传教受阻的西方传教士们将传教的中心向芜湖转移。1891年5月，芜湖街头出现了反对教会育婴堂强行收容幼孩的揭帖，随后，天主教会附属诊所的两名修女试图带回两名幼孩引发与民众的冲突，事情发展至鹤儿山的天主教堂以及海关附近的5幢洋楼被焚毁。表面上看，冲突的发生在于民众对传教士强行对幼孩施洗礼的不满，但实际上冲突的背后是因为双方思想文化观念上的差异，以及被压迫一方的反抗。西方文化在当时的芜湖具有压倒性的输入优势，但地位的不平等，导致了冲突与对抗的发生。但文化间的碰撞，是一个整合的过程，不同文化从冲突对抗到交流、融合，对两种异质文化的发展都产生了影响。

西方文化在中国进一步传播，从冲突对抗，到新的文化被民众慢慢所认知、接受，经过了一个“渊源不同、性质不同、目标取向不同的异质文化为适应中国社会的需要相互融合，而形成一种全新的文化体系”❶状态下不同文化交融、整合的过程。从洋务运动、维新变法到新文化运动，是中国民众思想观念的转变过程，也是中国传统文化的近代转型过程。

近代中西建筑文化也同样完成了碰撞的过程，并且，中国传统建筑在这个过程中完成了近代转型。民众对西方建筑文化从开始模仿，在传统建筑的基础上融入代表西方建筑文化元素，发展到中西合璧式建筑，再到民族形式探索阶段；从最初的模仿移植到融合再到创新，传统建筑在文化民间传播的渠道下完成了演变。

7.3.2.2 交织的文化传播渠道

在近代芜湖中西建筑文化交流、融合的过程中，教会传播渠道和民间传播渠道交织。不同的是，西方建筑文化在近代芜湖的传播，教会传播渠道与通商渠道传播一开始几乎是同步的。随着芜湖的开埠，传教士将在安徽的活动重心转移至芜湖，也由此建造了一批和教会密切相关的宗教建筑，包括教堂、教会学校、医院等。西方建筑文化在芜湖通过教会传播的渠道，贯穿了芜湖近代建筑转型的整个过程，影响深远。因宗教文化对民众根深蒂固的思想文化观念带来的冲击是颠覆性的，其物质形态也是前所未见的。芜湖近代教会建筑数量较多，保存完整，绝大部分今天仍在使用。

中西建筑文化在近代芜湖的进一步交融，通过民间传播渠道的影响，在建筑形态上更多地体现为中西合璧以及“中式折中”的特征。剧院、电影院、车站、银行等新的建筑类别出现了，在满足功能的基础上，糅杂了西式建筑文化的元素，出现在新开辟的街道上；民居建筑的形态也发生了变化，在传统基础上，功能在变化，外观特征也有更显著的变化，融入的西式建筑元素更明显。

---

❶ 杨秉德.中国近代中西建筑文化交融史[M].武汉：湖北教育出版社，2002：3.

民族形式探索背景下的建筑，在近代芜湖数量极少。体现出“中式折中”形式特征。20世纪20年代的中国近代建筑师尝试进行中华古典风格设计，“将繁复的中华古典式样、元素与精简的现代线条与思想，常不成比例地体现在同一栋建筑上，大量民族形式的构件与装饰的出现，来转译中国传统元素给人的流行和印象，或许，可以把此归类为中国式的折中。”[1]表面上看，这是经过西方建筑文化吸收、借鉴、融合以后发展的建筑形态，实质上是中西建筑文化整合以后的更新，但这种更高程度的建筑文化整合形态受限于芜湖的发展水平以及复杂动荡的环境，并没有在近代芜湖得到广泛的传播。

7.3.2.3 演进的路径：从因势利导到主动接纳

心态的开放与包容促使不同文化间相互渗透和交融，从物质载体上看，芜湖的近代城市空间布局日臻完善。租界区逐渐形成规模，趋于稳定；古城区和商场间也不再仅仅通过十里长街联系；城市空间不仅沿江发展，还逐渐往东、北、中部扩展，城市空间形态呈自由化扩展；除十里长街外，与之大约平行的新街道不断开辟，还有衍生出的交叉街道，这些新街道围合出了新的片区，形成了与传统古城风貌不同的区域。包括十里长街在内，华洋杂处，建筑风貌多样，有仿西式风貌的洋行或保险，也有中式传统店铺；有的中式建筑上安装了引人注意的西式玻璃橱窗，也有的西式建筑设计了一个中式传统的大屋顶……

传统建筑在演进，选择性地吸收了外来文化，表现出中西融合的外观式样。中西文化交融的发展趋势下，随着对西方建筑文化的进一步了解，在民间传播的芜湖近代建筑采纳中西建筑文化各自的优点，从立面材质、细部构件到建构方式均采用中西结合的处理方式，整体上是一种因势利导的中西结合模式。而表现出“中式折中”特征的建筑，则可以理解为是上述分析过程中不同文化进一步交融后的更新，是芜湖传统建筑在演进过程中对西方建筑文化的主动接纳。

7.3.3 停滞：自行衰败

近代中国社会处在由农业文明向工业文明过渡的转型期。“这个转型期是一场极深刻的变革，是从自然经济占主导的农业社会向商品经济占主导的工业社会的演化……这个转型进程的主轴是工业化的进程，也交织着近代城市化和城市近代化的进程。”[2]

---

[1] 黄元炤.中国近代建筑纲要[M].北京：中国建筑工业出版社，2015：482.

[2] 潘谷西.中国建筑史（第六版）[M].北京：中国建筑工业出版社，2009：320.

处在这种转型初始期的中国建筑，其变革和转型是迟缓的，长期处在封建社会枷锁状态下，且转型是来自西方资本主义的外力作用，是被动的；同时，近代中国自身陷入政治衰败、国家四分五裂的局面，全国经济一直徘徊在饥饿与温饱的临界点。这些因素导致中国近代建筑无法快速或者说是正常演进。

从经济发展来看，比起近代以前的自然经济发展水平，整个安徽的发展是缓慢的、走下坡路的，主要是内外两方面的原因。内部来说，首先是地方官僚和政府所推行的系列闭关锁省、设卡封地以及赋多税重的掠夺性经济政策，给商品生产和商品交换设置了重重障碍，封建剥削严重。加之传统的自然经济仍然长期占据主导地位，重本抑末的思想观念导致民族资本主义始终无法快速发展。同时，近代安徽历经了多次战争和连年严重的自然灾害，遭受了极大的破坏和人口流失，这些因素都阻碍了安徽近代经济的发展。外部原因主要是近代包括英国、日本等国家在内的列强对安徽的经济严重侵略。以英国为代表在辛亥革命以前对安徽大量倾销鸦片、洋货，同时掠夺农副产品，安徽日益沦为近代列强的商品倾销地和原料供应地，阻碍了安徽工商业的发展；日本对安徽的工矿业进行了大肆掠夺，将安徽的矿产资源源源不断地输出到日本，严重损害了安徽工矿业的发展。内外两方面原因使得近代安徽的经济发展迟缓，相比东南沿海其他地区，近代转型滞后。

大环境如是，对于沿江的中小城市芜湖来说，近代经济的发展必然也是曲折的。列强经济的侵略阻碍了本地的民族工商业，尤其是洋米的倾销大大影响了米市的发展，间接导致了米市的衰落。除此之外，日本发动的侵略战争对芜湖的破坏也是巨大的。掠夺矿产资源、搜刮物资等行径，再加上战争的破坏和自然灾害的频发，这些无疑使得近代芜湖的经济发展雪上加霜。经济发展滞后，近代建筑发展自然也陷入停滞，建筑转型进程停止。

通过上述的分析，可以得出芜湖近代建筑的演进过程（如图7.2）：近代经济的发展为近代建筑的产生、发展提供条件；西方

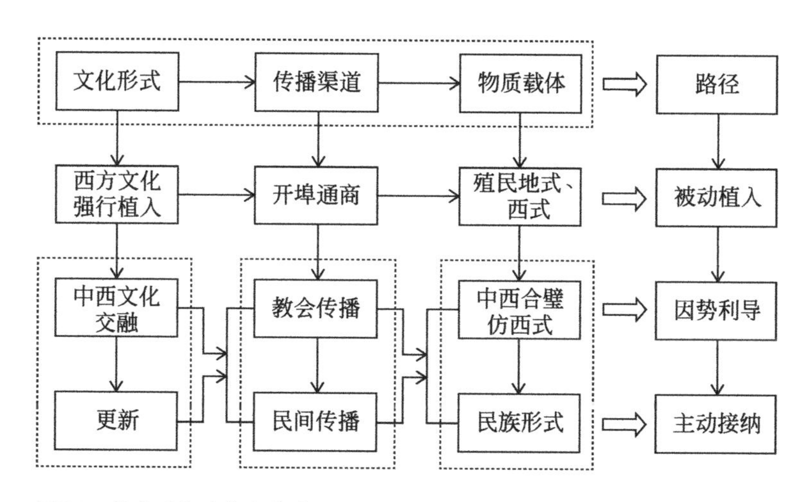

图7.2 芜湖近代建筑演进过程

文化借助渠道的传播，与传统文化融合，影响了建筑的形态特征。通过深入了解芜湖近代经济的发展以及文化的融合过程，可以得到芜湖近代建筑演进的路径，即：被动植入、因势利导和主动接纳。

7.4 小结

通过与蚌埠、安庆建筑发展的横向比较，芜湖的近代建筑特征更突出，总结得出了影响其形态特征的决定性因素，最关键的是归纳出了芜湖近代建筑的演进路径，而这些内容就包含在芜湖近代建筑的转型过程中。

近代芜湖建筑处在现代转型的初始期，这是一个承上启下、中西交汇、新旧交替的过渡时期。既有新建筑的快速发展，也有旧建筑的缓慢转型。中西建筑文化交织，同时也是近现代建筑的历史搭接，其所在的时空关系是错综复杂的。深入了解芜湖的近代建筑，总结其特征及发展规律，对于后续研究安徽全省的近代建筑，继承近代建筑遗产，有非常重要的意义。

参考文献

[1] 刘亦师.“中国近代建筑史”题辨[J]. 建筑学报，2010(6):1-5.

[2] 赵淑红. 澳门近代建筑研究的新思路探析[J]. 浙江工业大学学报(社科版),2007(2):211-215.

[3] 朱永春. 巴洛克对中国近代建筑的影响[J]. 建筑学报,2000(3):47-50.

[4] 刘亦师. 边疆·边缘·边界——中国近代建筑史研究之现势及走向[J]. 建筑学报,2015(6):63-67.

[5] 李蓺楠. 当前中国近代建筑史研究中的地域性差别和不平衡性——基于“中国近代建筑史研究讨论会”数据分析[J]. 华中建筑,2012(8):14-17.

[6] 张复合. 关于中国近代建筑之认识——写在中国近代建筑史研究国际合作20年之际[J]. 新建筑,2009(3):133-135.

[7] 冷天. 得失之间——从陈明记营造厂看中国近代建筑工业体系之发展[J]. 世界建筑,2009(11).124-127.

[8] 朱永春,陈杰. 福州近代工业建筑概略[J]. 建筑学报,2011,S1:72-75.

[9] 刘佳,过伟敏. 镇江近代公共建筑的兴起与城市功能转型[J]. 中华文化论坛,2015(2):151-156.

[10] 朱晓青,傅嘉言,孙姣姣. 西方风格对浙江近代建筑样式演进的影响思辨[J]. 建筑与文化,2014(9):96-98.

[11] 宋曲霞. 晚清内陆地区西学东渐的特征与近代化的迟滞性——以安徽为个案[J]. 广东社会科学,2012(3):147-153.

[12] 贺辉. 近代上海建筑立面装饰中的地域文化特征[J]. 家具与室内装饰,2012(6):56-59.

[13] 刘亦师. 中国近代建筑发展的主线与分期[J]. 建筑学报,2012(10):70-75.

[14] 刘亦师. 中国近代建筑史教学的回顾与展望[J]. 新建筑,2013(1):22-27.

[15] 于英,鲁慧敏,王立君,等. 哈尔滨近代建筑立面柱装饰形态研究[J]. 装饰,2013(2):72-73.

[16]缪昌铅,王体俊,曹西,等.中国近代建筑的发展及对当代的意义[J].中华民居(下旬刊),2013(6):41-42.

[17]刘亦师.殖民主义与中国近代建筑史研究的新范式[J].建筑学报,2013(9):8-15.

[18]徐永战.南通近代城市与建筑的演化研究[J].南方建筑,2015(6):20-23.

[19]藤森照信,王炳麟.日本近代建筑史研究的历程[J].世界建筑,1986(6):76-81.

[20]杨秉德.早期西方建筑对中国近代建筑产生影响的三条渠道[J].华中建筑,2005(1):159-163.

[21]刘亦师.中国近代建筑的特征[J].建筑师,2012(6):79-84.

[22]张帆.安庆旧城空间结构演变及其动力机制分析[J].安徽建筑,2008(5):22-24.

[23]张燕.传统民居建筑立面的艺术语言——以浙江传统民居为例[J].浙江建筑,2011(3):8-10.

[24]史俐俐,储金龙,顾康康.安庆市城市空间形态演变特征及其优化对策[J].安徽建筑工业学院学报(自然科学版),2011(4):1-5.

[25]吴忠,许燕.承传与交融——南京谭延闿墓建筑景观的空间形态研究[J].建设科技,2015(22):94-95.

[26]周忍伟.传统城市近代工业发展轨迹和特征——芜湖近代工业个案研究[J].安徽史学,2004(1):92-95.

[27]张友军,刘岚.传统建筑构造风格在当代的应用转化——以浙东地区为例[J].安徽农业科学,2010(27):15260-15263.

[28]张复合.《华中建筑》与中国近代建筑史研究——写在纪念《华中建筑》创刊三十周年之际[J].华中建筑,2013(10):14-17.

[29]蔡凌."事件·人物"多样性语境下的中国近代建筑解读——以长沙近代教会建筑为例[J].建筑科学,2008(3):138-143.

[30]杨思声,肖大威,戚路辉."外廊样式"对中国近代建筑的影响[J].华中建筑,2010(11):25-29.

[31]刘叶桂.《营造法原》中关于建筑立面主要构成比例研究[J].华中建筑,2014(11):157-161.

[32]郑时龄.《中国近代建筑史料汇编》(第一辑)简述[J].时代建筑,2014(6):135.

[33]徐震.安徽近代明远电灯公司工业建筑[J].建筑与文化,2015(11):124-125.

[34]梁琍.安徽近代建筑分类研究[J].安徽建筑工业学院学报(自然科学版),2001(4):12-15.

[35]陆翔,陆义芳.安徽省近代几所教会医院概述[J].中华医史杂志,2000(4):36-38.

[36]汪俊,孙琦,姜方昕,等.安庆近代建筑风格分析[J].安徽建筑,2011(5):54.

[37]朱超平,王新生,伍亮亮.安庆城市空间形态演变研究[J].安庆师范学院学报(自然科学版),2011(4):74-77.

[38]沈向阳.安庆古城格局特色保护的策略研究[J].安徽建筑工业学院学报(自然科学版),2006(3):26-30.

[39]张帆.安庆城市空间形态的发展与演变[J].南方建筑,2006(10):100-102.

[40]陈冬冬.安庆地区工业遗产研究——以安庆内军械所为例[J].安徽商贸职业技术学院学报(社会科学版),2014(2):21-24.

[41]张燕.传统民居建筑立面的艺术语言——以浙江传统民居为例[J].浙江建筑,2011(3):8-10.

[42]鲍艾艾.赋予老建筑新的生命——芜湖古城模范监狱的更新与开发[J].安徽建筑,2011(6):40-41.

[43]周毅刚,袁粤.从城市形态的理论标准看中国传统城市空间形态——兼议传统城市空间形态继承的思路[J].新建筑,2003(6):48-53.

[44]张卫.关于芜湖古城内文物资源保护开发利用的调查报告[J].芜湖职业技术学院学报,2005(1):25-28.

[45]程云云.从芜湖官牢到模范监狱[J].芜湖职业技术学院学报,2005(3):90-91.

[46]王小华.从中国传统民居入口空间看中西建筑文化之差异[J].工程建设与设计,2013(1):50-51.

[47]杨秉德.多元渗透 同步进展——论早期西方建筑对中国近代建筑产生多元化影响的渠道[J].建筑学报,2004(2):70-73.

[48]邓庆坦,徐力,邓庆尧.房地产业与20世纪20、30年代中国建筑的发展演变[J].山

东建筑工程学院学报,2004(3):26-30.

[49]陈燕.从中西建筑史比较看中国传统建筑的技术观[J].浙江工商职业技术学院学报,2004(4):58-60.

[50]徐智.泛长三角沿江城市经济关系的回顾——以芜湖与上海为例(1877-1937)[J].南通大学学报(社会科学版),2009(3):20-25.

[51]何力军.古典主义与天津近代建筑[J].城市,1994(3):51-52.

[52]王聪慧,张秀伟.关于我国近代建筑风格[J].民营科技,2012(2):232.

[53]孙哲,周青,余婕,等.管中窥豹——从模范监狱看芜湖近代建筑[J].安徽建筑,2011(5):41-42.

[54]朱磊.兼收并蓄:中国近代建筑史时期上海的西方折衷主义建筑[J].科技资讯,2008(32):64.

[55]彭长歆.广州近代建筑结构技术的发展概况[J].建筑科学,2008(3):144-149.

[56]沈世培.集市贸易在近代社会转型中的作用——以安徽地区为例[J].安徽师范大学学报(人文社会科学版),2008(3):316-321.

[57]范习中.近代安徽城市发展的动力因素分析——以芜湖、安庆、蚌埠为例[J].西南民族大学学报(人文社会科学版),2012(2):215-219.

[58]刘新波,杨思远.哈尔滨近代“装饰艺术”建筑立面形态特质解析[J].黑龙江科技信息,2012(16):232.

[59]宋卫忠.甲午之前的中国近代建筑与社会心理[J].自然辩证法研究,1997(3):56-60.

[60]范诚,曲茜.建筑师制度的社会历史维度——中国近代建筑专业制度建立的历史回顾[J].新建筑,2010(1):129-131.

[61]张复合.进入二十一世纪的中国近代建筑史研究[J].建筑史论文集,2001:200-208.

[62]王锦生.近代安徽与基督教[J].江淮文史,2001(3):123-133.

[63]叶东,王佳.近代航运业与芜湖城市的兴起[J].重庆交通大学学报(社会科学版),2009(5):18-23.

[64]李百浩,韩雁娟.近代建筑技术对广州建筑和城市风貌的影响[J].四川建筑科学研究,2015(4):92-96.

[65]郑晓燕.近代文物建筑修缮中原有建筑构造的改善设计——以永定虎豹别墅修缮工程为例[J].福建建材,2015(7):20-23.

[66]陈曦,过伟敏.近代建筑入口装饰式样与空间特征研究——以苏南地区为例[J].学术探索,2015(8):153-156.

[67]余治国.近代芜湖及安徽工业化进程的迟滞与原因考察[J].重庆工商大学学报(社会科学版),2015(6):51-57.

[68]村松贞次郎.近代建筑史的研究方法近代建筑的保存与再利用[J].世界建筑,1987(4):47-52.

[69]马义平.近代铁路兴起与华北内陆地区经济社会变迁[J].中州学刊,2014(4):148-153.

[70]谢国权.近代芜湖与无锡人口城市化之比较[J].东南大学学报(哲学社会科学版),2000(4):42-47.

[71]王迎,侯静.近现代交通系统变革下天津城市空间形态演变[J].天津城市建设学院学报,2013(3):187-190.

[72]陈帆,王俊锋.旧建筑立面改造中"历史表情"的还原与维护[J].建筑与文化,2011(7):111-113.

[73]温日琨.历史街区保护模式研究杭州近代建筑[J].中外房地产导报,2005(9):44-47.

[74]方前移.抗战前芜湖与无锡米市[J].巢湖学院学报,2005(2):82-86.

[75]范明明.论开埠后的芜湖工商业[J].绥化学院学报,2012(2):56-57.

[76]侯蕊玲.论中国近代城市产生发展中的几个特点[J].云南民族学院学报(哲学社会科学版),1997(2):78-83.

[77]邱国盛.论中国近代城市社会结构的演变[J].唐都学刊,2002(3):45-50.

[78]周忍伟.商业对近代中国城市发展作用——芜湖米市分析[J].华东理工大学学报(社会科学版),2002(4):102-106.

[79]李浈,杨达.芜湖古城的文化空间特征及再生策略——兼论古城保护规划中的历史评价与现实定位[J].规划师,2012(2):44-49.

[80]李强.倪嗣冲与民国初年蚌埠城市发展[J].蚌埠学院学报,2012(3):121-125.

[81]卞青.浅谈芜湖近代建筑特色[J].芜湖职业技术学院学报,2005(1):28-29.

[82]黄心沛,陈志宏.厦门近代嘉庚建筑立面砖石组合特征[J].中外建筑,2014(5):61-64.

[83]王春芳.太原现存近代建筑类型[J].中国建材科技,2010(1):75-77.

[84]赵彬,吴杰.武汉大学近代历史建筑营造技术研究[J].华中建筑,2013(3):114-121.

[85]史先明.芜湖建筑不能断了文脉[J].建筑,2013(6):74-76.

[86]王苗,曹磊.天津近代建筑师事务所发展研究[J].天津大学学报(社会科学版),2013(4):324-327.

[87]黄媛.透过立面材质谈保护——汉口原租界区近代建筑立面材质保护研究[J].华中建筑,2007(4):41-45.

[88]李杰晶.晚清芜湖开埠后的贸易[J].安徽广播电视大学学报,2015(4):112-116.

[89]张亮.皖江流域城市空间结构拓展差异比较——以近代转型前后安庆、芜湖为例[J].安徽广播电视大学学报,2009(2):119-121.

[90]杨亚,史明.无锡近代中西合璧建筑的造型特征[J].山西建筑,2015(4):1-2.

[91]毛心彤,陈骏祎,司亚丽,等.皖中地区传统民居现状调查与研究[J].建筑与文化,2015(9):132-133.

[92]江汛.芜湖教育近代化的动力机制[J].安徽师范大学学报(人文社会科学版),2008(2):237-243.

[93]朱海波.芜湖开埠后金融市场的变化[J].唐山师范学院学报,2008(3):113-115.

[94]袁家悦.中国传统建筑到近代建筑[J].科技风,2010(8):56.

[95]童乔慧,李聪.武汉大学早期建筑——“十八栋”的建筑特征及其文物价值[J].建筑与文化,2014(1):84-85.

[96]朱光立.洋为中用与中国近代建筑的文艺复兴——以国民政府铁道部建筑群为例[J].档案与建设,2015(8):51-55.

[97]王栋,彭建勋.中国传统建筑空间形态探析[J].信阳师范学院学报(自然科学版),2009(1):39-42.

[98]成一农.中国古代城市选址研究方法的反思[J].中国历史地理论丛,2012(1):84-93.

[99]马鑫,赵国军.中国近代建筑发展浅谈[J].才智,2012(16):144.

[100]杨嵩林.中国近代建筑的形成和发展(上)[J].四川建筑,1995(1):7-10.

[101]杨嵩林.中国近代建筑的形成和发展(中)[J].四川建筑,1995(2):8-11.

[102]杨嵩林.中国近代建筑的形成和发展(下)[J].四川建筑,1995(3):15-18.

[103]宋卫忠.中国近代建筑对近代经济影响简论[J].首都师范大学学报(社会科学版),2003(S1):36-42.

[104]张复合.中国近代建筑史“自立”时期之概略[J].建筑学报,1996(11):31-34.

[105]邓庆坦,辛同升,赵鹏飞.中国近代建筑史起始期考辨——20世纪初清末政治变革与建筑体系整体变迁[J].天津大学学报(社会科学版),2010(2):138-143.

[106]李蓺楠.中国近代建筑史研究评述(1986-2010)[J].建筑学报,2012(10):79-82.

[107]周立.中国近现代建筑艺术风格流派分析[J].艺术百家,2008(S2):161-163.

[108]张复合.中国近代建筑史研究与近代建筑遗产保护[J].哈尔滨工业大学学报(社会科学版),2008(6):12-26.

[109]曾凡普,何俊萍.中国近代建筑文化环境与近代建筑发展求索[J].山西建筑,2006(24):23-24.

[110]朱光立.中西合璧与中国近代建筑的融合发展——以国民政府交通部办公楼为例[J].档案与建设,2015(10):57-60.

[111]杨钢.中西建筑室内空间设计再思考[J].美与时代(上),2014(2):73-75.

[112]柴琳,朱向东.中西文化交融下建筑构造的继承与发展[J].山西建筑,2013(33):8-10.

[113]朱永春.安徽近代建筑史纲[C].中国近代建筑史国际研讨会论文集，1998:27-31.

[114]张帆.安庆旧城空间结构的调整与优化研究[D].南京：东南大学,2006.

[115]方番.1930年代前后安庆城建的历史时空及其特征研究[D].合肥：安徽大学,2010.

[116]黎剑飞.民国时期皖江流域的工商业研究[D].合肥：安徽大学,2010.

[117]徐齐帆.武汉近代营造厂研究[D].武汉：武汉理工大学,2010.

[118]王昕.江苏近代建筑文化研究[D].南京：东南大学,2006.

[119]吴尧.澳门近代晚期建筑转型研究[D].南京：东南大学,2004.

[120]张晓芳.蚌埠城市历史地理研究[D].上海：复旦大学,2007.

[121]宁丁.皖中清代大屋民居研究[D].北京：北方工业大学,2015.

[122]范磊.北京劝业场建筑特征与修缮技术研究[D].北京：清华大学,2014.

[123]朱海波.芜湖米市新探[D].苏州：苏州大学,2009.

[124]彭茜.芜湖古城保护与改造中的非物质文化研究[D].合肥：合肥工业大学,2009.

[125]李扬.地区建筑演进与发展初探[D].北京：北京建筑工程学院,2009.

[126]杨涛.建筑形态演进的科技动因[D].天津：天津大学,2012.

[127]刘威.长春近代城市建筑文化研究[D].长春：吉林大学,2012.

[128]刘佳.镇江近代建筑形态及其演变研究[D].无锡：江南大学,2012.

[129]董黎.鄂南传统民居的建筑空间解析与居住文化研究[D].武汉：武汉理工大学,2013.

[130]王苗.中西文化碰撞下的天津近代建筑发展研究[D].天津：天津大学,2013.

[131]何婷.1877-1913年英国驻芜湖领事署建筑设计研究[D].南京：南京艺术学院,2013.

[132]姜丽影.哈尔滨道外“中华巴洛克”风格建筑装饰细部研究[D].哈尔滨：哈尔滨师范大学,2013.

[133]王雯.芜湖市中心城区城市空间形态演变研究[D].合肥：安徽建筑大学,2013.

[134]李纪翔.漳州近代骑楼立面研究[D].泉州：华侨大学,2014.

[135]黄心沛.近代嘉庚建筑立面砖石组合研究[D].泉州：华侨大学,2014.

[136]赵博煊.山西近代城市发展研究[D].太原：太原理工大学,2014.

[137]王立耕.哈尔滨建筑立面历史传承与改造研究[D].齐齐哈尔：齐齐哈尔大学,2014.

[138]何颖.哈尔滨近代建筑外装饰的审美研究[D].哈尔滨：哈尔滨工业大学,2012.

[139]王莉.陕北近代建筑研究（1840-1949）[D].西安：西安建筑科技大学,2013.

[140]王云龙.汉口民国建筑空间形态分析及保护研究[D].武汉：武汉纺织大学,2010.

[141]符英.西安近代建筑研究（1840-1949）[D].西安：西安建筑科技大学,2010.

[142]张帆.近代历史建筑保护修复技术与评价研究[D].天津：天津大学,2010.

[143]王芳.历史文化视角下的内陆传统城市近现代建筑研究[D].西安：西安建筑科技大学,2011.
[144]吴杰.武汉大学近代历史建筑营造及修复技术研究[D].武汉：武汉理工大学,2012.
[145]张应静.天津近代历史建筑再利用研究[D].重庆：重庆大学,2012.
[146]谢杰.长沙近现代建筑立面特征及保护研究[D].长沙：湖南大学,2012.
[147]陈晓燕.中国近代折衷主义建筑研究[D].武汉：湖北美术学院,2007.
[148]张术平.历史文化名城可持续发展理论与实践研究[D].武汉：武汉理工大学,2012.
[149]张晟.京津冀地区土木工学背景下的近代建筑教育研究[D].天津：天津大学,2011.
[150]殷心悦.上海弄堂的风花雪月[D].上海：华东师范大学,2011.
[151]李远智.中国建筑设计趋势动态解读——从建筑杂志看近二十年国际化和本土化的发展[D].深圳：深圳大学,2006.
[152]翁飞，等.安徽近代史[M].合肥：安徽人民出版社，1990.
[153]程必定.安徽近代经济史[M].合肥：黄山书社，1989.
[154]王绍周.中国近代建筑图录[M].上海：上海科学技术出版社，1989.
[155]杨秉德.中国近代城市与建筑[M].北京：中国建筑工业出版社，1993.
[156]单德启.安徽民居[M].北京：中国建筑工业出版社，2010.
[157]张复合.中国近代建筑研究与保护（四）[M].北京：清华大学出版社，2004.
[158]张复合.中国近代建筑研究与保护（五）[M].北京：清华大学出版社，2006.
[159]张复合.中国近代建筑研究与保护（六）[M].北京：清华大学出版社，2008.
[160]张复合.中国近代建筑研究与保护（七）[M].北京：清华大学出版社，2010.
[161]张复合.中国近代建筑研究与保护（八）[M].北京：清华大学出版社，2012.
[162]张复合.中国近代建筑研究与保护（九）[M].北京：清华大学出版社，2014.
[163]邓庆坦.中国近代建筑史[M].武汉：华中科技大学出版社，2009.
[164]杨秉德.中国近代中西建筑文化交融史[M].武汉：湖北教育出版社，2003.
[165]杨秉德，蔡萌.中国近代建筑史话[M].北京：机械工业出版社，2004.

[166]张锡昌.中国城市老地图[M].上海：上海辞书出版社，2004.
[167]章征科.从旧埠到新城：20世纪芜湖城市发展研究[M].合肥：安徽人民出版社，2005.
[168]徐苏斌.日本对中国城市与建筑的研究[M].北京：中国水利水电出版社，1999.
[169]黄元炤.中国近代建筑纲要[M].北京：中国建筑工业出版社，2015.
[170]东南大学建筑学院.东亚建筑遗产的历史和未来[M].南京：东南大学出版社，2005.
[171]潘谷西.中国建筑史（第六版）[M].北京：中国建筑工业出版社，2009.
[172]刘仁义，金乃玲.徽州传统建筑特征图说[M].北京：中国建筑工业出版社，2015.
[173]杨维发.芜湖古城[M].合肥：黄山书社，2011.
[174]芜湖市文物管理委员会办公室.鸠兹古韵[M].合肥：黄山书社，2013.
[175]过伟敏，刘佳.镇江近代建筑[M].南京：东南大学出版社，2015.
[176]常青.建筑遗产的生存策略——保护与利用设计实验[M].上海：同济大学出版社.2003.
[177]赖德霖.中国近代建筑史研究[M].北京：清华大学出版社.2007.
[178]徐苏斌.近代中国建筑学的诞生[M].天津：天津大学出版社.2010.
[179]张鹏.探寻中国近代建筑[M].北京：中国社会出版社.2011.
[180]姚承祖，张至刚，刘敦桢.营造法原（第二版）[M].北京：中国建筑工业出版社，1986.
[181]欧阳桦.重庆近代城市建筑[M].重庆：重庆大学出版社，2010.
[182]北京市古代建筑研究所.近代建筑[M].北京：北京美术摄影出版社，2014.
[183]陈伯超，刘思铎，沈欣荣，等.沈阳近代建筑史[M].北京：中国建筑工业出版社，2016.
[184]芜湖市地方志编纂委员会.芜湖市志 [M].北京：社会科学文献出版社，1993.
[185]安庆市地方志编纂委员会.安庆市志[M].北京：方志出版社，1997.
[186]蚌埠市地方志编纂委员会.蚌埠市志[M].北京：方志出版社，1995.

[187]梁振学.建筑入口形态与设计[M].天津：天津大学出版社,2001.

[188]茅家琦.横看成岭侧成峰：长江下游城市近代化的轨迹［M］.南京：江苏人民出版社,1993.

[189]黄汉昌.李鸿章家族百年纵横［M］.武汉:崇文书局,2011.

附录一：芜湖市近代建筑遗产名录

附录二：芜湖市域历史文化资源一览表

附录三：蚌埠市近代二马路主要建筑情况统计

附 录

附录一：芜湖市近代建筑遗产名录

资料来源：芜湖市文物局

编号	建筑名称	建筑功能	建造年代	地址
1	模范监狱	市政	民国七年（1918年）	镜湖区芜湖古城内，包括东内城28号、32号

始建于民国七年（1918年），为安徽省当时设施最齐全、设备最先进的室外监狱。民国六年（1917），安徽省高等检察厅厅长袁凤曦筹款，呈奉司法部，要求在芜湖建造安徽省第二监狱（第一监狱在省会安庆）。民国七年（1918），在清千总署（民国元年改为一区警察署）地址创建了安徽省第二监狱，亦称“模范监狱”。模范监狱是一处规模庞大的建筑群，坐北朝南，正门南开，面临东内街。花岗岩石库门框，门楼高达8.56米，上有“安徽二监”四字。监狱东西长45.02米，南北宽75.28米，占地面积3389.11平方米，建筑面积5283.11平方米。以十字楼为中心，东西各有一幢号房，南北各有两幢平行排列的号房，共6幢。监狱四周有青砖砌筑高近6.6米的围墙，围墙每隔一段加砌一根砖柱，以固墙体。监狱分为前后两大区。北面为后区，男监，二层，呈长方形十字形。南北两翼为5人杂居监，每翼楼上下各有监房16间，合计可容320人。东西两翼为1人独居监，楼上下各有监房16间，合计可容64人。东西南北4翼拱于中央3层楼层式，一层为看守监视处，二层为教诲堂，三层为瞭望室（从这里可以俯视全监）。后区有工场4大间，分设于十字形的4个角落。炊所、粮库、浴池、洗涤室、染纱场、消防器具室、水井、非常门都设在北端。南面为前面，前为正门，两旁有门卫室、接见室、看守室各1间。由正门入内，正中为监狱事务所办公楼。内有典狱长办公室、各科办公室、会议室、招待室、陈列室、会食所、材料库、物品保管库、职员宿舍。事务所西面为女监，砌横墙隔开。女监正门为女犯接见处，亲属不能直接给犯人传递物品，要用转桶来传递。事务所东面为病监，也可以横墙隔开。病监内有普通病室、精神病室、传染病室。停尸房另有砖墙隔断，与普通病室脱离。病监南面还有医务所、看守宿舍、看守厨房、厕所、水井等。民国八年（1919年）《芜湖县志·政治志·司法》记载了模范监狱的管理情况：“（监狱）设典狱长一员，分设三科两所，每科设看守长一员，教务所设教诲兼教育师一员，医务所设医师兼药剂师一员。分设看守主任二名，男看守二十四名，女看守二名，各承主管员之指挥，成立有木工、织布、制米、缝纫、鞭工、建筑、洗衣、杂物等八科，得配雇工师教授，以期工作日精。”监狱合计能容纳男女犯人四百四十四人。遵照安徽省高等监察厅的规定，凡属芜湖、当涂、繁昌和铜陵五县判决罪犯均可送入本监狱执行。模范监狱不仅在建筑形式上效仿西方，结构布局和功能设施也都具有现代色彩，最主要的是在管理方法上，由封建时代的残害犯人、视犯人如草芥的管制模式，改变为以劳动改造、教育感化为主的人性化管理模式。这是几千年来中国监狱发展的一个很大进步，是旧中国狱制改革的成功范例。抗战时期，日军在监狱内关押战俘和寄养伤兵。解放后，由于芜湖监狱设施完备、位置适宜，被调整为安徽省第一监狱。1965年前后，改为芜湖汽车发动机部件厂职工宿舍。2012年安徽省人民政府公布模范监狱为省级文物保护单位。

编号	建筑名称	建筑功能	建造年代	地址
2	清真寺	宗教	清初	镜湖区上菜市3号

清初，芜湖回民在寺码头附近建造了一座规模较小，设施简陋的清真寺，咸丰年间毁于战火。同治

续表

<table>
<tr><td colspan="5">三年（1864），回民金隆德等人筹资在北门外上菜市购地重建。以后回民人口增加，现有场地不敷使用。光绪二十八年（1902），赵金福、韩奎久两位阿訇及教友筹资扩建。抗战时期，芜湖沦陷，清真寺遭到破坏，寺房大部分损毁。抗战胜利后，教友筹资修复，并增设女寺，从此女性穆斯林亦可参加礼拜活动。1980—1981年，市府拨款将礼拜大殿、对殿、沐浴水房整修一新，旋即恢复宗教活动。芜湖清真寺为中国古典建筑风格，坐西朝东，由寺门、礼拜殿、对殿、讲堂、沐浴室、阿訇宿舍等组成。占地1.6亩，建筑面积455平方米，大殿面积120平方米。主体建筑礼拜殿，木结构抬梁式，面阔三间，进深二间。门头匾额上书“开天古教”，内墙匾额上书“诚信独一”。清真寺内部设置比较简单，不供奉任何雕像、画像、不上供品。墙壁素洁淡雅，不绘画任何景物，只有阿拉伯文字和几何图案。地面铺绿色地毯。殿内设有讲坛，为主麻日阿訇领诵《古兰经》时使用。芜湖清真寺是皖南地区重要的穆斯林活动场所。每逢伊斯兰教三大节日——开斋节、古尔邦节和圣纪，芜湖及皖南一带的穆斯林纷纷来到清真寺，沐浴更衣、参加会礼。2005年芜湖市人民政府公布清真寺为市级文物保护单位。</td></tr>
<tr><th>编号</th><th>建筑名称</th><th>建筑功能</th><th>建造年代</th><th>地址</th></tr>
<tr><td>3</td><td>雅积楼</td><td>宗教</td><td>清代</td><td>镜湖区芜湖古城内，儒林街 18 号</td></tr>
<tr><td colspan="5">砖木结构，二层楼房。面阔三间10.42米。通进深五间（包括门厅）19.98米。占地面积208.19平方米，建筑面积323.65平方米。大门开在南檐墙的东南角，大门上方有一块砖砌匾额现已残损。门厅单开进深，面阔三间。正厅三开间，进深四间，明间前檐原有6扇长窗，地面铺设30厘米见方的大方砖。雅积楼，又叫“雅集楼”。原为明代才子李永的居所，地点在芜湖文庙西面。李永，字怀永，江西吉水人，“学问深邃，为文章皆得根据”。他在芜湖县学附近建造了一座藏书楼，藏书多达万卷，门悬“雅积”匾额，故称“雅积楼”。李永有两个出类拔萃的儿子李赞和李贡，同于成化二十年（1484）考中进士，地方吏民为此在雅积楼附近的儒林街上竖立“双进士”石牌坊。李赞授吏部主事，官至浙江右布政使。李贡授户部主事，历任刑部郎中、顺天巡抚、兵部右侍郎的职。因受到当朝权臣刘瑾的排挤，先后被强令退休。他们回到芜湖，又广藏书籍。刘瑾死后，李贡之子李原道上疏为父亲和伯父鸣冤，朝廷最终追赠为“资善大夫”“南京工部尚书”。因此，雅积楼在民间又称“尚书楼”。官方在芜湖县学西南又立了两座牌坊，一座为布政使李赞立的“薇省坊”，另一座为尚书李贡立的“大司空坊”。为兄弟两人竖立三座牌坊，芜湖史上仅此一例，全国也很少见。李原道于嘉靖七年（1528）被授为南京礼部司务。他请人作了一篇《雅积楼赋》，刻碑立在雅积楼墙边。碑文道：“于惟大父积书以楼，吾考继之，充栋汗牛。”到李原道之子李承宠时，雅集楼藏书已近十万卷。经过李氏家族十几代人历经明清两朝400多年的不懈努力，雅积楼终于发展成为芜湖历史最长、藏书最多的私家藏书楼。明代大戏剧家汤显祖曾三次来到芜湖，写过《赤铸山》《梦日停》等反映芜湖环境和历史的诗篇以及文章《芜湖张令公给由北上序》。万历十九年（1591），汤显祖被贬到广东徐闻县，与时任南雄府通判李承宠知遇他乡，感情甚笃。因此坊间流传：汤显祖应李承宠之邀到雅积楼博览群书，并在那里创作《牡丹亭》。民国八年（1919）《芜湖县志》记载：“世传，汤临川过芜，寓斯楼，撰《还魂记》。其中因名曰‘雅集’，将‘积’讹为‘集’。”咸丰三年（1853）太平军与清军在芜湖激战，雅积楼毁于兵火。清末，在雅积楼旧址上重建了一座两层楼房，外墙东西两侧墙角都嵌有“汤画锦堂墙角界”石碑，人们称其为“雅积楼”。</td></tr>
</table>

续表

编号	建筑名称	建筑功能	建造年代	地址
4	潘家大六屋	民居	清代	镜湖区芜湖古城内，包括太平大路15号、13号

太平大路15号建于清代晚期，典型的徽派建筑。砖木结构，硬山屋顶封砌马头墙。面阔10.7米，现存进深南北两向不同，南向12.7米，北向9.9米，占地面积120平方米，建筑面积163平方米。大门开在东向檐墙中部，设有垂花式砖砌门罩。太平大路13号建于民国初期，是座中西合璧的小洋楼。该楼坐北朝南，面阔三间，进深三间，占地面积122平方米，建筑面积244平方米。正前部设有廊檐，大门为6扇变形的花格子玻璃长窗，腰檐和后檐的外挑线条丰富优美，山墙脊和前檐的做法新颖别致。太平大路15号和13号，合称“大六屋”，主人是清朝权臣潘锡恩及其子孙。潘锡恩（1785—1867），泾县人。嘉庆十六年（1811）进士，道光六年（1826）授江南河道副总督，道光二十三年（1843）任江南河道总督兼漕运总督。治理黄河十年无重大水患，连年风调雨顺。道光皇帝认为他是“福臣”，特赐六个红底鎏金的“福”字匾额。潘锡恩一生著作颇丰。道光二十八年（1848），潘锡恩告老还乡，在芜湖广置田宅，达2000多亩。他的府第名为“官保第”，占地百亩。东临花街，西至河桐巷，南起薪市街，北达太平大路。咸丰兵燹时，严重受损。同治六年（1867）潘锡恩病逝。民族英雄林则徐亲书挽联：“三策治河书，纬武经文，永作江淮保障；一篇澄海赋，拨天藻地，蔚为华国文章。”潘锡恩有五个儿子：长子潘骏文，历任刑部郎中、山东知府、福建布政使（从二品）；次子潘骏望为江苏候补知州；三子潘骏猷为广东肇阳道员；四子潘骏德为直隶清河道员；五子潘骏祥为江西知府。“大六屋”的建造者是老四潘骏德。光绪六年（1880）任直隶清河道员，兼理京畿水利。同年受命办理机器局事务，卓有成效，朝廷加封二品衔。光绪十四年（1888），北京开始兴建西苑铁路，潘骏德参加了设计和施工。次年，西元安装国内最早的电灯，他全程参与。潘骏德也有五个儿子。同治年间（1862—1874），他在米市街和太平大路的宅基上为他们新建了五座各自独立的宅院。加上劫后剩余的“官保第”老屋，统称为“大六屋”。潘骏德任过直隶清河道员，芜湖百姓将“大六屋”称作“道台衙”。二十世纪九十年代旧城改造中，这组庞大的建筑群大部分被拆除，仅存今天的太平大路15号。从东檐墙上的垂花式砖砌门罩以“象”代指“相”的装饰中，依稀可见这是一户官宦之家。1915年，潘骏德的长子潘廙祖（1888—1958）在“大六屋”的花园里建造了一幢二层楼房，即太平大路13号。潘廙祖，举人出身，清代第一批公派日本留学生，就读于早稻田大学电气系。学成回国恰逢芜湖明远电厂创办，他被聘为首任总工程师，为芜湖电力的初创做出了杰出贡献。

编号	建筑名称	建筑功能	建造年代	地址
5	唐仁元后裔老宅	民居	清代	镜湖区芜湖古城内，儒林街17号

坐北朝南，两进，砖木结构。硬山屋顶，抬梁式梁架。面阔三间11.4米，进深16.25米，占地面积185平方米，建筑面积288平方米。南向第一进为门厅，明间为单层建筑。两次间是房间，用木板隔断。两扇木门由环城南路45号移来，门上镌有一副行楷对联“熙朝开景祚，天下庆文明”。门厅后是青石板地面的天井。第二进是两层楼房。前檐明间有玻璃长窗4樘。一楼的一根撑拱上雕着“三英战吕布”“桃园三结义”图案，另一根撑拱上雕有八仙人物，衬以花草图案。二楼挑檐部分设廊，廊檐部有木栏杆，装饰纹样大气美观。木雕、撑拱承挑出檐，虽已残破，仍能看出雕刻艺术的精美程度。两次间前后的矮窗上都装有空花槅扇，檐下的裙板上也雕刻着石榴、莲花、银杏等四季花木，用料和做工极为

续表

精细。《唐氏宗谱》记载，唐仁元（1841—1886），原名唐人定，号礼门，安徽肥东人。同治六年（1884）参加淮军，跟随淮军将领、首任台湾巡抚刘铭传征战南北，功勋卓著，官至参军、统领。光绪十年（1884）中法战争爆发后，随刘铭传去台湾。在保卫台湾的战斗中，立下赫赫战功，赏一品封典，头品顶戴，赏戴花翎，他还参与了“开发抚番”，光绪十二年（1886）5月，擢为“遇缺题奏提督军门”。同年10月，唐仁元积劳成疾，病故于台湾，被追封为“提督军门振威将军”，赐号“彪勇巴图鲁”（意为勇士、英雄）。这幢房子为唐仁元家人所建，建于清代晚期。抗战时期，由唐仁元的五世侄孙唐志云先生居住。1956年建造弋江桥，环城南路45号处于桥北端位置，需要拆除。房主将原址梁柱砖瓦拆下来，一一编号，在儒林后街17号原样复建，但规模要比先前小很多。这是古城内唯一易地复建的老建筑。				
编号	建筑名称	建筑功能	建造年代	地址
6	小天朝	民居	清代	镜湖区芜湖古城内，儒林街48号
始建于清代光绪年间(1890年后)它是一处规模宏大，布局合理，气势非凡的徽派建筑群，是芜湖古城内现存古建筑艺术的最高范例。粗大的通天柱与梁架组成一个完整牢固的建筑框架。采用规格较高的卷棚轩，朱红漆柱，雕梁画栋，粉墙黛瓦，尊贵不凡。小天朝坐北朝南，偏东12度。面阔五间18.93米，进深四间58.98米，占地面积1590.69平方米，建筑面积2318平方米。建筑本体平面呈长方形，规则齐整，柱网布局明了。原本前后都有花园，砖木结构，四进两层。入大门为庭院，第一进为门厅，设有石库门门厅，后为一个接近方形的大天井，东西两边有单坡屋顶廊庑，三开间，单间进深。第二进明间为抬梁式构建，三架梁，五架梁造型优美，驼峰雕刻极为精美。第三进平面布局，与第二进完全相同，不同的是梁架由抬梁式变为穿斗式，九架，二层构建。第四进与第三进相同，后檐墙中部开有一门进入后院，后院平面不甚规则。小天朝是李鸿章送给侄女结婚的陪嫁房，与合肥李府的建筑风格、结构布局完全一致。因规模大、规格高、身份显，芜湖人一直称它为“小天朝”。小天朝后来转手合肥老乡刘和鼎。1958年以后，小天朝先后成为芜湖卫校、师范学校附属幼儿园、工农兵幼儿园、环城南路幼儿园校址。2012年安徽省人民政府公布小天朝为省级文物保护单位。				
编号	建筑名称	建筑功能	建造年代	地址
7	段谦厚堂	民居	清代	镜湖区芜湖古城内，太平大路17号
建于清末，正门开在太平大路，后门开在后家巷。初建时总共有99间半房屋，几乎占了太平大路半条街，曾是芜湖古城内规模庞大的建筑群。现存建筑分为三个部分。第一部分面阔七间26.5米，进深八间16米；第二部分面阔26.5米，进深23米；第三部分前窄后宽，呈梯形。总占地面积1123平方米，建筑面积1055平方米。该建筑群无论是用料还是做工都十分考究。尤其是第一部分雀替雕刻相当精细，第二部分梁架粗壮、线条优美，在芜湖古城的建筑中首屈一指。三个部分的整体布局大致相仿。正中是明堂，房间对称分布于东西两侧。一楼为层高达3米的主人居室，内部空间高度舒适。二楼层高较低，供下人居住。三幢主体建筑附近，还有多间平房作为附属建筑。这里原堂号为“吴维政堂”，最初的主人是军旅出身，因护驾慈禧有功，官至山东巡抚的芜湖人吴廷斌（1839—1914），后传至其孙吴继椿。1925年，一位名叫段君实的大买家悉数买下“99间半”，堂号改为“段谦厚堂”，并在墙角立下界碑。附近的老百姓称为“大帅府”。段君实去世后，房产由他的三个儿子段熙仲、段季休、段天煜和侄孙女段凤楣四人共同继承。长子段熙仲（1897—1987），是一位著作等身的知名学者。1926年毕业于南京				

续表

<table>
<tr><td colspan="5">东南大学文学系，历任安徽大学、中央大学、四川教育学院、南京师范学院中文系教授。长于古籍整理，著有《礼经句读》《楚辞札记》《礼经释名》《水经注疏证》《春秋公羊学讲疏》等。20世纪50年代起，芜湖织带厂、芜湖第四橡胶厂先后将此改为厂房。80年代初期，芜湖树脂厂和芜湖美华服装厂又在此建造了一批职工宿舍。“段谦厚堂”的第三进，先后被芜湖行署文化局、芜湖地区电影发行公司等单位使用。</td></tr>
<tr><th>编号</th><th>建筑名称</th><th>建筑功能</th><th>建造年代</th><th>地址</th></tr>
<tr><td>8</td><td>缪家大屋</td><td>民居</td><td>清代</td><td>镜湖区芜湖古城中部，花街44号</td></tr>
<tr><td colspan="5">始建于清代中期。坐东朝西，砖木结构。面阔三间10.23米，两进深26.33米，占地面积269.36平方米，建筑面积518.72平方米。硬山屋顶，现盖机制平瓦，抬梁式梁架，大门开在西檐墙中部。二楼高敞明亮，用三架梁一根，五架梁一根。单步梁两根支撑屋顶。柱与檩之间有花牙子雀替，五架梁两头有卷草纹饰，梁头雕成如意云纹饰样，是明代建筑法式的演变。东楼是该建筑的后进，梁架与前进相同。但单步梁的做法十分特别，曲线极为优美，是芜湖市现有历史建筑中难得的建筑艺术品。另外，天井前后的八根楠木柱也证实了该建筑的历史价值，十分珍贵。天井廊屋顶的拱轩形制比较特别，展示了匠师的高超技艺和艺术创新。屋主姓缪名阗，字又谦，缪家大屋也叫“又谦楼”。缪阗是清代官员，也是乐理学家。</td></tr>
<tr><th>编号</th><th>建筑名称</th><th>建筑功能</th><th>建造年代</th><th>地址</th></tr>
<tr><td>9</td><td>南门湾36、38号商铺</td><td>商业</td><td>清代</td><td>镜湖区芜湖古城内，南门湾西端</td></tr>
<tr><td colspan="5">始建于清代晚期。东接儒林街，西接薪市街，南通南正街，北达花街。两栋建筑坐东朝西偏北12度。砖木结构，硬山屋顶，机制平瓦。36号为三层楼，抬梁、穿斗并用式梁架。36、38号面阔四间15.98米。36号进深11.21米，38号进深11.15米。总建筑面积454.33平方米。36号西向墙体的式样以及砌法很考究。38号梁架结构很有特色，明间二楼梁架用料粗壮，结构合理，做工精细。两栋建筑位于历史建筑集中区，是芜湖市文物部门建议保护的历史建筑，对保存古城历史风貌有积极作用。《芜湖市志》记载：“缪阗，生卒年不详，字可齐，又字又谦，号卓韩，生于官宦之家，幼读书，见律吕相生图而好之。其父延琴师授以声乐，爱之甚深，欲明其理。中国古乐，秦前书不传，论律自班固始。古律有十二而只用七，虚存其度者五。古书欲考其声律对应关系无足，缪阗为此蓄疑三十余年。”咸丰十年(1860)，缪阗到北京，在固安偶遇音乐家马云衢。在马云衢帮助下，写成《律吕通今图说》一卷（今藏北京图书馆），后来又著《律易》一书。同治年间，缪阗将这两本书重新修订，合为一本，书名《庚癸原音》，对“音调定程，弦徽宣秘，皆有新解”。缪阗为官一生，清思正举。曾官工部屯田司，后改任云南凉州知州，又升白盐井提举司、澄江府知府及甘肃平庆泾道，晚年定居芜湖。</td></tr>
<tr><th>编号</th><th>建筑名称</th><th>建筑功能</th><th>建造年代</th><th>地址</th></tr>
<tr><td>10</td><td>西内街任氏住宅</td><td>住宅</td><td>清代</td><td>镜湖区，西内街44号</td></tr>
<tr><td colspan="5">西内街任氏住宅位于镜湖区，西内街44号（西内街在20世纪80年代前属于芜湖古城，后被新建的九华山路隔开）。建于清末，至今已有百余年历史。该宅四进，三个天井、一个后花园。结构复杂，规模</td></tr>
</table>

续表

<table>
<tr><td colspan="5">宏大。临街是砖木结构二层楼房，一楼是门面，二楼是整排木格窗。梁柱皆为整木。横梁上有一个醒目的“井”字，表明附近如有火情都可来此取水。任氏住宅虽然现状不佳，但仍可想见清末芜湖商贾云集、富庶一方的繁华景象。</td></tr>
<tr><th>编号</th><th>建筑名称</th><th>建筑功能</th><th>建造年代</th><th>地址</th></tr>
<tr><td>11</td><td>南门湾7、9、11号商铺</td><td>商铺</td><td>清代</td><td>镜湖区芜湖古城内，南门湾西部</td></tr>
<tr><td colspan="5">建于清代末期。东接儒林街，西通薪市街，南靠环城南路，北达花街。三栋建筑皆为临街的传统商铺，一字形排开。坐北朝南偏东40度。砖木结构，硬山屋顶，机制平瓦屋面。抬梁、穿斗并用式梁架，撑拱承挑出檐。三栋建筑的山墙彼此共用，面阔六间，三栋建筑梁架趋于一致。前向店面，后向房间。正立面基本上是用板门装修，二层除用散板外还有矮窗。三栋建筑彼此相连，形成规模优势，是古城历史氛围的重要因素。</td></tr>
<tr><th>编号</th><th>建筑名称</th><th>建筑功能</th><th>建造年代</th><th>地址</th></tr>
<tr><td>12</td><td>水产网线厂</td><td>工业</td><td>清代</td><td>镜湖区芜湖古城内，儒林街27号</td></tr>
<tr><td colspan="5">儒林街东向，建于清代中叶。坐南朝北偏东17度，砖木结构。面阔三间10.58米，三进深39.22米，占地面积414.95平方米，建筑面积535.28平方米。硬山屋顶，机制平瓦屋面，正厅梁架跨度最大。主要为月梁。有平盘斗承抵矮柱。前部的单步梁加工成象鼻形，并有扇形浮雕纹饰，非常精美，具有较高价值。</td></tr>
<tr><th>编号</th><th>建筑名称</th><th>建筑功能</th><th>建造年代</th><th>地址</th></tr>
<tr><td>13</td><td>南正街20号商铺</td><td>商铺</td><td>清代</td><td>镜湖区芜湖古城西南端</td></tr>
<tr><td colspan="5">南正街北端东向，占地面积近200平方米，坐东朝西。砖木结构，硬山屋顶，机制平瓦，抬梁、穿斗两式并用式梁架。平面不规则，前宽后窄。西向面阔9.56米，中部8.36米，东向8.1米。前后分两部分，以天井相隔。前一部分是店面，后一部分是作坊，柱网排列相当整齐。南正街20号是当年古城内一处重要的商铺，见证着芜湖商业繁荣的历史。</td></tr>
<tr><th>编号</th><th>建筑名称</th><th>建筑功能</th><th>建造年代</th><th>地址</th></tr>
<tr><td>14</td><td>弋江经理部</td><td>商铺</td><td>清代</td><td>镜湖区芜湖古城西南隅，南正街北端东向</td></tr>
<tr><td colspan="5">坐东朝西，砖木结构。面阔三间7.06米，两进加天井14.6米，占地面积103平方米。硬山屋顶，机制平瓦。抬梁、穿斗两式并用式梁架，材料、做工、装饰都较考究，矮窗、撑拱雕刻十分精美。一楼水泥地坪，二楼木地板。弋江经理部是当年古城内一处重要的商铺，见证着芜湖商业繁荣的历史。</td></tr>
<tr><th>编号</th><th>建筑名称</th><th>建筑功能</th><th>建造年代</th><th>地址</th></tr>
<tr><td>15</td><td>南门药店</td><td>商铺</td><td>清代</td><td>镜湖区芜湖古城内，南正街23号</td></tr>
<tr><td colspan="5">西靠薪市街，南接环城南路，北接南门湾。始建于清代晚期。“南门药店”是根据药店所在的位置</td></tr>
</table>

续表

命名的，不是它原本的店号。该店坐西朝东。面阔三间8.35米，进深27.54米，建筑面积355.17平方米。分前后两部分，后一部分已被拆毁。现其正立面两层，机制平瓦屋面。它坐落在芜湖古城的历史建筑密集区，是营造古城历史氛围的重要载体之一，具有相当的史证作用。梁架结构采用“井”字形，表现出芜湖建筑艺术的不断革新，具有较高价值。				
编号	建筑名称	建筑功能	建造年代	地址
16	秦何机坊	商铺	清代	镜湖区芜湖古城内，东内街53号
建于20世纪20年代。坐南朝北，面阔六间10米，进深六间20米，占地面积360平方米。正门开在东内街，前后两进，中设天井。前檐装修式样美观大方，直梁上的木雕生动可爱。两侧用砖叠涩层挑出檐且出檐深远，体现出芜湖匠师高超的施工技艺和力学知识。楼上每间原有玻璃花窗、窗下护栏做工简洁古雅，楼下为沿街门面房。正门两侧各有三扇可拆式槽门、地面铺设带有凹槽的青石条。白天将木门拆下，即为宽敞的店面；晚上将门板拼装，又还原成一方门板。这种槽门除了南门湾一带还少有保留外，已基本淡出人们的视线。一楼净高3米多、顶部是一排粗大的房梁。二楼走廊呈“回”字形，所有的房门都开在回廊上。二楼层高较低，人字架下部，勉强容一人通过。房屋后面还有一个与正房面积大致相等的后庭，是当年用来堆货和进行加工的场所。原主人是两个木匠，一个姓秦，一个姓何。1924年从巢湖来到芜湖，在东内街买下地皮、建造楼房、开办机坊，染布织布，前店后坊。解放后，这里成为芜湖制线厂办公室，在“一化三改造”运动中，染织机坊都入股并入芜湖第二棉纺厂。1975年，这里又改为芜湖市第二棉纺厂筒纺车间。1980年以后，成为二棉厂职工宿舍，陆续住进20多户人家。				
编号	建筑名称	建筑功能	建造年代	地址
17	正大旅社	商铺	清代	镜湖区芜湖古城内，花街32号，花街中部东侧
面阔五间16.39米，进深十一间23.72米，建筑面积610.40平方米。坐东朝西，砖木结构。硬山屋顶，机制平瓦。抬梁和穿斗两式并用，前檐墙临街砌有4根外凹的砖柱。外墙沙灰粉刷，墙中部及南北两向各开1门，有窗户10扇。该建筑是古城内保存较为完好的商业建筑，是芜湖古城建设中重点保护的建筑。				
编号	建筑名称	建筑功能	建造年代	地址
18	环城南路29号民居	商铺	清代	镜湖区芜湖古城内，环城南路中部
位于镜湖区芜湖古城内，环城南路中部，东达环城东路，西通南正街，南是沿河路，北是儒林街。始建于清代晚期，未有大的维修。面阔三间8.73米，共有四进45.82米，占地面积400平方米，建筑面积669平方米。该建筑坐北朝南，砖木结构。硬山屋顶，封砌马头墙。小青瓦、机制平瓦混盖层面，抬梁、穿斗两式并用梁架。北向墙檐为正立面，中部开一大门。墙体灌斗砌法，两山封墙砌马头墙，跳两级。前进平面，明间为泥土地坪。前进后向是天井，前进后是第二进。共四间进深，前进与二进间夹一天井，二进与三进间亦有一天井，三进后仍有第四进。北向两进均为9架加挑檐，南向两进是7架加挑檐。四进均为两层，搁栅承托木板。该建筑平面布局有独特之处。体量大，气势不凡，结构紧凑而不显狭小，是研究芜湖建筑史的重要资料，具有较高价值。第一进后檐二楼的万字盘缠纹裙板，堪称艺术珍品。解放后，该建筑曾为芜湖市杂技团宿舍。				

续表

编号	建筑名称	建筑功能	建造年代	地址
19	米市街47号民居	民居	近代	镜湖区芜湖古城内，米市街中部
建于清末民初。面阔三间11.38米，占地面积211.30平方米，建筑面积317.39平方米。包括门厅和主楼两个部分。大门为白色大理石砌成石库门式样。门柱上部以一块独立的大理石加工卷角圆线7道，向门中飞出，并阴刻弦纹两道，美观大气。白色大理石石库门和青砖墙体联体，形成一清二白的美感效果。主楼坐东朝西偏北。悬山式屋顶。小青瓦屋面，穿斗式梁架结构，明间有木柱4根。梁架采用扁作梁，不仅符合力学原理，而且节省木材，经济实惠。墙体采用青砖扁砌，厚度达37厘米，加强了墙体的厚重感。				
编号	建筑名称	建筑功能	建造年代	地址
20	米商吴明熙宅	民居	近代	镜湖区芜湖古城内，萧家巷62号，萧家巷中段
始建于民国初年。坐东朝西偏北，面阔三间，进深七间，占地面积185平方米，建筑面积371平方米。门厅为单坡屋顶，机制平瓦。后楼为硬山屋顶，小青瓦，并有马头墙。大门开在中部，有砖砌外粉的门罩，门罩为西式。券形、石库门框，门框外侧粉刷外凸的脚线，两端高挑轻盈，下方各有一个水泥制成的仿石支撑，恰到好处地烘托了大门的庄严气氛。第一进是门厅，中间是“四水归堂”式的天井。第二进是二层小楼，底层中间为正厅，地面是暗红色的水磨石。二楼正厅的南北两侧各有一道六扇槅扇门，镶着彩色花玻璃。二楼天井的前后两面装有矮窗，矮窗左右两端有形制很特别的戟形装饰，起辟邪作用。窗下用铁锻制的如意卷草，既能做装饰，也代替了维护的栏杆。虽然花形繁杂多样，制作却一丝不苟，整体效果繁而不乱。制作者巧妙地将铁的刚性融于卷草的柔美之中，与芜湖铁画有异曲同工之妙。如此装饰手法，在芜湖古城历史建筑中少见，这也体现了房主人大胆前卫的创意和审美情趣。萧家巷62号原主人叫许锦堂。1946年米商吴明熙买下此房。吴明熙，澛港人。吴家在大砻坊经营着一家规模颇大的砻坊，曾是“芜湖四大砻坊”之一。				
编号	建筑名称	建筑功能	建造年代	地址
21	郑耀祖宅	民居	近代	镜湖区芜湖古城内公署路66号，公署路东向
始建于民国时期。坐北朝南，面阔三间11.87米，进深包括南向的庭院共16.73米，占地198.59平方米，建筑面积248.08平方米。砖混结构、硬山屋顶。机制平瓦屋面，人字形梁架。共两层，一、二层之间，四间均砌有外挑的腰檐。西向有一院落，开一小门入内——系主楼前的庭院。南向檐墙为其正立面，大门在檐墙中部，白色花岗岩石库门。外墙体用小青砖扁砌实心墙。该建筑外观为西式，内部结构为中式，是中西合璧式建筑的成功典范，有较高价值。该宅系商人郑耀祖建造，郑耀祖后来去了台湾。				
编号	建筑名称	建筑功能	建造年代	地址
22	杨家老宅	民居	近代	镜湖区芜湖古城内，萧家巷52号，萧家巷东部，北靠东内街
始建于1925年，房主叫杨世芬。面阔三间9.26米，进深三间34.34米，占地面积311平方米，建筑面积565.87平方米。坐北朝南偏西，侧门开在萧家巷。砖木结构，硬山屋顶。机制平瓦，抬梁、穿斗				

续表

<table>
<tr><td colspan="5">两式并用梁架。第一进是门厅，平面呈梯形、前窄后宽、房基高出地面半米左右，使整个建筑看起来非常高大。门前半圆形三层台阶，附近百姓称为“高门槛”。木制大门外包铁皮，上面用铁钉钉成吉祥图案，如花瓶插三戟的“平升三级”、蝙蝠和寿字组成的“福寿双全”、万年青和如意组成的“万寿长青”等。大门两边的石门柱下面还压着几枚铜钱。第二进门前也有半圆形3层台阶。石门框雕有装饰花边，石门柱基座对称雕刻牡丹花。第二进与第三进之间是天井，大青石地坪。该宅梁架结构合理，比例协调，用料考究、做工精细，具有较高价值。</td></tr>
<tr><td>编号</td><td>建筑名称</td><td>建筑功能</td><td>建造年代</td><td>地址</td></tr>
<tr><td>23</td><td>王宅</td><td>民居</td><td>清代</td><td>镜湖区芜湖古城内，萧家巷58号</td></tr>
<tr><td colspan="5">始建于清代晚期。坐北朝南，砖木结构，体量很大。面阔三间，包括门厅在内共有四进深三天井，占地面积511.45平方米。硬山屋顶，机制平瓦，抬梁、穿斗两式并用梁架。明间一层、次间两层。该房最初的主人姓王，开银楼，财大气粗。第一进后向明间的月梁两端有如意卷云纹，雕饰精美，且用“金粉”涂刷，比较少见。第二进朝北的横梁上镶有一根“看梁”——不具有承重功能，纯粹是为了装饰，采用透雕手法刻一组“八仙过海”，个个栩栩如生、呼之欲出。“文革”期间、红卫兵将八仙凿掉，涂上石灰。现在，从剥落的石灰下面，还能看见残留的图案。其他木结构部分，如格子门、撑拱、矮窗等，雕刻也十分精致，梁架上部的木板装修也十分出彩，可见始建时的恢宏气派。王家殷实富足，安全防范做得十分严实。前檐墙内侧，当年作了许多特别的处理。东西两侧各竖一根立柱，立柱上挂着铁环。正门上方有一根圆木制成的横梁，横梁正下方挖有9个碗口大小的圆槽，与地面青石板上9个圆槽一一对应。到了夜晚，大门一关。一根根木杠水平插进两侧铁环内，9根碗口粗的圆木垂直插进9个圆槽内，将前面的木杠顶得结结实实。外人想破门而入，堪比登天。山墙外面钉上厚厚的木板，蒙上一层白铁皮，防止有人凿墙而入——可谓铜墙铁壁。抗战时期，日军曾将这里用作马房。1950年，肥东小张村人买下此宅，将房屋的第三进略作改动，放进织布机，当成了生产车间。</td></tr>
<tr><td>编号</td><td>建筑名称</td><td>建筑功能</td><td>建造年代</td><td>地址</td></tr>
<tr><td>24</td><td>伍刘合宅</td><td>民居</td><td>清代</td><td>镜湖区芜湖古城内，薪市街28号</td></tr>
<tr><td colspan="5">建于清代晚期。坐北朝南偏西，正门是“八”字形。原是一座六进二层的深宅大院。砖木结构，面阔三间11米，建筑面积881平方米。体量庞大，布局严谨，撑拱、门窗、栏杆等木构件精雕细刻，是芜湖古城历史建筑代表作之一。该建筑由晚清重臣李鸿章家族建造。李鸿章的五弟李凤章是李家在芜湖最大的地产商，薪市街、河桐巷和米市街一带许多房产都在李府名下。如与该建筑物一墙之隔的河桐巷6号曾是李府的马厩，米市街48号曾是李府的粮仓和栈房。1987年芜湖沦陷后，李家人纷纷离开芜湖。李府的房产大量出售，一时没有卖掉的就托人代管。1948年，无为人伍先祥与庐江人刘先觉共同出资，从李耕樵、李雅吾两人手中购得这幢豪宅，后将原来的第一进门厅拆除，改建成二层新式小楼，底层做店面，其他部分未作任何改动。薪市街28号初建时是六进，第五进和第六进被大火烧毁，现在只有四进，第五进的门早已封堵围墙，但大门的轮廓清晰可见。</td></tr>
<tr><td>编号</td><td>建筑名称</td><td>建筑功能</td><td>建造年代</td><td>地址</td></tr>
<tr><td>25</td><td>季嚼梅将军旧居</td><td>民居</td><td>清代</td><td>镜湖区芜湖古城内，萧家巷3号，萧家巷南端，后门通向花街</td></tr>
<tr><td colspan="5">始建于清中晚期。该建筑包括东西两部分。东楼坐西朝东偏南，砖木结构，面阔四间14.73米，进深两间，前沿设廊，共5.91米，平面基本规则。大门开在东檐墙的东南角。双坡屋顶，其中楼梯间为单坡屋顶。机制平瓦屋面，有木栏杆、木楼地板。两栋建筑占地面积459.17平方米，建筑面积560.39平方米。该建筑梁架结构设计合理，做工精细，具有较高价值。最初的房主叫孙泽余，初建时</td></tr>
</table>

续表

规模比较大。1934年8月，季嚼梅买下这处房产。抗战时期，部分房间被拆掉。1952年芜湖市房产资料记录：“青瓦楼房18间（原先楼上有2间抗战时拆掉）。厢下楼房4小间，平厢厨房2间（原先5间，抗战时被拆掉3间），平厦屋7小间，平房8间，大小共39间。”

季嚼梅（1888—1961），原名季永懋，无为县[1]人。1916年8月毕业于保定陆军军官学校步兵科第3期，与同乡好友、国民党将领徐庭瑶同期毕业。1926年6月北伐战争开始后，季嚼梅在国民革命军总部任中校参谋，在总部军械处任上校科长，兼任黄埔军校步兵科教官。1929年起任第四路军总部参谋处上校副处长，第四师参谋处上校处长，上校参谋长等。1933年，蒋介石委任徐庭瑶为新组建的国民党政府军第17军军长。季嚼梅为第17军少将参谋长，参加了抵抗日寇的长城古北口、喜峰口会战。1934年，季嚼梅代理17军军长和保定行营主任。1985年冬任中央军事参议院参议，领陆军中将军衔。1939年调38集团军总部，参与昆仑关战役。1943年蒋介石任命卫立煌为中国远征军司令，卫立煌请季嚼梅出任远征军司令部高级中将参谋。抗战胜利后，季嚼梅不想同室操戈，卸任回到芜湖，住在萧家巷3号。1949年初，谢绝卫立煌同去香港的邀请，继续留在芜湖。

解放后，将军楼变为普通民居，1960年成为芜湖工业泵厂宿舍。

编号	建筑名称	建筑功能	建造年代	地址
26	大同邮票社旧址	商铺	近代	原址在镜湖区芜湖古城内井巷10号，后迁址到芜湖古城外启春巷5号

芜湖大同邮票社成立于1929年9月1日，是我国最早的邮票社之一，1933年9月大同邮票社成立四周年之际，又成立了“大同邮票会”，这是安徽省第一个集邮团体。1936年举办的“芜湖大同邮票会首届邮展”，是安徽省第一次邮票展。大同邮票社创办者是谢慎修（1895—1955），还有他的学生林祖光（1907—1988），内侄陈建章（1915—1971）等人，社址在原梧桐巷14号（今井巷10号）谢慎修家中。这是一幢普通平房，门旁挂着“大同邮票会”铜牌。1936年8月以后，“邮址”与“邮会”脱钩。谢慎修等人将邮票会办成学术研究团体，先后创办了《邮话月刊》（邮话）和《大同邮话》等学术期刊，由于邮会管理完善，又定期出版会刊，因此短短两三年，会员发展到140多人，分布全国16个省市，会员中有许多知名集邮家，如郑汝纯、万灿文、汪剑政等。抗战爆发后，谢慎修远走重庆，在国立编译馆工作。林祖光到当涂与芜湖交界处的一所乡间小学教书。陈建章辗转去了武汉，投身抗日洪流，并加入中国共产党，后因身份暴露，去湖北宜昌税务局供职。至此，大同邮票社和大同邮票会均停止活动。1945年谢慎修回到芜湖，在东门外杏花村购下一处面积较大的住宅，包括今天的启春巷5、6、8号。1946年冬大同邮票社恢复活动，直至1954年。社址在启春巷5号谢慎修新居内（1950年谢慎修将启春巷6、8号出售）。

编号	建筑名称	建筑功能	建造年代	地址
27	项家钱庄	商铺	近代	镜湖区芜湖古城内，萧家巷28号

建于民国初年。这是一幢法式建筑与芜湖本地建筑文化相互融合的范例。该建筑坐北朝南，面阔三间11.6米，进深三间10.95米，占地面积178平方米，建筑面积约254平方米。前檐设廊，水磨石地面，明间地面中央有黑色“福寿双全”纹饰。明间一、二层均有青砖砌筑的圆形柱，方形柱脚，覆斗式柱头，两柱之上是青砖券顶，东向有砖砌券形门洞，南面是一个高敞的庭院，墙壁底层架空，一个个通风口都做成金钱状，刻意成为钱庄标识。建造这幢小洋楼的人叫李瑞庭，在此开设私人钱庄，办理银钱存折、

[1] 2019年12月16日，经国务院批准，民政部批复同意撤销无为县，设县级无为市。

续表

<table>
<tr><td colspan="5">押汇、放款、相互借贷、银行兑换等业务，还发行银票、钱票，生意十分红火。1925年，因时局动荡，钱庄风险增大，李瑞庭将钱庄转给项德沛经营。1949年3月，项家钱庄被国民党第20军军长杨千才占据，4月23日，人民解放军渡过长江，杨千才等人从此处撤离。</td></tr>
<tr><th>编号</th><th>建筑名称</th><th>建筑功能</th><th>建造年代</th><th>地址</th></tr>
<tr><td>28</td><td>萧家巷5号民居</td><td>民居</td><td>清代</td><td>镜湖区芜湖古城内，萧家巷南端</td></tr>
<tr><td colspan="5">始建于清中晚期。该建筑坐西朝东，面阔三间7.45米，进深七间17.04米，占地面积126.95平方米，建筑面积253.90平方米。该建筑平面规则，中部有天井。大门开在东檐墙的东北角，有垂花式门罩，虽比较简单，但做法独特。墙体是灌斗墙，山墙砌马头墙。硬山屋顶，机制平瓦。马头墙和正脊，山墙脊用小青瓦。梁架为穿斗式，前楼5架，后楼亦5架。此宅装修讲究，一楼有四个部位分别装修槅扇和屏门，二楼檐部亦有矮窗装修，天井四向还有木栏杆。</td></tr>
<tr><th>编号</th><th>建筑名称</th><th>建筑功能</th><th>建造年代</th><th>地址</th></tr>
<tr><td>29</td><td>厉鼎璋将军故居</td><td>民居</td><td>清代</td><td>镜湖区芜湖古城内，萧家巷34号</td></tr>
<tr><td colspan="5">坐南朝北，三间平房，房舍结构简单。
厉鼎璋（1893—1972），字幼岩，江苏扬州人。1916年保定陆军军官学校第三期炮科毕业，与刘和鼎、徐庭瑶、季嚼梅等将军是同期校友，1926年任国民革命军暂编第11军炮兵团长，1929年任56师167旅副旅长，1985年任56师副师长，1939年任56师代师长陆军少将，1940年任56师师长，1942年任39军副军长，后任军事委员会中将参议、中央训练团中将团员等。七七事变后与刘和鼎、刘尚志等在福建抗日。1946年退役离开军界，到芜湖定居，直到1972年去世。该房房主原为厉将军好友黄鹤才。1945年9月抗战结束后，厉鼎璋不愿留在南京，39军军长刘和鼎此前已在芜湖买下豪宅“小天朝”，厉鼎璋也想在芜湖置一处房产，黄鹤才知道后，爽快地将萧家巷34号送给厉鼎璋。1949年刘和鼎等老友力劝厉鼎璋逃往台湾，厉将军不为所动，坚持留在大陆。1975年厉鼎璋在芜湖加入民革，担任芜湖市委委员。</td></tr>
<tr><th>编号</th><th>建筑名称</th><th>建筑功能</th><th>建造年代</th><th>地址</th></tr>
<tr><td>30</td><td>张勤慎堂</td><td>民居</td><td>清代</td><td>镜湖区芜湖古城内，萧家巷16号</td></tr>
<tr><td colspan="5">建于清末。整个建筑平面布局规整气派，室内装修精细考究，是一座很有价值的古建筑。
张勤慎堂是典型的徽式院落，坐北朝南，偏西13度。面阔三间11.15米，进深3间（包括门厅）27.35米。大门开在南檐墙中部，略向西斜，向内凹进1米，东西两侧向外突出。大门之上有一块长方形砖砌匾额，前进后向大门上面也有一个砖砌匾额。南檐墙两角安有石界碑，阴刻楷体“张勤慎堂墙界”。
除第一进门厅是单层建筑外，二进、三进均为两层楼房。门厅以墙体承托屋顶，前后进各有木柱20根，中间原有天井。南檐墙为青砖灌斗砌法，外粉白灰。檐墙有条石墙裙，檐部以砖贴封檐板，再挑出三线，三线之下是如意纹砖饰。再下面是素面垛板，垛板有枭线一道，使建筑立面显得层次分明、轻盈生动又美观清新。檐墙东西两侧离地1米多高处，各有一个“蛙形”拴马石。
建造萧家巷16号的人名叫吕福堂，是19世纪60至90年代洋务运动的积极参与者。此房落成时，时</td></tr>
</table>

续表

<table>
<tr><td colspan="5">任两江总督张之洞特意在江宁为其题写了门匾。1920年，吕福堂全家搬离芜湖。张海澄购下此房，改堂号为“张勤慎堂”。解放后，张海澄一家迁往南京。</td></tr>
<tr><th>编号</th><th>建筑名称</th><th>建筑功能</th><th>建造年代</th><th>地址</th></tr>
<tr><td>31</td><td>胡友成积善堂</td><td>民居</td><td>清代</td><td>镜湖区芜湖古城内，儒林街53号，儒林街与打铜巷的交叉口</td></tr>
<tr><td colspan="5">建于清代晚期。青砖小瓦马头墙，是一座典雅的徽派建筑。坐南朝北，面阔三间，进深四间，占地面积140平方米；建筑面积220平方米。大门开在北檐墙的中部，花岗岩石库门高大坚固。石门柱基脚有几何纹装饰，门头墙上嵌有石刻太极八卦图。老宅主人姓彭，祖父或曾祖父做过清代道台，附近居民称此房为“道台府”。1939年或1940年，胡友成买下此房，改堂号为“胡友成积善堂”，并在墙角处嵌上新界碑。胡友成（1902—1968），年轻时入赘到专营毛皮生意的赵家。接手岳父生意后，将赵家经营的“德胜记皮毛号”改名为“胡友成皮毛号”。二十世纪三四十年代，胡友成是芜湖皮毛行业执牛耳式的人物，被推举为芜湖杂货皮毛公会负责人。当年的房子比现在要大得多，前后共有七进。大门朝北开在儒林街，后门靠着城墙根，即现在的环城南路。胡友成买房后，将后花园改成皮毛加工坊。1951年新建弋江剧场时，房屋的后六进都被拆除。</td></tr>
<tr><th>编号</th><th>建筑名称</th><th>建筑功能</th><th>建造年代</th><th>地址</th></tr>
<tr><td>32</td><td>刘贻毂堂</td><td>民居</td><td>近代</td><td>镜湖区芜湖古城内，丁字街6号</td></tr>
<tr><td colspan="5">建于20世纪20年代初期。二层小洋楼，砖木结构，坐北朝南偏西。面阔三间，外加附属建筑，总长16.64米。进深三间，外加庭院及后向建筑总宽22.39米。占地面积372平方米，建筑面积455平方米。该楼为硬山屋顶，盖机制平瓦。两山墙脊用混凝土浇筑成弓形，人字形梁架。主楼前有一庭院，院墙西角开一门。主楼二层建筑，正立面用4根砖柱支撑屋顶，前部设廊。正面是青砖砌成的三重券廊，大门开在前檐墙正中，明间是三合土地坪，两次间是木地板。主楼屋顶上下两层布局大体相同，内部结构为中式传统，中间为厅堂，两侧各有一房间。一楼厅堂为水泥地面，两侧房间和二楼都铺设上等的东北松木地板。墙角有“刘贻毂堂地界”。刘贻毂当年供职于美孚石油公司芜湖分公司。这座小洋楼和当时许多同类建筑一样，也是中西合璧式。将欧陆风情与中式元素融为一体，很符合这位供职于外国公司人员的身份背景。解放后，刘贻毂堂先后被芜湖市工业局用作办公楼，后分给职工做宿舍。</td></tr>
<tr><th>编号</th><th>建筑名称</th><th>建筑功能</th><th>建造年代</th><th>地址</th></tr>
<tr><td>33</td><td>太平大路俞宅</td><td>民居</td><td>近代</td><td>镜湖区芜湖古城内，太平大路4号</td></tr>
<tr><td colspan="5">建于清末民初。与四周传统的深宅大院不同，它具有明显的建筑风格。前廊拱券和砖砌圆柱的线条，水刷石门楼的造型，墙上有堆塑的花卉，弧形大理石台基，墙角有通风口等，丰富而精致。它是一座中西合璧的建筑，堪称芜湖中西建筑文化交融的典型实例。
俞宅居古城地势较高处，二层建筑，占地面积157.24平方米，建筑面积222.65平方米。坐北朝南，面阔三间，进深间数不规则。南明间正立面用青砖勾缝砌筑圆形立柱，柱脚有方形墩，柱头有逐层外挑的斗式装饰，上下两层相同。次间用青砖砌筑方柱，共有6个拱券。前部设廊，中、后部为房间。用人字架支撑屋顶，共有11檩。用青砖砌筑墙体，墙厚28厘米，山墙、檐墙均用青砖向外挑出，形成一个</td></tr>
</table>

续表

<table>
<tr><td colspan="5">规矩的硬山屋顶。二楼前檐安装水泥模筑栏杆，砖砌拱券的直角部位有堆塑的白色花卉装饰。外廊地面是红色水磨石，绘有四只黑色蝙蝠与寿字装饰，寓意“福寿双全”，主楼前是一个庭院，面积45平方米，地坪是水泥砂浆混合质地。
洋楼主人是木材商俞政卿，芜湖县人，除太平大路4号外，太平大路6号、8号都是他家的房产。1935年俞政卿去世，4号楼上三间留给女儿俞静贞，楼下三间留给大儿子俞崇德。6号留给小儿子，这幢楼大部分归俞家所有。</td></tr>
<tr><th>编号</th><th>建筑名称</th><th>建筑功能</th><th>建造年代</th><th>地址</th></tr>
<tr><td>34</td><td>城隍庙</td><td>宗教</td><td>清代</td><td>镜湖区东内街，芜湖古城内</td></tr>
<tr><td colspan="5">有“天下第一城隍庙”之称。《辞海》（1990年版）“城隍”词条：古代神话所传守护城池的神……最早见于记载的为芜湖城隍，建于三国吴赤乌二年（239），南宋绍兴四年（1134）修建，明永乐八年（1014）重修，天启六年（1626）复修，清乾隆十四年（1749）新葺，咸丰年间遭毁。现存城隍庙为光绪六年(1880)建造，光绪三十二年（1906）、民国二十八年(1939)重修。占地2000多平方米。共四进，即：前轩（门厅）、戏台、正殿、娘娘殿，东西两庑贯穿相接。现仅存部分前轩和娘娘殿。前轩门临岳内街，面阔五间19.80米，进深两间10.33米。娘娘殿坐北朝南，面阔五间15.57米，进深三间8.61米。后楼立面为敞开式柱头有挑头梁，圆雕撑拱承挑出檐。后檐封砌墙体，沿部饰有缠枝花纹。硬山式屋顶，梁架明间是抬梁式，边列为穿斗式，共九架，前檐饰拱轩。三架梁、五架梁及轩梁均有木雕驼峰，纹饰精美。木柱由鼓式汉白玉石础支撑，用料粗壮，做工精细。“城”原指土筑的高墙，“隍”意为无水的护城壕（有水的护城壕叫“池”）。古人将“城”和“隍”神化为城市的守护神，并称为“城隍”。唐代以前，城隍只是一个抽象的神。宋代以后，城隍开始被人格化，很多地方把故去的守土英雄或清官良吏当作城隍。芜湖的城隍是舍身替死、保卫刘邦的将军纪信。</td></tr>
<tr><th>编号</th><th>建筑名称</th><th>建筑功能</th><th>建造年代</th><th>地址</th></tr>
<tr><td>35</td><td>英驻芜领事署旧址</td><td>行政</td><td>近代</td><td>镜湖区范罗山山顶中部</td></tr>
<tr><td colspan="5">建于1877年，英国建筑师设计的券廊式建筑。这一建筑形式产生于印度、东南亚等气候炎热的西方殖民地，沿着殖民者的征服路线在各地复制。
清代光绪二年（1876），英国公使威妥玛与清政府北洋大臣李鸿章签订不平等的中英《烟台条约》，将芜湖划为通商口岸。1877年，英国政府在地势高敞、林荫如盖的范罗山建造了领事署办公楼。
范罗山，俗名“饭箩山”，又作“范箩山”。南宋萧照《范罗山》：“萝翠松青护宝幢，烟波万里送飞艭。”明末方文《饭箩山休夏》：“一丘一壑能消暑，何必千峰与万峰。”清初萧云从《范罗山》：“罗山顶上望残春，盎盎春气喧游人。”英国人在芜湖捷足先登，自然选取地理位置最好的山头建造领事署。这幢建筑是芜湖市最早的西洋建筑，也是安徽省最早的外国领事署建筑。清末袁昶在《游范箩山海客别墅》和《海客别墅》二诗中，均称之为“海客别墅”。
该楼为两层，砖木结构，坐北朝南。平面方正，东西对称。通面阔24.15米，通进深19.3米，占地面积466平方米，建筑面积1190平方米。采用青石砌筑露明基座。东、西、南三向设有外廊。隽秀挺拔的廊柱为青石砍凿而成，与青石拱券组合成线脚丰富优美的立面。
南面有主入口，东西两侧有次入口。主入口大门设在南向外廊中部内面。实木材质，厚重圆润，图</td></tr>
</table>

续表

<table>
<tr><td colspan="5">饰精美。大门上部以上槛相隔，加工成券式窗户，与外廊的拱券和谐统一。大门内为八角形明间，以素白石膏线条吊顶，明亮雅致。东西两边各有两间办公用房，每间都有壁炉。外罩形制整洁雅观，立面上的凹凸效果十分醒目。一楼明间后部西侧有三跑式木楼梯，木质栏杆，望柱外观形似灯塔。楼梯第二跑平台前向，以木柱、拱券相组合，正反两向相同。其线脚处理、凹凸设置，比例匀称，典雅大方。一楼明间后檐墙中部开有一门，通往主楼后面的附属用房。二楼设置和布局与一楼大致相同。白色石膏线顶棚，咖啡色楼板，紫色木栏杆。色彩丰富协调，装饰效果良好。
屋顶为四坡式，屋面铺盖瓦楞式铁皮。屋顶前后两面各有壁炉烟囱两个，高耸入云。屋顶架有六个老虎窗，由西北角的附属楼梯登上。屋顶南向中部，设置一个造型优美的老虎窗，底座用砖砌筑，须弥座式样。两边有砖柱，弓字形顶。东西两旁饰有砖砌宝瓶一对，外形美观，线条柔和。建筑使用功能和艺术设计的组合，使屋顶上部空间充满生机。
解放后，范罗山先后成为芜湖市军管会、中共芜湖地委、中共芜湖市委机关和市政府机构所在地，领事署曾为市人事局办公楼，基本格局保留了原貌。2010年，市委及市政府机构迁出范罗山。该建筑交由市旅游投资公司修缮、管理。修缮工程于2011启动，2012年完成。
2004年英驻芜领事署旧址与总税务司公所旧址、洋员帮办楼旧址一起，被安徽省人民政府合并公布为第五批省级文物保护单位。2013年，英驻芜领事署旧址与英驻芜领事官邸旧址、总税务司公所旧址、洋员帮办楼旧址一起，被国务院合并公布为第七批全国重点文物保护单位。</td></tr>
<tr><th>编号</th><th>建筑名称</th><th>建筑功能</th><th>建造年代</th><th>地址</th></tr>
<tr><td>36</td><td>英驻芜领事官邸旧址</td><td>住宅</td><td>近代</td><td>镜湖区范罗山山顶中部</td></tr>
<tr><td colspan="5">1876年芜湖被划为通商口岸。1877年英国人率先在范罗山设立英驻芜领事署。1889年在雨耕山顶建造了这幢领事官邸。
该楼为二层，平面方正，立面雄浑。占地面积356.5平方米，建筑面积713平方米。地坪上有1米高的架空层，用于防潮通风。青砖砌筑墙体，四坡瓦楞式铁皮屋面，采用木构架支撑屋顶，以砖石墙体承重。外墙体1米以下刷有墙裙，西面和南面设置券廊。室内装修以石膏线顶棚为主，线脚丰富华美。楼梯、楼板、门窗均为实木。楼梯间自南至北，左为起居室、过廊、卧室与卫浴等，右为起居室、卧室与卫浴等。在主卧室和起居室中均设有壁炉。二层平面大小、房间构成，均与底层相似。
该建筑取材上乘耐久。通过合理布局与组合，展示出精妙的建筑技艺，表达了适合人居的人性化理念。在芜湖近代西洋建筑群中，该楼堪称典型实例之一。
“文革”后该楼为安徽机电职业技术学院办公用房。现交由镜湖区政府管理，对其进行修缮，统一规划其用途。
2013年，英驻芜领事官邸旧址与英驻芜领事署旧址、总税务司公所旧址、洋员帮办楼旧址一起，被国务院合并公布为第七批全国重点文物保护单位。</td></tr>
<tr><th>编号</th><th>建筑名称</th><th>建筑功能</th><th>建造年代</th><th>地址</th></tr>
<tr><td>37</td><td>总税务司公所旧址</td><td>办公</td><td>近代</td><td>位于镜湖区范罗山半山腰，英驻芜领事署西侧</td></tr>
<tr><td colspan="5">芜湖市房产部门存有英国设计师手绘的范罗山总平面图，在1905年绘制的版本中未出现该建筑。</td></tr>
</table>

续表

据此推断，该楼建于民国初年。

该建筑共两层，坐北朝南偏东15度。平面六开间，通面阔28.02米，通进深13.65米，占地面积382.47平方米，建筑面积764.94平方米。红砖砌筑墙体，红色机制瓦铺盖屋面，四坡屋顶。东、西、南三向设有券廊（部分券廊后来被人封墙，2012年维修时，拆除后添墙体，恢复原貌）。石砌露明基座高71厘米，东向第三间设条石台阶五步。券廊内面南檐墙中部设置百叶式大门。券廊为水磨石地坪，室内为木板地坪，白色石膏线顶棚。楼梯设置在东向第三间后部西侧，三跑式，木质栏杆，望柱造型漂亮，比例匀称。木楼梯第二跑顶端东侧有一短垂花柱。二楼与一楼同，石膏线吊顶。二楼第三间后部有楼梯登至屋顶人字形梁架之间，透过老虎窗可观望高空及俯视市貌。一、二两层各有4间办公室，还有卧室及卫生间，办公室设有壁炉。西后方有附属用房，一层楼，形式简朴，原为勤杂人员使用。

解放后，范罗山先后成为芜湖市军管会、中共芜湖地委、中共芜湖市委机关和市政府机构所在地。该楼曾为市委宣传部办公楼。2010年市委及市政府机构迁出范罗山，该建筑交由市旅游投资公司修缮、管理。修缮工程2011年启动，2012年完成。

2004年，总税务司公所旧址与英驻芜领事署旧址、洋员帮办楼旧址一起，被安徽省人民政府合并公布为第五批省级文物保护单位。2013年，总税务司公所旧址与英驻芜领事署旧址、英驻芜领事官邸旧址、洋员帮办楼旧址一起，被国务院合并公布为第七批全国重点文物保护单位。

编号	建筑名称	建筑功能	建造年代	地址
38	洋员帮办楼旧址	办公	近代	镜湖区范罗山半山腰，英驻芜领事署旧址东侧，原为办事人员住所

根据现存的英国建筑师手绘范罗山总平面图推断，该楼建造时间应早于1905年。

该建筑为券廊式建筑，共两层。坐北朝南，平面方正。东、西、南三向设有外廊。外廊面阔七间，进深六间，以柱承重，除边间外，余五间设拱券。一、二楼相同，风格统一。通面阔20.18米，通进深16.71米，占地面积337平方米，建筑面积803平方米。红色砖砌墙体。四坡面顶，屋面铺盖机制红瓦。除外廊外，一、二两层各有办公室四间。一层为水磨石地坪，二层为木板地坪，以木搁栅承托楼层。现楼梯设在当中一间后部，双跑式，木质栏杆。该楼立面除一些线脚外，没有太多的装饰。但一、二两层之间的腰线，恰到好处地围箍在立面上，起到了较高的装饰艺术效果。南向两个办公室内设置壁炉，烟囱直穿屋顶，耸入云间。解放后，范罗山先后成为芜湖市军管会、中共芜湖地委、中共芜湖市委机关和市政府机构所在地。该建筑曾为市委组织部办公楼，基本格局保留了原貌。2010年，市委及市政府机构迁出范罗山。该建筑交由市旅游投资公司修缮、管理。修缮工程于2011年启动，2012年完成。

2004年，洋员帮办楼旧址与总税务司公所旧址、英驻芜领事署旧址一起，被安徽省人民政府合并公布为第五批省级文物保护单位。2013年，洋员帮办楼旧址与英驻芜领事署旧址、英驻芜领事官邸旧址、总税务司公所旧址一起，被国务院合并公布为第七批全国重点文物保护单位。

编号	建筑名称	建筑功能	建造年代	地址
39	天主堂	宗教	近代	镜湖区吉和街28号

高踞鹤儿山，俯瞰大江流。19世纪下半叶，西方宗教陆续进入芜湖。1883年，法国神父金式玉在芜湖购得鹤儿山半部，计划建造天主教江南教区中心大教堂。1889年6月动工，江南教区主教倪怀伦（法籍）为大教堂奠基，同年底竣工。并在附近的雨耕山上建造了内思高级工业职业学校，另选址建造了收

续表

<table>
<tr><td colspan="5">养弃婴的育婴堂。1891年5月，教会与百姓发生冲突，爆发“芜湖教案”，教堂被烧毁。清政府赔款十二万三千多两白银并在原址重建。新教堂于1895年6月竣工。同年8月，天主教成立芜湖总铎区，包括太平府、和州、庐州、滁州等地。天主堂成为华东一带闻名遐迩的宗教场所，仅次于上海徐家汇天主教堂，素有江南“小巴黎圣母院”的美誉。
天主堂呈现欧洲中世纪哥特式建筑风格，砖、木、石混合结构，平面呈“十”字形。坐东朝西，南北对称布局。通面阔27.7米，通进深40.7米，占地面积1127平方米。建筑面积2042.62平方米。大致可分成三大部分:
第一部分是钟楼。居于前向，南北对称，面阔三间。钟楼通高27.77米，在用材、立面造型、比例尺度等各方面都可代表整幢建筑的水平。钟楼的前向，有花岗岩条石台阶。拾级而上是钟楼的前序露台，水磨石地坪。四根石柱擎起钟楼主体结构，明间、两次间各开实木拼门一樘，门之上方发起拱券。再上，以石质矮柱支撑上部结构，柱间设置拱券。拱券之上，两柱内嵌，拱券衔环。拱之中部装饰圆形花环，线脚极为丰富。中部山花作人字形，上端有类似须弥座式样的墩座。墩座之上塑有耶稣雕像。耶稣双臂平伸，与身体形成十字形，寓意“救赎”；通体白色，寓意“圣洁”。耶稣两旁是钟楼的上部，立柱支撑，设有百叶窗。钟楼上端起线挑飞，承托塔式矮柱。主体为穹隆顶，以基座式建构收顶，饰有十字架。
第二部分是大厅。通体采用混凝土和花岗岩石结构，耐久坚固。大厅明间采用跨度较大的穹隆顶，两侧用木质人字架支撑屋顶，形成层次丰富、跳跃活泼的屋顶剖面组合。大厅内立柱排列，拱券相连，矮柱簇拥，花窗织锦，一幅幅彩色图画为教堂增添许多神秘。大厅中间是排列整齐的跪凳，两边有小祭台。大厅后部是南北走向的廊，廊的南向开一樘边门。
第三部分是祭台。祭台分主次三座，中间一座是耶稣养父圣约瑟的祭坛，左边一座是圣母玛利亚的祭坛，右边一座是圣子耶稣的祭坛，均有彩色雕像。祭坛平面呈半圆形，两侧各开一门通往祭坛后向的边室。
天主堂是近代西洋宗教建筑在芜湖的成功范例，成为我们今天研究中西建筑文化的珍贵实例。“文革”初期，天主堂遭到破坏。1983年，芜湖市人民政府拨款修缮了天主堂。天主堂现由天主教爱委会管理使用，保存状况完好。2004年，安徽省人民政府公布天主堂为省级文物保护单位。
天主堂南侧有一座四层高的神父楼，建于20世纪初，为天主堂的附属建筑。神父楼每层都有宽阔的内走廊，南北两面有很多房间，陈设简单整洁。神父楼前原设有广场兼足球场，楼后山上原建有凉亭。每年夏季，各县、镇的神父都来芜湖歇夏。鹤儿山下挖了地窖。每到冬天，收集冰雪藏于地窖，夏天就变成了冰室。鹤儿山上还饲养乳牛，供应传教士们饮用牛奶。
2013年，天主堂及其附属建筑神父楼与圣母院旧址、天主教修士楼旧址一起，被国务院合并公布为第七批全国重点文物保护单位。</td></tr>
<tr><th>编号</th><th>建筑名称</th><th>建筑功能</th><th>建造年代</th><th>地址</th></tr>
<tr><td>40</td><td>圣母院
旧址</td><td>宗教</td><td>近代</td><td>芜湖市第一人民医院院内</td></tr>
<tr><td colspan="5">共有两幢建筑，坐南朝北。东侧体量较小的是天主堂公署，又称主教楼；西侧体量较大的是修道院，两者合称“圣母院”，均建于1933年。圣母院由芜湖天主教会创办，西班牙人设计监造，是芜湖市今存规模较大的教会建筑之一。</td></tr>
</table>

续表

修道院，又称修女楼，系修女学习、布道之所。平面类似“工”字横摆式样。券廊式建筑，体量较大，包括架空层共有四层。以中楼为轴线，东西对称。中楼南向外凸，有如天平之撑杆。通面阔77.47米，通进深32.75米，占地面积1054平方米，建筑面积4217.36平方米。建筑的北向设有大门三樘。大门前均有石台阶，中楼大门前的台阶两旁还安装有石质栏杆。进入中楼大门是一个前厅，前厅之后是东西走向的内长廊，长廊两端各有平面外伸的楼，与中部主楼两侧形成“丁”字形。两楼均由楼梯登楼。中楼位置突出，南向向外伸出，平面矩形，整齐严谨，两侧是房间。在立面造型上，以中楼北向为主，用四根立柱擎起一、二、三层外向结构，以大门、窗户及屋顶为修饰对象。其中屋顶部分做成斜直相间的阶梯状，具有一定的装饰效果。该建筑以灰色陶砖砌筑外墙，腰线、檐线及底线则用红色陶砖，十分醒目。中楼及其两侧是双坡屋顶，两端之楼则为四坡屋顶，均用机制红瓦铺盖屋面。主体结构以砖、木为主，少数立柱为石质。采用木质人字架支撑屋顶，人可以通过西端的附加木楼梯登至人字架层，以便查检结构状况。这里曾经是教会的育婴堂，当年震惊中外的“芜湖教案”就是从这里发端的。大楼的架空层是当年教会收养婴儿的地方，通风采光条件都不理想，不利于婴儿保育，婴儿被收养后，父母想领回，也不被允许，因而激起民愤，以致酿成风潮。

天主教主教公署，亦称主教楼。外廊式建筑，两层楼，底部有架空层。通面阔27.85米，通进深15.78米，建筑面积1611.9平方米。平面布局比较规整。楼之东端是以立柱支撑的外廊，柱上端的横梁略呈弧形。柱与柱之间安装栏杆，由其南向设台阶登上。一、二层室内布局相同，中部为廊，两向是房间。楼梯设在西向的南边，木质栏杆，双跑。室内没有太显眼的装饰。该楼用灰色陶砖砌筑外墙，间或用红色陶砖砌筑装饰线。四坡屋顶，铺盖机制红瓦，木质人字形屋架。二楼北向中部设有楼梯，人可登上人字架层，通过南、北、东、西的老虎窗观望外景。屋顶老虎窗，通风干爽，清新空气，对保护木结构大有益处。

圣母院旧址两幢建筑从建造起一直是天主教用房。曾开办过育婴堂、贫民小学、难民收容所。西班牙传教士蒲庐，1928年来芜湖，1935年起担任芜湖代牧区第二任主教（首任主教为胡其昭），直到1952年才离开。1951年，芜湖市人民政府决定将圣母院交由芜湖市人民医院接收。1953年，市人民医院改为市第一人民医院。1980年落实宗教政策，圣母院产权重新交归芜湖市天主教爱国会。第一人民医院租用两栋建筑，作为病房大楼使用。2008年曾经对圣母院进行维修，其外观及其主体结构均未改变，现保存状况完好。

2012年，圣母院旧址被安徽省人民政府公布为第六批省级文物保护单位。2013年，圣母院旧址与天主堂、天主教修士楼旧址一起，被国务院合并公布为第七批全国重点文物保护单位。

编号	建筑名称	建筑功能	建造年代	地址
41	天主教修士楼旧址	宗教	近代	镜湖区大官山山顶

建于1912年。这里是天主教外国修士的宿舍及学习中文的场所，地势高敞，视野开阔，树木苍翠，环境清幽。

该楼东西对称朝向，东北角挑筑亭式建构。包括架空层在内共三层，通面阔35.18米，通进深17.615米，占地面积619.7平方米，建筑面积1859平方米。平面长方规整，东、西、北三向设外廊，西南角和西北角由楼梯登楼。内楼建筑平面东西对称，中间设有廊式过道，两向以墙分隔成16间。二层东向中部设有楼梯登至三层，二、三两层中部廊向各开大门，北向过道口亦开一门通向外廊。外廊用梁、

续表

<table>
<tr><td colspan="5">柱承挑，柱间有栏杆。立面处理大气豪放，稳固安全。主体梁架为木结构，红砖砌筑墙体，双坡屋面铺盖瓦楞式铁皮。北向山墙廊步加盖单坡屋面，山墙砌成直线弓字形，壁炉烟囱直矗云间。修士楼内部装修简洁明朗，没有过多修饰。外观是西式的，内部却是中式化的，是中西建筑技艺的完美结合。
修士是天主教或东正教中出家修道的男子。修士可升为神父，再升为主教。这里的修士，除了学习《圣经》，还学习中国传统文化和芜湖地域文化，有的还成了“芜湖通”。修士楼自建造之后至抗日战争爆发，一直是天主教用房。当年每到夏季，本教区各县、镇的传教士们都来芜湖，参加天主堂“避静”活动。天主堂旁边的神父楼人满为患，很多人就到大官山，住进修士楼里。解放后此楼收归国有，现为海军部队办公用房。1977年、2008年进行了部分维修，现保存完好。
2013年，天主教修士楼旧址与天主堂、圣母院旧址一起，被国务院合并公布为第七批全国重点文物保护单位。</td></tr>
<tr><td>编号</td><td>建筑名称</td><td>建筑功能</td><td>建造年代</td><td>地址</td></tr>
<tr><td>42</td><td>内思高级工业职业学校旧址</td><td>教育</td><td>近代</td><td>镜湖区雨耕山，与英驻芜领事官邸旧址毗邻</td></tr>
<tr><td colspan="5">1934年，芜湖天主教总堂从英国人手中购买了英驻芜领事官邸及旁边的大片土地，在领事官邸附近建造了内思高级工业职业学校男生部（女生部设在太古码头圣母院内），领事官邸用作学校办公楼。学校由年轻的西班牙修士蒲庐设计并监造，动工于1934年，竣工于1935年。
该建筑为欧式风格，钢筋混凝土结构，以梁柱为骨架，多用拱券，将建筑物的压力分解到柱子上，力学原理运用十分到位。大胆采用新型建筑材料，坚固耐久、美观实用。同时，还兼顾中国传统建筑的审美取向和表现形式，山墙采用徽派马头墙式样，并通过必要的变化使其与主体风格相协调，堪称中西建筑形式完美结合。
该楼依山而建，顺应山势，随高就低。山下建五层，山上建两层，作阶梯状收减，空间得以充分利用。占地面积4133.88平方米，建筑面积11483.00平方米。平面布局呈“日”字形。青砖净缝砌筑外墙，简明淡雅。红色机制瓦铺盖屋面，色彩艳丽。屋面与墙体的色差对比强烈，别有一番气势。楼层较高，每层净高达4.3米。走廊宽敞，净宽4米。门与窗排列密集而且高大，靠外一面均配有百叶窗，既有安全作用，又能通风采光。楼最底层是2.6米高的地下室，相当于架空层，既可贮藏物资，又可通风防潮。该楼各层均有走廊相互联通，设有内院两个，空间布局合理、实用。所用木材均是通过水运从西班牙进口的红松，木纹漂亮，坚固耐用，防虫防蚀。
内思高级工业职业学校规模庞大，包括教室、实验室、图书馆、实习车间、礼拜堂、办公室等，分区合理，联系方便。学校开设电机、机械两科，共8个班，是当时为芜湖规模最大、形貌最壮观的教学建筑。1937年芜湖沦陷后，内思高级工业职业学校改为普通中学。1945年12月恢复工业职业学校。1950年，学校与天主教会分开，由国人自己办学。1952年为安徽省芜湖工业学校。1955年为芜湖电力学校。1972年，更名为安徽芜湖机械学校。1978年12月，在机械学校基础上成立安徽机电学院（现更名为安徽工程大学），1986年6月，安徽机电学院迁出，恢复安徽芜湖机械学校。2003年6月，升格为安徽机电职业技术学院，该楼为教学楼之一。2011年，学院迁出后，该楼交由镜湖区政府管理，对其进行修缮，统一规划其用途。
2012年内思高级工业职业学校旧址被安徽省人民政府公布为第六批省级文物保护单位。</td></tr>
</table>

续表

编号	建筑名称	建筑功能	建造年代	地址
43	圣雅各中学旧址	教育	近代	镜湖区狮子山顶

圣雅各中学旧址位于镜湖区狮子山顶，芜湖市第十一中学校园内。系圣雅各教堂附设的教会学校，共有博仁堂、义德堂、经方堂三幢单体建筑。主体建筑博仁堂居前，义德堂、经方堂一东一西居后，构成“凹”字平面，气势恢宏，整齐严谨。

博仁堂建于1910年。由时任基督教圣公会会长卢义德从美国万博仁师母处募得捐款、主持兴建，故名“博仁堂”。地处狮子山山顶南部，坐北朝南。以钟楼为中轴线，东西对称布局，平面形似一杆天平。通面阔41.58米，通进深17.4米，占地面积544平方米，建筑面积1807.56平方米。主体为三层砖木结构，红砖净缝砌筑墙体。四坡、双坡相交铁皮屋顶，基座部分有通气孔。砖砌立柱外凸，立面线脚复杂优美。柱与柱之间发起拱券，搁栅承托楼板。楼梯设在中间的北向，双向双跑，有木栏杆，质地坚硬，材料应为东北松。楼正中为钟楼，共五层，是博仁堂的形象标志。钟楼造型独特，前部除一楼设置拱券外，余四层均为一般房间。后部一至三楼设置拱券，四至五层为楼梯间。第五层以上为屋顶部分，梁架裸露，全部为木构架。四角各有一根梁，梁间横架檩条。檩条外贴木板，再贴以铁皮排雨。举折很大，屋面陡峭。屋顶之上是平台，人可以通过楼梯登上平台，俯瞰四周景致。该楼屋顶之上均有平台，并有铁质栏杆。

义德堂建于1924年，位于博仁堂东北向。圣雅各中学是中华圣公会第一任会长卢义德募捐兴建的，这幢楼故名“义德堂”。坐东朝西，二层楼。平面简洁，红砖净缝砌筑墙体，底部有通风孔。四坡屋顶，红色机制瓦铺盖屋面。通面阔22.175米，通进深6.93米，占地面积154平方米，建筑面积307平方米。大门开在建筑西向中部，拱券式门罩向外凸出。大门内是楼梯间，木质双跑楼梯，有栏杆。一、二两层共有教室四间，宽敞明亮。除门窗外，该楼没有装饰，淳朴素雅。

经方堂建于1936年，位于博仁堂西北向。这幢楼是李鸿章的长子李经方捐资建造的，故名“经方堂”。坐西朝东，二层楼。红砖净缝砌筑墙体，底部有通风孔。四坡屋顶，红色机制瓦屋面。檐部四向向外挑出，檐下有线脚。通面阔30.56米，通进深11米，占地面积336.16平方米，建筑面积672.32平方米。平面布局长方空旷，一层除楼梯间和狭窄的讲台外，是宽敞的大堂。大门开在东南角，用水磨石做成几何形纹样的矩形门罩，门罩向外凸出。大门以内就是楼梯间，楼梯直跑。大堂北向的讲台为木板地坪，余者均为水泥地坪。二楼东向设内廊，西、北两向共有三个教室。该楼以砖墙、柱承重为主，木搁栅承托楼板，人字架支撑屋顶。装修风格简洁淡雅，以白色石膏线条为主。一、二层窗户之间的拉毛方块，为窗户技艺的展示起到了很好的烘托作用。

圣雅各中学在中国现代史上产生过重大影响。王稼祥曾就读于圣雅各中学，求学期间领导过进步学生运动。宫乔岩曾在圣雅各中学任教，李克农、阿英曾在圣雅各中学读书。解放后，圣雅各中学改为安徽师范学院附属中学，1958年改为芜湖市第十一中学，现增挂“安徽师范大学附属外国语学校”校牌。

从1923年起，圣雅各中学分为高中部与初中部。高中部在狮子山，初中部在石桥港（基督教圣雅各教堂附近）。解放后圣雅各中学初中部改称为芜湖第十中学，现为芜湖第二中学分部。

2013年圣雅各中学旧址被国务院公布为第七批全国重点文物保护单位。

续表

编号	建筑名称	建筑功能	建造年代	地址
44	华牧师楼旧址	宗教	近代	镜湖区太平大路17号，芜湖古城西北角

建于20世纪20年代，最先入住者是中华基督会美籍传教士华思科夫妇，当地居民因之称为“华牧师楼”。

鸦片战争以后，基督教开始传入芜湖。芜湖的基督教教派多达11个，省内首屈一指。中华基督会是其中之一。约在1880年，南京基督总会派美籍传教士徐宏藻来芜创设中华基督会。总会堂在薪市街，后迁到米市街，购买临街的一家旧式公馆，改建为教堂和宣道所。先后负责芜湖中华基督会工作的有周孝成、李卓吾等。美籍传教士华思科夫妇、涂美英小姐、陆清兵与史密斯夫妇等，先后在芜湖进行传教活动。由于传教士人多，住房不够，中华基督会便在太平大路购屋改建住宅。“华牧师楼”是其中一幢建筑。

该建筑为中西结合式，坐北朝南偏东10度。青砖砌筑，砖木结构。悬山屋顶，机制平瓦，上有老虎窗，人字形“密肋”式木屋架。面阔12.31米，进深9.18米，占地面积113平方米，建筑面积480平方米。共4层，3开间。一至三层为当年教会牧师居住的场所。四楼的层高明显矮于其他三层，作为储藏室和隔热层使用。楼内全部为木地板，除一楼外，其余每层正南面都有一个30多平方米的大阳台。这幢建筑建成后，很长一段时间是古城内的最高点，从楼顶可以俯瞰全城。

新中国成立初期，华牧师楼被皖南行署公安处下属的公安大队用作机关办公室。20世纪50年代末移交给芜湖地区文化局，成为文物收藏室、图书资料室及剧目创作室。60年代中期，移交给芜湖地区（后为宣城地区）文工团。“文革”结束后，退还给市基督教爱委会，后用作居民住宅。2009年古城动迁，该建筑产权收归市古城建设投资有限公司，由该公司负责修缮，并规划使用。

华牧师楼作为中西文化交流的产物，经历了90多年风风雨雨之后，成为古城内唯一的外国宗教建筑。

编号	建筑名称	建筑功能	建造年代	地址
45	基督教圣雅各教堂	宗教	近代	镜湖区花津路46号

1883年由基督教中华圣公会设计监造，共两幢单体建筑，一是圣雅各教堂，另一是牧师楼。

圣雅各教堂坐西朝东，平面呈“凸”字形，哥特式建筑风格。通面阔16.29米，通进深27.87米，占地面积374平方米，建筑面积861.57平方米，可容纳教徒800人，大体可分成三个部分。

第一部分是教堂外观形象的标志即塔楼。塔楼中部平面方正，两根立柱承托上部结构。大门开在中央位置，门及门之上方都有十字形图案。两内柱之间用线脚拱券，圆润柔和。其上是人字尖，再上是一圆形舷窗，外饰十字架图案。塔楼第四层向内收分。第五层是尖状塔顶，高耸入云，顶端装饰十字架。第五层内部结构裸露，以钢材用三角力学原理，支撑起近5米高的尖顶，挺拔轻盈。钢材外贴木板，再铺以铁皮屋面。塔楼每向每层都有尖券式窗户，其中第四层上部各有一个圆形百叶舷窗。塔楼东西两侧，各有尖状塔柱一根，顶端饰以十字架。

第二部分是大堂。平面南窄北宽，进深方向共六间，面阔为单间。北部较宽位置加筑立柱四根，以减少横向跨度。大堂空旷高敞，除石膏线脚、窗户外没有其他修饰，显得空灵神秘，宗教气氛很浓。大

续表

<table>
<tr><td colspan="5">堂用灰色陶砖净缝砌筑墙体，砖缝内敛，整齐划一，相当严谨。双坡屋顶，铺盖机制平瓦，木质梁架支撑屋顶。
第三部分是讲台和龛座。讲台铺木地板，高出大堂地面16厘米。讲台后部中央设置龛座，体量较小。讲台两侧各有一个房间。讲堂后檐墙有高低不同的四根尖状立柱，立柱亦用灰砖砌筑并外凸墙体，顶端饰有十字架。
圣雅各教堂曾于1986、1998、2005年进行维修。塔楼正立面及部分墙体做成水泥拉毛，表面凹凸，但布局及其主体结构仍保留原样。2010年，由于花津桥建设需要，圣雅各教堂整体向东平移了10米。现由芜湖市基督教会管理使用，保存状况完好。
牧师楼地处圣雅各教堂东北角，体量较小。二层楼，砖木结构。灰砖净缝砌筑墙体，石质基座。四坡屋顶，铺盖红色机制瓦。木骨架、木楼板、木楼梯、木门窗。通面阔12.65米，通进深9.915米，占地面积125.42平方米，建筑面积250.84平方米。该楼坐东朝西，平面规整。大门位于中间，南、西、北三向外墙的一、二两层均开设矩形窗。木楼梯设在中间的前部，单跑、木质栏杆。二楼前部的南边有一外廊。该楼除门、窗、楼梯外，装饰不多，比较简朴。檐下及腰檐的线脚，为该楼增添了几分美感。现由芜湖市基督教会管理使用，保存状况一般。
2012年，圣雅各教堂与基督教主教公署旧址、基督教中国主教公署旧址、基督教附属建筑（生活用房）和基督教牧师楼旧址一起，被安徽省人民政府合并公布为第七批省级文物保护单位。</td></tr>
<tr><th>编号</th><th>建筑名称</th><th>建筑功能</th><th>建造年代</th><th>地址</th></tr>
<tr><td>46</td><td>基督教主教公署旧址</td><td>宗教</td><td>近代</td><td>镜湖区狮子山</td></tr>
<tr><td colspan="5">共有三幢单体建筑：基督教外国主教公署旧址、基督教中国主教公署旧址和基督教附属建筑（生活用房）。
“主教”是天主教、东正教的高级神职人员，通常是一个地区教会的首领。基督教的某些教派也沿用这个名称。1890年前后，中华圣公会（基督教在芜传教的教派之一）皖赣教区在芜湖成立。会长为美籍瑞典传教士卢义德，首任主教为美籍传教士韩仁敦。韩仁敦在狮子山顶建造了一幢主教楼，亦称“基督教主教公署”。后来，“主教公署”迁到安徽省会安庆。抗战后迁回芜湖，在狮子山重新建造两幢主教楼。一幢为第二任主教、美籍传教士葛兴仁住所，另一幢为华人主教陈建真住所。两幢主教楼与1910年中华圣公会建造的圣雅各中学，在狮子山上遥遥相对。
基督教外国主教公署旧址地处狮子山顶的北向。坐北朝南，砖木结构。平面不甚规则，依山就势，形成跌宕的剖面结构。通面阔17.2米，通进深17.63米，占地面积235平方米，建筑面积679.77平方米。主体建筑为两层，部分单层，底部还有架空层。四坡、双坡交错屋顶，红色机制瓦屋面，灰砖净缝砌筑墙体。东向立面呈高低错落、凹凸齿牙状。南向为建筑的正立面，东半部内凹，西半部外凸，因而形成纵横相错的屋面效果。该楼大门开在东半部的西边，与北向大门处在同一个位置上，空气流动畅通。窗户为双层，外向为百叶式，窗之上方用青砖立砌。西向立面简朴大气，没有什么装饰。北向立面，因有东向的单层与二层建筑的混合组合，加之主楼的西半部有架空层，外观比较复杂。架空层用木枋、木搁栅承托一楼的木楼板，搁栅架在墙体上。一楼的楼梯设在东半部后向的西边，与一楼大门相齐。北向大门内设有直跑式木楼梯登楼，有栏杆。屋顶用人字架支撑，以木板代椽，板上加铺一层油毡防水。人字架不设斜撑，此结构比较少见。该楼的内装修有局部的改变，现为王稼祥纪念馆的陈列用房，</td></tr>
</table>

续表

保存状况完好。

基督教中国主教公署旧址地处狮子山山腰的东部，与基督教外国主教公署相距百米。坐北朝南，砖木结构。平面基本规整。通面阔9.315米，通进深11.665米，占地面积108.66平方米，建筑面积325.80平方米。灰砖净缝砌筑墙体，双坡屋顶，屋面铺盖机制灰瓦。山向向外挑出，南向屋顶呈阶梯状，高低错落。以墙体承重为主，木搁栅承托木楼板，前向一间为单层，其后两间为三层。其中第三层为梁架支撑屋顶层，中部高，檐部低。从一层到三层，共有房间八个，其中楼梯占去一个房间的空间。楼梯设在西北角一间的前向，西向墙体外凸，以满足楼梯安装的需要，楼梯装有木质栏杆。壁炉一个，位置在西向中间的山墙上，烟囱直冲屋顶。建筑后向屋顶上开设老虎窗一个。该楼经过一次检修，主体未动，内部装修局部有些变动。现为王稼祥纪念馆管理使用，保存状况完好。

基督教附属建筑（生活用房）地处基督教中国主教公署的东向，相互毗邻。坐北朝南，二层楼。共有八间房，平面方正。通面阔10.57米，通进深8.9米，占地面积包括前向台墀共102平方米，建筑面积212.33平方米，体量较小。灰砖净缝砌筑墙体。双坡屋顶，两山外挑，屋面铺盖机制平瓦。屋顶前后两向各开老虎窗两个，壁炉烟囱伸出屋面。以墙体承重为主，搁栅承托楼板。楼梯设在中间后部西边，双跑、木质，有栏杆。顶层采用传统的柱式木构架，随着屋顶坡度逐渐降低构架，以至于檐部空间无法利用。该楼除门、窗、楼梯外，稍有装饰效果的部位是前向的门亭。该楼归属芜湖市十一中学管理使用，未经修缮，保存状况较差。

2012年，基督教外国主教公署旧址、基督教中国主教公署旧址和基督教附属建筑（生活用房）与圣雅各教堂、基督教牧师楼旧址一起，被安徽省人民政府合并公布为第七批省级文物保护单位。

编号	建筑名称	建筑功能	建造年代	地址
47	基督教牧师楼	宗教	近代	镜湖区狮子山北山脚，王稼祥纪念园西北角

由中华圣公会建造。坐北朝南偏东11度。该楼分两部分：主楼和附属建筑。

主楼两层建筑，面阔四间18.1米，进深三间11.65米，占地面积211平方米，建筑面积422平方米。附属建筑面为平房，面阔三间12.55米，进深单间4.56米，建筑面积57.23平方米。主楼与附属建筑之间是一过道，其中部起楼。

主楼四坡屋顶，机制红色板瓦屋面，屋檐四向向外挑出0.43米。三角形木构梁架，板条抹灰顶棚。木搁栅承托木楼板地坪，搁栅架在墙体上。一楼木板地坪，北向墙体中部是一门洞。门洞之南有一四开木门，为楠木制作，工艺精致。直跑木楼梯设置在中间前部的西侧，踏步露明一端线脚极为优美。房门用木制外框做成八字形，线条丰富。一楼有壁炉直矗屋面。墙体用机制红砖砌筑，白灰嵌缝。地坪至檐口高7.49米，至屋顶高10.58米。

2012年，基督教牧师楼旧址与圣雅各教堂、基督教外国主教公署旧址、基督教中国主教公署旧址和基督教附属建筑（生活用房）一起，被安徽省人民政府合并公布为第七批省级文物保护单位。

编号	建筑名称	建筑功能	建造年代	地址
48	老芜湖海关	行政	近代	镜湖区滨江公园内

坐东朝西，面临长江，视野开阔，建于1919年，耗资白银19.4万两。它是旧中国40余处海关之一，定为三等海关，专门征收轮船装运的进出口货物的税款。由英国领事署总税务司管理关务，兼管港口、

续表

航政，代办邮政、气象等业务，还负责稽查鸦片走私。

该建筑通面阔21.97米，通进深22.66米，占地面积497.84平方米，建筑面积1101.46平方米。平面五开间，进深亦为五开间，接近正方形。东、西、南三向设置外廊，以砖砌廊柱承重。主楼为柱廊式砖木结构，两层。四坡屋顶，铁皮铺盖屋面。一楼是营业大厅，二楼是办公用房。二楼中部有一南北贯通的内走廊，内走廊东西对称布局，两侧各有办公室四间。

钟楼矗立在主楼西向外廊中部，占据一间多的面积。砖混结构，平面方正。四层，通高19.55米，顶上有瞭望台。钟楼设置了顺时针方向转折的木楼梯，有木栏杆。钟楼的四个面有圆形舷窗，舷窗下装饰绶带，飘逸舒展，甚为精美。三层之上的四个角，都有塔式“权杖各一，彰显醒目”。西、南、北三向各有一圆形铜钟。钟两侧各外挑矮柱一根，两柱间向上发起拱券。整幢建筑用红砖净缝砌筑，每根柱角均有凹凸的线脚。檐部、腰线、门窗、顶棚等都有复杂而柔美的装饰线，装饰效果良好。主楼与钟楼，高差近半。远处观望，空间视廊起伏很大，对比强烈，呈现鲜明个性，曾是芜湖的标志性建筑之一。

1876年9月13日中英签署《烟台条约》，芜湖辟为通商口岸。1877年4月1日，芜湖海关开关。最初，芜湖海关设在江口西北离中江塔不远处。1919年，在陶沟以南轮船码头旁建成一组海关建筑群。包括：西面的关廨大楼，北面的理船厅办公室及货栈，偏南的外班洋员俱乐部，东面的三座西式建筑（分别为总巡洋员住室、副总巡洋员住室、洋验货员住室），还有足球场、水手和杂役住室。现仅存关廨大楼，被称为“老芜湖海关”。

1937年12月10日，日寇进犯芜湖。1938年1月17日，芜湖海关闭关，人员南撤。1946年，国民政府财政部裁撤芜湖海关。芜湖进出口贸易由南京海关兼管，芜湖海关大楼移交安徽区货税局作为办公处所。解放后，关廨大楼由长江芜湖航道处使用。2005年由芜湖海关接管。2008年由市滨江公园建设指挥部修缮。2013年，市滨江公园管理处筹划在该建筑内设立海关展览馆。

2004年老芜湖海关被安徽省人民政府公布为第五批省级文物保护单位。

编号	建筑名称	建筑功能	建造年代	地址
49	老芜湖医院	医疗	近代	镜湖区弋矶山上

老芜湖医院（皖南医学院附属弋矶山医院前身）位于镜湖区弋矶山上，已有120多年的历史。

弋矶山是长江沿岸24矶之一。矶石临江，悬崖峭壁，古来为江防要隘，又称“隘矶山”。南宋时在此设馆驿，又名“驿矶山”。明朝在弋矶山上建有四楹楼阁，取苏东坡《清风阁记》之意，名曰“清风楼”。明代贡钦《清风楼》谓之“江上清风第一楼”，明代王守仁《清风楼》唱道“清风曾不愧吾曹”，明代汤显祖与友人登“清风楼”且联句曰“清风满画楼”。清末楼颓。

1883年，美国基督教卫理公会中国负责人维吉尔·哈特，从芜湖地方政府手中购得弋矶山一块树木葱茏的土地，立起“美以美会医院界”的界碑。1888年，传教士及医生司图尔特受美国基督教美以美会委托，在弋矶山办起一座简陋医院，取名“芜湖医院”，世称“弋矶山医院”。当时医院条件较差，只有一幢砖木结构的二层楼房。1895年，美以美会传教士赫怀仁（美国基督教卫理公会驻中国传教团负责人维吉尔·哈特的次子）担任院长。1913年，赫怀仁因过度劳累又染上斑疹伤寒，年仅45岁逝世。美国基督教美以美会派遣传教士包让（医学博士、公共卫生学硕士）接任院长。1924年，医院唯一的两层楼的病房失火遭焚。医院没有停诊，一直维持到新医院的建成。1926年，医院还建立一所护士学校。包让从1914年上任，到1937年卸任，长达20多年。他重建医院，从1924年开始到1936年结束，长达12年。新建筑1926年部分建成，1936年全部建成。包让不仅建成了现代化病房楼，而且荟萃了国内外名医，

续表

扩大了医院知名度。一些刚从国外留学归来的著名中国医生，如我国防痨事业创始人之一吴绍青、外科学先驱者沈克非、儿科专业先驱者陈翠贞、现代妇产产科学创始人阴毓璋等来院从医。一些名人，如孙中山、蒋介石来医院视察，宋美龄来医院就诊。二十世纪二三十年代，弋矶山医院成为长江中下游颇有名气的医院，赢得"北有协和，南有弋矶山"的美誉。

老芜湖医院有四幢单体建筑历经百年风雨，至今仍矗立在弋矶山头。即：老芜湖医院楼（现为内科楼）、院长楼、专家楼、沈克非和陈翠贞故居。

老芜湖医院楼（现为内科楼）位于弋矶山山顶北部。这里山体落差较大，建筑也就依山就势，灵活布局。坐北朝南，砖木结构。平面是"宀"形。始建于1924年，历时12年，到1936年才完全竣工。老芜湖医院体量很大，通面阔74.7米，通进深52.355米，总占地面积1392平方米，建筑面积5474.24平方米。主体部分是位于中部、东西分布的三层建筑。主体建筑两边向南凸出，各建一幢三层楼，平面呈"凹"字形。西侧建筑年代稍晚于中部和东侧建筑。主体建筑的北向，由中部向北伸展，再建一幢依山就势的六层楼，形成了老芜湖医院独特的剖面效果。

主楼中一间，在二层上竖起白色立柱四根，支撑起屋顶部分的人字尖，象征着教会医院的神圣使命。整幢建筑用红砖净缝砌筑墙体。主体建筑及北部楼为双坡屋顶，屋面铺盖机制瓦。南向东西两楼为平顶，周有栏杆围护。窗户排列密集，均为矩形窗，砖砌假窗罩。檐下及腰部、线脚丰富圆润。尤其是整幢建筑四向在一个水平高度上，用同样的线脚相连，确实气势磅礴。该建筑的楼梯设在中一间的东边，每层均为双跑。北向楼随山体沉降而建，由B一层至B三层。

老芜湖医院楼现由芜湖弋矶山医院管理使用。曾对内部的部分装修有过改动，但外观、主体结构未动。2011年至2012年对其进行了修缮，现保存状况完好。

院长楼位于弋矶山南向的半山腰，紧邻长江，坐西朝东。南向陡降，用块石砌成护磅。底部有架空层，红砖净缝砌筑墙体。四角攒尖屋顶，红色机制瓦屋面。屋面之上有老虎窗，而老虎窗是第三层的有机组成部分。三个壁炉烟囱高耸入云。墙体承重，木骨架。通面阔三间14.135米，通进深三间16.58米，占地面积234.36平方米，建筑面积703.08平方米。该楼平面方正，东向设一门庭，北边有一房间。室内布局灵活，办公室、卧室、卫生间一应齐全。二楼与一楼布局相同，共有壁炉三座。西南向的两座砌在墙体中，北边一座炉的外向装饰有罩，甚为精美。北边中一间还安装有壁橱。楼梯设在中一间中部的北侧，三跑式样，有木栏杆。二、三两层的东向前部各有阳台，安装铁制栏杆。由于屋顶是四角攒尖式，木骨结构也就相对复杂。每角均有一根角梁，两端分别架设在墙体上。横梁也架设在墙体上，檩条则由角梁、横梁承托。

专家楼位于院长楼西侧，两楼相近。坐北朝南，灰砖净缝砌筑墙体，四坡屋顶，红色机制瓦屋面。壁炉烟囱冲出屋面，耸入云端。东、南两向用砖柱承挑外廊，柱的断面较大，厚重粗壮。柱间有铁制栏杆，装饰纹样较为圆润柔和。通面阔14.91米，通进深12.58米，占地面积187.57平方米，建筑面积375.14平方米。该楼基座较高，达1.75米。南向第四间前部设有石台阶共13级（由东向西），两边有铁制栏杆。楼梯设在中一间中部，双跑，有栏杆。一、二两楼平面布局相同，各有房间四间，卫生间设在楼梯的后向。室内每间房间都有壁炉。屋顶为木质人字架支撑，墙体承重。该楼外向、室内都没有显眼的装饰，朴素幽雅。

院长楼、专家楼现都为弋矶山医院用房，未经大的维修。外立面贴现代面砖，基本格局保留完好。

沈克非和陈翠贞故居位于弋矶山东部半山腰上。坐北朝南，砖木结构，二层楼外加局部架空层。红砖净缝砌筑墙体，歇山式红色筒瓦屋顶。通面阔17.705米，通进深10.6米，占地面积187.67平方米，

续表

建筑面积480.26平方米。该楼平面不甚规则，主楼南向的西段向外挑出，呈弓字形。东段则是平台，砖砌栏杆围护。平台之下是架空层。中部开有四开式大门，大门上方有造型简朴的外挑门罩。西为山墙，一楼中一间是过道，东向一间是客厅。南檐墙开设大门两樘，门之上方用砖砌筑与墙外皮齐平的拱券，用作装饰。西向有两间房。楼梯设在后部东向，直跑。二楼为木板地坪，平面布局与一楼相同。西向前面向外伸展筑一平台，也有砖砌栏杆围护。屋顶为后人改造，原为四坡式样。该楼现为弋矶山医院的办公用房，保存状况一般。

2012年老芜湖医院被安徽省人民政府公布为第六批省级文物保护单位。

编号	建筑名称	建筑功能	建造年代	地址
50	崔国因公馆旧址	住宅	近代	镜湖区吉和街道冰冻街芜湖军分区内

建于清代晚期。坐东朝西，两层西洋式建筑，红色琉璃瓦覆顶。面阔18.5米，进深13米，占地面积237平方米。

崔国因（1831—1909），晚清著名外交官。安徽省太平县人。1871年中进士，1874年授国史馆编修。1889至1893年任中国驻美国、日斯巴尼亚（今西班牙）、秘鲁三国公使。在任期间，十分重视30万华工在美国的切身利益。认真研究国际公法、美国法律和中美有关条约，通过外交途径，进行合理合法斗争，终使美国废除排华法案，维护了华工在美的合法权益。1894年辞官从商，选择了徽商最为密集的芜湖，买田置业，开设砻坊，走上“实业救国”道路。他在沿河路开设的汇丰砻坊，与李经方（李鸿章的长子）经营的源德裕砻坊，几乎垄断了芜湖的碾米生意。在芜经商期间，整理出版了出使时所写的40多万字的《出使美日秘三国日记》。该书对美国、西班牙、秘鲁的政治、经济、军事、外交及华侨生活和人民友好交往作了客观记叙，被梁启超列入《西学书目表》。与清末外交官薛福成的《出使英法意比四国日记》一样，成为清末国人睁眼看世界的必读书籍和后人研究近代中外关系史的宝贵资料。

编号	建筑名称	建筑功能	建造年代	地址
51	萃文中学旧址	教育	近代	镜湖区凤凰山

始建于1910年。清光绪二十九年（1903），美籍传教士毕竟成与安徽人翟士发一起，在青山街后巷15号造了两间房屋，创办基督教来复会教会学校“育英学堂”。1906年改名为“萃文书院”。1910年毕竟成在凤凰山购地建校，1912年教学楼、教务楼同时竣工，遂将“萃文书院”迁往凤凰山。1921年易名“萃文中学”，添建膳堂和大礼堂。现仅存教学楼（竟成楼）和教务处楼。

竟成楼为西洋式建筑风格，共3层，砖木结构。坐东朝西，偏北10度。面阔24.57米，进深20.5米，占地面积503.69平方米。四坡屋顶，黑色铁皮屋面。三角形木质梁架，四向均设有大小不同的老虎窗。红色机制砖净缝扁砌墙体，水泥、木板混合地坪。

教务处楼位于竟成楼西南向9米处，西洋式建筑，共2层，砖木结构。四坡屋顶，铁皮屋面，屋顶有老虎窗。红色机制砖净缝扁砌墙体。二楼设廊，窗、廊以砖砌柱，设拱券。

萃文中学必修课有：圣道、英语、算术、代数、测绘、理化、天文、生理、修身、舆地、国文和音乐。第一任校长为加拿大人毕竟成，后任校长为爱尔兰人华尔敦、美国人徐鸿藻、中国人李静涵。

萃文中学虽是教会办的学校，却有着爱国与民主的光荣传统。1919年，学生们积极参加五四运动。

续表

1921年声援安庆六二惨案。1923年萃文学生积极参加“中国社会主义青年团”。1925年芜湖爆发了由圣雅各中学学生发起的反对奴化教育、收回教育主权的爱国学生运动，萃文中学积极呼应，100多人公开罢课，列队离校。1927年萃文学生会组织反对校长李静涵的斗争并取得成功，第二年就设立董事会，并且由中国人担任董事长兼校长，直至40年代末。抗战时期萃文中学迁至重庆，1946年迁回凤凰山。1952年由人民政府接管，改名芜湖四中，后又改为安徽师范大学（时称皖南大学）附属中学。1960年校址迁至小官山。21世纪初，安徽师范大学附属中学初中部叫萃文中学，高中部为安徽师范大学附属中学。

2005年萃文中学旧址被芜湖市人民政府公布为市级文物保护单位。

编号	建筑名称	建筑功能	建造年代	地址
52	内地会圣经学校旧址	教育	近代	镜湖区小官山山腰（今安师大附中宿舍）

建于民国时期。坐西朝东，二层，砖木结构。屋顶铺红色平瓦，前有券廊。地面为实木地板。占地面积约696平方米，建筑面积1352平方米。属于典型的宗教建筑，较为精致美观。

内地会是英美等国基督教新教向中国派遣传教士的一个差会组织。19世纪初到20世纪中叶，基督教新教来华的差会有130多个。内地会是人数最多、传教区域最广、最具特色的差会。内地会由英国戴德生创于1865年。总部设在伦敦，美国、加拿大设有分会。该会派遣大批传教士，深入中国内地、边疆和少数民族地区传教，最远抵达乌鲁木齐。内地会在中国的总部最初在杭州，1890年迁至上海。

编号	建筑名称	建筑功能	建造年代	地址
53	英商亚细亚煤油公司	办公	近代	镜湖区铁山半山腰的南部

建于1920年，是一座英式柱廊式二层建筑。外观简洁，典型的商业性公共建筑，原为英商亚细亚煤油公司在芜湖的办事机构。

该楼坐西朝东，依山势而建，南北长，东西窄。平面参差不齐，立面错落有致。多开间，二层楼。青砖净缝砖砌墙体，双坡屋顶。机制红瓦铺盖屋面，木骨架，墙体承重为主。通面阔62.855米，通进深19.65米，占地面积1234.71平方米，建筑面积2178.28平方米。

该楼东向分别建造三间纵向二层楼，使屋顶与横向建筑产生交错，形成立面上的变化效果。东向的南边，以方形木柱承挑出檐，设置外廊。一楼不设栏杆，二楼有栏杆。东向的北边，随着地形的沉降而加高底座，其中最北一间建有b层。西向是自然高地，建筑也随着地形抬高。西向的北边是一空地，空地北、东、南三向是下凹的排水道。建筑主楼梯设在中间。北楼的西向和南楼的西向分别设有内廊，呈不规则走势。西楼与东楼之间即楼梯间，为斜式平顶屋面，向北排水。

1876年中英签订《烟台条约》后，列强纷纷抢滩芜湖，开公司、办洋行。1902年，英商亚细亚煤油公司在芜湖正式开业。他们经营的品种有煤油、汽油、柴油、润滑油、蜡烛等，其中以煤油销量为首，几乎取代了中国传统用来照明的植物油。1920年，英商亚细亚煤油公司在铁山设立办事处，建立贮油库，隶属南京亚细亚煤油公司。抗日战争时期，油池被日军拆走。

1953年市人民政府征用此楼。铁山宾馆把它作为客房部使用至今，名为“烟岚楼”。楼边绿树成荫，楼后紫藤缠绕。

续表

<table>
<tr><td colspan="5">二十世纪八九十年代，芜湖市铁山宾馆多次对该建筑进行维修，2011年重新装修。外观及主体结构均未改变，保存状况较好。</td></tr>
<tr><td>编号</td><td>建筑名称</td><td>建筑功能</td><td>建造年代</td><td>地址</td></tr>
<tr><td>54</td><td>英商太古轮船公司</td><td>商业</td><td>近代</td><td>镜湖区滨江公园内</td></tr>
<tr><td colspan="5">位于镜湖区滨江公园内，现为江岸路49号，亦称“太古洋行”，是太古轮船公司在芜湖的办公用房，建于1905年。太古轮船公司是当时进入芜湖最早、对芜湖影响最大、影响时间最长的外国轮船公司。
1876年芜湖开埠通商，英国人率先进入芜湖开公司、办洋行。英商太古轮船公司、英商怡和轮船公司在芜湖设立机构之后，美商旗昌洋行、德商亨宝洋行、日商日清轮船公司也相继在芜湖设立航运机构和趸船。起初，洋商都在关门洲以外的江面上设趸船。1905年公共通商租界划定，外商纷纷转至江边租界，建造码头、仓库、货栈。健康路以西，原江边11号码头至13号码头稍北，为太古码头及太古公司的仓库、货栈所在地。太古码头是当时芜湖最大的码头，停泊船只均为英国轮船。1905年，太古码头建成不久，又濒临长江造了太古轮船公司办公楼。
该楼坐东朝西，面阔三间13.125米，进深三间14.15米，占地面积185.72平方米，建筑面积319.73平方米，平角方正整齐。该建筑设计者强调建筑的实用性，除大门、窗之外，无特殊装饰。红砖砌筑墙体，四坡屋顶。主体结构采用砖墙承重、木结构支撑的混合式样，方便简洁，经济实惠。该楼前向两间为二层，一、二两层各有办公室四间，中部一间规模小于次间，与中式建筑常见规制有所不同。后向一间为一层，其上是平台。楼梯为三跑式，设置在一层中间的后向。
以经营船舶运输为主的英国太古轮船公司又称“伦敦中国航运公司”，成立于1872年，总部在伦敦，在上海、香港设立分公司。太古轮船公司有12艘大轮，往返于芜湖与上海、天津、香港、华南地区及英国，货运量巨大。出口货物主要是药材和粮食，进口货物有白面、煤油、日用品。
太古轮船公司办公楼建成后，一直是该公司的办公场所。抗日战争爆发后，英籍经理回国，中国人代任经理。1942年太平洋战争爆发，该楼及太古轮船公司的其他财产被日本人冻结。日本人掌管码头，对码头工人进行残酷的剥削和欺压。
抗战胜利后，外国轮船公司全部退出长江船运。此楼由芜湖市政府接管，长期作为居民住宅使用。由于保存状况很差，2008年在滨江公园建设中，对该楼进行易地重建。
2004年芜湖市人民政府公布太古轮船公司旧址为市级文物保护单位。</td></tr>
<tr><td>编号</td><td>建筑名称</td><td>建筑功能</td><td>建造年代</td><td>地址</td></tr>
<tr><td>55</td><td>英商太古公司洋员宿舍旧址</td><td>住宅</td><td>近代</td><td>镜湖区赵家村108号</td></tr>
<tr><td colspan="5">位于镜湖区赵家村108号，建于近代，具体时间不详，靠近第一人民医院后门。这里原是芜湖开埠通商后的公共租界。它是外国在芜湖建造的最早的商业用房之一。
该楼坐北朝南，平面呈不规则形式，比较灵活。通面阔14.27米，通进深17.52米，占地面积250.01平方米，建筑面积652.23平方米。大门开在南向檐墙的东边，用进口的优等材质制作外门框，线脚丰富精美。东、西两向前部各开一边门通往室外。一、二两层的前半部，有钢筋水泥质地的柱子与</td></tr>
</table>

续表

栏杆。其中西南角平面为半圆形，南向西侧是内八字形。二楼前向是平台。一楼大门前部及东侧是水磨石地坪，余者为木板地坪。室内设有壁炉两座，分居建筑的东西两向，烟囱穿过二层通出屋面。该楼的立面处理多变，层次丰富。南向立面，东侧是平台，平台之上是六边形的瞭望亭。西侧是一与后部呈垂直方向的建构，山墙开门开窗，并有栏杆围护。建筑后部建构作东西向横摆，使屋顶与前部建构产生交错，形成线条上的变化与跳跃。该楼外观除六角亭外是两层，实际上有三层。后部建筑采用45度角弦梁向上撑挑，形成第三层空间。这种结构式样对拓展空间是成功的做法。除立面外，该楼没有太多装饰。室内空间紧凑适用，充分展示出人性化的建筑理念。总体上，该楼外观具有西式建筑的风貌特征，但其内核及其细部则完全是中式的。

解放后，该楼为医院职工宿舍。目前保存状况较差，急需修缮。

编号	建筑名称	建筑功能	建造年代	地址
56	英商怡和轮船公司旧址	商业	近代	镜湖区健康二马路中段

位于镜湖区健康二马路中段，第一人民医院与自来水厂之间，一幢红色西式二层楼房，是英商怡和轮船公司在芜湖的办公用房，建于1907年。

该楼为二层三开间英式建筑，坐南朝北。红砖净缝砌筑墙体，红色机制平瓦屋面。占地面积200平方米，建筑面积400平方米。楼上楼下都是相同的办公室。平面方正，立面朴实。没有壁柱，也没有雕刻和线脚装饰。室内装修简洁素雅，空间宽敞，采光性能好，强调建筑的实用性和人性化。砖木结构，主体构架与传统做法没有太大变化，但在尺度均衡方面力求经济合理。建筑风格大方朴实，整齐素雅。

1881年，英商怡和轮船公司在芜湖设立机构，经营航运、出口贸易等业务。1907年，怡和轮船公司在租界内购置滩地，建造码头、仓库、货栈。该公司拥有大轮8艘，规模仅次于太古轮船公司。1942年，太平洋战争爆发后，怡和轮船公司撤出芜湖，部分轮船等财产被日军没收，怡和轮船公司的这幢办公楼也在其中。日本人掌管码头，对码头工人进行残酷的剥削和欺压。

解放后，该楼由芜湖市政府接管。弋矶山派出所在该楼办公，后为市民居住用房。目前保存状况较差，急需修缮，现已无人居住。

编号	建筑名称	建筑功能	建造年代	地址
57	芜湖中国银行旧址	商业	近代	镜湖区中二街86号

建于1926年，现由中国工商银行芜湖分行管理使用。芜湖最早设立的国家银行是1909开业的大清银行芜湖分行。大清银行是中国官方开办的最早的国家银行。1905年，清政府在北京设立户部银行。1908年，大清户部银行总、分行各机构一律改名为大清银行。大清银行芜湖分行是大清银行在安徽开设的第一家分支机构。1912年中华民国成立后，大清银行改称中国银行。1914年，大清银行芜湖分行改称中国银行芜湖分行，隶属于南京分行。1917年，安徽分行从安庆迁到芜湖，芜湖分行开始统领中国银行在皖的业务。由于业务不断扩大，老建筑不敷使用，中国银行芜湖分行便在大清银行芜湖分行的原址上新建银行大楼。

1922年，新银行大楼由中国近代第一批留学国外、学成归来的著名建筑学家柳士英先生设计。1926年动工兴建，次年竣工。该楼为西方古典式建筑风格，体量宏大，外观雄伟。主体建筑为三层，砖混结

续表

构。内部为木结构、木楼板，屋面盖灰瓦。建筑面积1099平方米，门厅约为250平方米，高达7米。厅内由四柱支撑，柱头造型别致。石砌台基厚重坚固，爱奥尼式廊柱挺拔隽秀。新银行大楼建成后，成为当时芜湖的地标式建筑。

1937年，芜湖沦陷前，中国银行芜湖分行迁往汉口，设立办事处，代理少量业务。抗战时期，该建筑顶部被毁。1946年重修，恢复旧观。解放后，该建筑由人民银行接管。20世纪80年代，人民银行改制，这幢建筑划归新成立的工商银行芜湖市支行。2011年，中国工商银行芜湖分行对其进行了加固修缮。

2005年该建筑被芜湖市人民政府公布为全市重点文物保护单位，2012年被安徽省人民政府公布为第六批省级文物保护单位。

编号	建筑名称	建筑功能	建造年代	地址
58	皖江中学堂暨省立五中旧址	教育	近代	镜湖区，安徽师范大学赭山校区，大赭山西南坡

现为安师大教职工宿舍。砖木结构，四合院式平房。总长60余米，宽9米。依山而建，梯级三进。第一进是门房、庭院，门前是20级花岗岩麻石台阶，中间有休息平台。第二进是办公室，长24.6米，宽9米。第三进是一排面阔21米、进深7.5米的五开间教室。

皖江中学堂的前身是始建于清乾隆三十年（1765）的中江书院（位于青弋江南岸蔡庙巷，在今弋江区内）。咸丰三年（1853）毁于战火，同治二年（1863）原址重建，名为“鸠江书院”。同治九年（1870），迁址到城内东内街梧桐巷。光绪初年更名为“中江书院”。光绪二十年（1894），袁昶任徽宁池太广分道道员，扩建“中江书院”。光绪二十九年（1903）改名“皖南中学堂”，并附设小学堂。同年底，学校迁至大赭山，更名为“皖江中学堂”，是芜湖最早的官办初等教育学校，也是安徽省最早的独立中学。民国元年（1912）更名为“省立第二师范学校”。民国三年（1914）改为“省立第五中学”。1928年改为“省立芜湖初级中学”。1929年改为“安徽省立第七中学”，增设了高中。1950年改为“芜湖第一中学”，不久迁至张家山。

1904年，陈独秀曾在皖江中学堂执教。1906年同盟会长江中下游支部长张伯纯担任学校监督，该校成为安徽省辛亥革命和中江流域文化运动的重要据点。这里还是刘希平、恽代英、萧楚女、高语罕、蒋光慈等人从事教学和革命的地方。五四运动期间，省立五中在校长刘希平和学监高语罕主持下，联合芜湖各校2000多名师生，声援北京学生反对北洋政府在巴黎和约上签字。省立五中成为芜湖爱国运动的领导核心，被誉为“安徽的北大”。

皖江中学堂暨省立五中旧址是芜湖近代教育的缩影。它起源于清代早期的书院，跨越了旧民主主义革命和新民主主义革命两个时期，与重大历史事件、重要历史人物紧密相关，在芜湖革命史和教育史上留下了辉煌的一页，具有很高的历史研究价值和文物价值。

2005年芜湖市人民政府公布皖江中学暨省立五中旧址为市级文物保护单位。

编号	建筑名称	建筑功能	建造年代	地址
59	乐育楼	教育	近代	镜湖区，安徽师范大学赭山校区，大赭山西南坡

皖江中学堂暨省立五中的教学楼之一。坐北朝南，青砖红瓦，二层楼房。七开间，面阔25.4米，进深20.3米，层高3.7米。东西向中间是走廊，两边对称是教室。一楼是绿色水磨石地面，二楼是木地板。

续表

南北两面各有两个壁炉及烟道。门楼面阔4.7米，进深2.6米，竖立两根粗大的罗马柱。该楼虽经百年风雨侵蚀，但基础坚实，气势傲然，是一处珍贵的文化遗址。

省立五中内原先矗立着两座教学大楼，北为“乐育楼”，南为“怀爽楼”，为纪念袁昶而建，现仅存乐育楼。袁昶（1846—1900），字爽秋，曾任徽宁池太广分道道员，任内致力扩建省立五中的前身中江书院，1900年庚子事变中被错杀。

中国近代史上许多著名人物在皖江中学堂暨省立五中留下足迹。新文化运动旗手、中共创始人之一陈独秀，1904年执教皖江中学堂，传播革命理论。中国近代杰出文学家、画家、翻译家苏曼殊，1906年执教皖江中学堂。著名教育家、爱国知识分子刘希平于1916年执教皖江中学堂，1920年担任校长，领导芜湖学生运动。中共早期党员高语罕于1919年任省立五中教导主任，宣传十月革命思想。无产阶级革命文学先驱蒋光慈于1919年担任省立五中学生会负责人。中共创建时期领导人之一恽代英于1921年来省立五中演讲，鼓舞学生爱国热情和革命斗志。著名红学家吴组缃于1921年就学省立五中时，接触进步思潮，主持该校学生会文艺周刊《赭山》，开始文学创作。

编号	建筑名称	建筑功能	建造年代	地址
60	省立第二甲种农业学校旧址	教育	近代	镜湖区康复路111号

即原芜湖农校校址（今芜湖职业技术学院东校区）。1912年，安徽公学（地点在中二街米捐局巷）改办为甲种实业学校，分设农、商两科。1914年分出商科后，改为省立第二甲种农业学校（简称“二农”，地点在东门外教场街）。五四运动前后和大革命时期，“二农”革命思想浓厚，进步学生云集，师生一直站在斗争前列。

编号	建筑名称	建筑功能	建造年代	地址
61	侵华日军驻芜警备司令部旧址	军事	近代	镜湖区安徽师范大学赭山校区西门内

建于1940年前后。1937年12月10日，芜湖被日军飞机狂轰滥炸后，沦陷敌手。日警备司令部驻扎赭山，日宪兵队驻扎环城西路，铁道警备队驻扎狮子山，日空军驻扎湾里机场。1940年前后，日军在赭山南山腰建造了三栋二层楼房，作为警备司令部。一栋大的，两栋小的。大的建筑叫作1号楼，小的建筑叫作2号楼、3号楼。另外，在附近还造了一座平房，为马号。

该栋楼坐北朝南，平面规整，呈矩形。面阔41.04米，进深17.05米，占地面积699.73平方米，建筑面积1399.46平方米。墙体为青砖净缝砌筑。一楼以排列密集的砖柱构筑外廊，柱与柱之间发起券拱，为券廊式。二楼也设有外廊，但无券拱。廊柱间有栏杆，用木质单步梁承挑出檐。墙体承重为主，屋顶用人字架支撑。双坡屋顶，两山向外挑出。双跑式木质楼梯设在中一间的后向。一楼内部中间设有东西走向的内廊，南北为房间，东西对称。房间靠内廊的一面起券。除门窗外，该楼几乎没有装饰。

警备司令部不远处有地堡一座，足见当年戒备森严、气氛恐怖。附近的萃文中学旧址上还有防空洞，前几年，离这里几百米外的赭山上挖出大量尸骨。这是日寇残害中国人的“万人坑”，控诉着当年日军在芜湖犯下的滔天罪行。

续表

解放后，侵华日军驻芜警备司令部的三栋楼以及马号由芜湖市人民政府接管。后由市政府拨交给安徽师范大学管理使用。新世纪前后，该校在基建过程中，拆除了1号楼、2号楼以及马号，现在只剩下3号楼。

附录二：芜湖市域历史文化资源一览表

资料来源：安徽省规划局

国家级				
序号	名称	位置	年代	品类
1	圣雅各中学旧址	镜湖区吉和街道十一中学校内	清～近代	近现代重要史迹及代表性建筑：文化教育建筑及附属物
2	英驻芜领事署	镜湖区镜湖街道范罗山山顶	清	近现代重要史迹及代表性建筑：重要历史事件和重要机构旧址
3	天主堂	镜湖区吉和街道吉和街28号的鹤儿山	清	近现代重要史迹及代表性建筑：宗教建筑
4	人字洞遗址	长垅村腊山自然村东北100米	早更新世早期	古遗址
5	繁昌窑遗址	铁门村高潮自然村南	宋	古遗址
6	皖南土墩墓群	南陵县葛林千峰村、繁昌县（今繁昌区）平铺镇	商周	窑址
7	牯牛山遗址	籍山镇先进村	商周	古城址
8	大工山——凤凰山古铜矿遗址	南陵县工山镇	西周～宋	矿冶遗址
9	黄金塔	无为县无城镇凤河行政村	北宋	矿冶遗址
	合计：9处			

省级				
序号	名称	位置	年代	品类
1	衙署前门	镜湖区北门街道十字街29号	宋～清	古建筑：衙署官邸

续表

省级				
序号	名称	位置	年代	品类
2	小天朝	镜湖区北门街道儒林街 48 号	清	近现代重要史迹及代表性建筑:传统民居
3	米沛芜湖县学记碑和明刻李阳冰谦卦碑（含大成殿）	镜湖区北门街道十二中校内	宋～清	近现代重要史迹及代表性建筑:传统民居
4	模范监狱	镜湖区北门街道东内街 32 号	近代	近现代重要史迹及代表性建筑:其他近现代重要史迹及代表性建筑
5	老芜湖海关	镜湖区吉和街道芜湖港候船室边，陶沟以南	近代	近现代重要史迹及代表性建筑:重要历史事件和重要机构旧址
6	圣雅各教堂	镜湖区镜湖街道花津路 46 号	清	近现代重要史迹及代表性建筑:宗教建筑
7	老芜湖医院	镜湖区弋矶山街道赭山西路 92 号弋矶山上	近代	近现代重要史迹及代表性建筑:医疗卫生建筑
8	中江塔	镜湖区吉和街道沿河路青弋江口，青弋江与长江交汇处的北岸	明～清	古建筑寺观塔幢
9	芜湖中国银行旧址	镜湖区镜湖街道中二街 86 号	近代	近现代重要史迹及代表性建筑:金融商贸建筑
10	芜湖内思高级工业职业学校	镜湖区吉和街道吉和南路 26 号安徽机电职业技术学院校内，雨耕山脚	近代	近现代重要史迹及代表性建筑:文化教育建筑及附属物
11	红星神墩遗址	三山街道长坝行政村代村西南 250 米，西距铜山 1000 米	新石器时代～春秋	古遗址：聚落址
12	门村船墩遗址	峨桥镇响水涧行政村门村自然村村东南 300 米	周	古遗址：聚落址
13	阮墩遗址	新东村高王自然村西南 150 米	新石器、商周	古遗址
14	九龙包土墩墓群	籍山镇五里茶丰村	西周～春秋	古墓群
15	张氏宗祠	何湾镇丫山地区南陵湖村	清	坛庙祠堂
16	张氏宗祠	籍山镇城区	清	坛庙祠堂
17	米公祠	无为县无城镇米公祠 12 号	北宋	古建筑

续表

省级				
序号	名称	位置	年代	品类
18	新四军七师司令部旧址	无为县红庙乡海云行政村	1941—1945	近现代重要史迹
19	周氏宗祠	无为县洪巷乡联合行政村	清代	古建筑
20	杭西墩遗址	无为县十里墩乡虹桥社区杭西自然村	新石器时期	古遗址
21	戴安澜故居	无为县洪巷乡练溪社区风和自然村	民国	近现代重要史迹
22	胡氏宗祠	陶辛镇湖湾行政村湖湾自然村	清代	坛庙祠堂
23	行廊塔	红杨镇行廊行政村十甲坝自然村	南宋	古建筑寺观塔幢
24	楚王城遗址	花桥镇黄池行政村山头自然村全部，城东行政村农庄自然村部分	战国～西汉	古城址
25	东门渡窑址	花桥镇东门渡社区东门渡街道	五代	古遗址
26	下西遗址	南陵县何湾镇涧西行政村下西自然村东100米	商周	聚落址
27	新四军三支队司令部旧址	繁昌县孙村镇中分村内	近代	重要历史事件及人物活动纪念地
28	骆冲遗址	繁昌县繁阳镇阳冲行政村骆冲自然村东50米处	五代～北宋	古遗址：窑址
29	广济寺塔	镜湖区九华中路213号	宋	古建筑寺观塔幢
	合计：29处			

市、县级				
序号	名称	位置	年代	品类
1	烟雨墩名人藏馆	镜湖区镜湖街道镜湖西南边，和平大厦东边50米	现代	近现代重要史迹及代表性建筑：其他近现代重要史迹及代表性建筑

续表

市、县级				
序号	名称	位置	年代	品类
2	殷家山商周遗址	镜湖区湾里镇广福行政村殷家山村，赭山与四褐山之间的沿江丘陵带中段	商周	古遗址：聚落址
3	神山铸剑遗址	镜湖区神山山顶附近	春秋	古遗址矿冶遗址
4	戴安澜烈士墓	镜湖区赭山街道赭山公园小赭山南半山腰	近代	近现代重要史迹及代表性建筑：烈士墓及纪念设施
5	刘希平先生墓	镜湖区赭山街道赭山公园大赭山山顶上	近代	近现代重要史迹及代表性建筑：名人墓
6	清真寺	镜湖区镜湖街道上菜市 3 号	清	近现代重要史迹及代表性建筑：宗教建筑
7	滴翠轩	镜湖区赭山街道广济寺地藏殿西侧	近代	近现代重要史迹及代表性建筑：名人故居
8	萃文中学	镜湖区赭山街道安徽师范大学凤凰山 4 幢、3（1）幢	近代	近现代重要史迹及代表性建筑：文化教育建筑及附属物
9	省立五中旧址	镜湖区赭山街道北京东路 1 号安徽师范大学北校区后山腰，成教院东北侧 20 米	清	近现代重要史迹及代表性建筑：文化教育建筑及附属物
10	益新面粉厂	镜湖区东门街道砻坊路东段，紧邻袁泽桥	近代	近现代重要史迹及代表性建筑：工业建筑及附属物
11	王稼祥纪念园	镜湖区吉和街道十一中学狮子山上	近代	近现代重要史迹及代表性建筑：其他近现代重要史迹及代表性建筑
12	肖云从墓	镜湖区	清	古墓葬：名人或贵族墓
13	三山烈士陵园	三山街道双龙口北侧，芜铜公路北侧	现代	近现代重要史迹及代表性建筑：烈士墓及纪念设施
14	珠墩遗址	峨桥镇响水涧行政村村委会西南 50 米	西周～春秋	古遗址：聚落址
15	四顾墩遗址	荷圩村花园自然村西 600 米	商周	古遗址
16	象山神墩遗址	象山村烟潭陶村南 150 米	商周	古遗址
17	古家大屋	新港街道鹊江路	清代	古建筑
18	汪洋陈墩遗址	汪洋村董村南 30 米	商周	古遗址

续表

市、县级				
序号	名称	位置	年代	品类
19	章家祠堂	万里村西边章村东	清代	古建筑
20	和尚墩遗址	万里村圩墩自然村和尚墩	新石器时代、商周	古遗址
21	圩墩遗址	万里村圩墩村土墩上	商代	古遗址
22	大冲螺丝墩遗址	大冲村东阳自然村西北侧	商代	古遗址
23	城关夫子庙	繁阳镇城关第一小学内	明代	古建筑
24	犁山冶炼遗址	犁山村下铁村民组	春秋	古遗址
25	塘口坝血战遗址	梅冲村金冲自然村东南	民国	史迹建筑
26	从鲁墩遗址	郭仁村从鲁自然村	商代	古遗址
27	磨墩遗址	官塘村放上自然村东北450米	商代	古遗址
28	笔架大神墩遗址	笔架村高屋基西南250米	商代	古遗址
29	笔架神墩遗址	笔架村笔架小区东侧	新石器时代、商周	古遗址
30	板子矶古建筑群	新河村板子矶上	明清	古建筑
31	缪墩遗址	沈弄村前圩村南侧	新石器时代	古遗址
32	鹭鸶墩遗址	沈弄村马厂北南400米	新石器时代、商周	古遗址
33	峨山冶炼址	凤形村桂花村南侧	春秋	古遗址
34	半边街窑址	峨山自然村西200米	宋	古遗址
35	千军岭炮台	千军村千军岭	元	古遗址
36	丁山遗址	茶山村高河村北50米	商周	古遗址
37	新桥	城西村职业学校100米	清	古建筑
38	凌后冲古民居	赭圻村凌后冲自然村	清	古建筑
39	峨山头战壕旧址	繁昌县城南侧约800米箬帽顶山顶	民国	史迹建筑
40	李家发烈士纪念碑	家发镇马山村	现代	烈士墓
41	龙门桥	籍山镇城区	明清	桥涵码头
42	马义桥	三里镇吕山村	明清	桥涵码头

续表

市、县级				
序号	名称	位置	年代	品类
43	毕家桥	籍山镇城区	明清	桥涵码头
44	玉带桥	籍山镇城区	清	桥涵码头
45	墩山古墓群	家发镇墩山村	三国两晋南北朝	普通墓葬
46	长山土墩墓群	家发镇长山村	西周春秋	古墓葬
47	太白仙酒坊	许镇镇仙坊村	宋辽金元	店铺作坊
48	黄盖墓	许镇镇东风村王墩	夏商周	聚落址
49	圣公会乐育教堂	籍山镇籍山一小校园内	近现代	近现代重要史迹及代表性建筑
50	父子岭新四军烈士纪念塔	三里镇山泉村	近现代	烈士墓及纪念设施
51	黄山桥	何湾镇丫山黄山村	清	桥涵码头
52	何氏虎厅民宅	何湾镇何湾村冲里自然村	清	宅第民居
53	铁山石刻	何湾镇铁山村	近现代	其他石刻
54	天然门明代石刻	何湾镇南山村	明代	其他石刻
55	三里土城遗址	三里镇西岭村土城	夏商周	聚落址
56	丫山革命烈士纪念塔	何湾镇丫山老街碧溪桥西30米	现代	烈士墓及纪念设施
57	牛头山土墩墓群	何湾镇钱桥村牛头山茶场	西周～春秋	普通墓葬
58	北门桥	籍山镇惠民北街	清	桥梁码头遗址
59	陈墩、张墩遗址	南陵县许镇镇丁塘村邓村	周代	聚落址
60	乌霞寺	工山镇大工村	宋	寺观塔幢
61	丁汝昌墓	无为县严桥镇沈斌行政村小鸡山上	清代	古墓葬
62	卞氏宗祠	无为县襄安镇老街	清代	古建筑
63	六洲暴动旧址及胡竺冰故居	鸠江区白茆镇六洲中学内	民国	近现代重要史迹
64	戴氏宗祠	无为县襄安镇老街	清代	古建筑
65	汪氏宗祠	无为县洪巷乡陡岗行政村	清代	古建筑
66	太平桥	无为县石涧镇汪冲村	明代	古建筑

续表

市、县级				
序号	名称	位置	年代	品类
67	白鹤观商周遗址	无为县襄安镇东南角	商周	古遗址
68	古青岗寺遗址	无为县洪巷乡青岗行政村青岗林场山林之中	宋代	古遗址
69	无城古城墙遗址	无为县无城镇太平社区	明代	古遗址
70	牛王岗神墩遗址	无为县开城镇六店行政村刘老自然村南侧300米处	新石器时代	古遗址
71	月牙山神墩遗址	无为县红庙镇徐岗社区月牙自然村	周代	古遗址
72	凉亭神墩遗址	无为县红庙镇凉亭行政村凉亭自然村	周代	古遗址
73	蒋家神墩遗址	无为县红庙镇正岗行政村蒋家自然村	周代	古遗址
74	刘家神墩遗址	无为县赫店镇汪邵行政村章华自然村	周代	古遗址
75	窑咀头遗址	无为县鹤毛乡岳山行政村邢桥自然村坡地上	周代	古遗址
76	程家墓古墓群	无为县襄安镇白鹤行政村程家墓自然村	汉代	古墓葬
77	吴廷翰墓	无为县城南郊原化肥厂职工宿舍邻近	明代	古墓葬
78	任虎臣墓	无为县严桥镇辉勇行政村瓜凹自然村皖江水库东南	民国十年（1921年）	古墓葬
79	白鹤观	无为县襄安镇南印墩上	三国	古建筑
80	双泉寺	无为县蜀山镇周家大山林场	唐代	古建筑
81	西九华寺	无为县开城镇都督山	宋代	古建筑
82	华林桥	无为县无城镇东门环城河上	明代	古建筑
83	横步桥	无为县无城镇凌井行政村西河上	明代	古建筑
84	平安桥	无为县赫店镇平安行政村西河上	明代	古建筑

续表

市、县级				
序号	名称	位置	年代	品类
85	蛟矶庙	鸠江区二坝镇蛟矶行政村东南侧长江边	明清	古建筑
86	地王阁寺	无为城南十里墩乡龙桥村	清代	古建筑
87	毛氏宗祠	无为县洪巷乡联合行政村周毛自然村东侧	清代	古建筑
88	童氏宗祠	无为县泉塘镇郭巨山行政村务里自然村	清代	古建筑
89	刘氏官庭	无为县昆山乡石门行政村老街	清代	古建筑
90	永安桥	鸠江区二坝镇蛟矶行政村东南侧长江边	民国	古建筑
91	季氏宗祠	无为县无城镇仓头社区季家西村西南侧	明代	古建筑
92	将军庙	无为县姚沟镇南湖行政村永宁自然村无为大堤北侧	元代	古建筑
93	报国寺	无为县无城镇羊山行政村	元代	古建筑
94	鲁咀古井	无为县泉塘镇钱井行政村鲁咀自然村	清代	古建筑
95	焦冲碾屋	无为县鹤毛乡万年台风景区	清代	古建筑
96	徐庭瑶故居	无为县无城镇西大街无为市人民医院内	民国早期	近现代重要史迹
97	皖江兵工厂旧址	无为县石涧镇青苔行政村胡家山冈自然村山麓	1941 年	近现代重要史迹
98	大江币厂旧址	无为县石涧镇青苔行政村胡家山冈自然村山麓	民国三十三年（1944 年）	近现代重要史迹
99	惠生堤	鸠江区二坝镇无为大堤下段	1945 年	近现代重要史迹
100	渡江革命烈士纪念碑	鸠江区白茆镇云胜行政村十九队	1953 年	近现代重要史迹
101	无为县革命烈士纪念碑	无为县无城镇烈士陵园内	1953 年	近现代重要史迹
102	皖江革命根据地烈士纪念塔	无为县红庙乡海云行政村团山之巅	1958 年	近现代重要史迹

续表

市、县级				
序号	名称	位置	年代	品类
103	田间墓	无为县开城镇羊山行政村羊山头自然村	1985 年	近现代重要史迹
104	图书馆藏书楼	无为县无城镇米公祠院内	现代	近现代重要史迹
105	三尖山烈士墓	无为县蜀山镇周家大山林场三尖山半山腰	1944 年	近现代重要史迹
106	泊山洞	无为县蜀山镇下泊山	待定	其他
107	青苔洞	无为县石涧镇青苔山中	待定	其他
108	历山伍古朴树	无为县泉塘镇得胜行政村历山伍自然村西侧高岗地	明代	其他
109	风和戴古枫树	无为县洪巷乡风和戴自然村	宋元	其他
110	上河村古柏树	无为县昆山乡田蒲行政村上河自然村村口公路边	宋代	其他
111	徐衢墓	湾沚镇双马行政村水口自然村	明代	古墓葬、名人或贵族墓
112	丰山烈士塔	湾沚镇丰和行政村烈士塔自然村	1972 年	近现代重要史迹及代表性建筑、烈士墓及纪念设施
113	立新抗日将士墓	湾沚镇立新行政村万村自然村	1938 年	近现代重要史迹及代表性建筑、烈士墓及纪念设施
114	白沙圩农民暴动旧址	陶辛镇湖湾行政村马坝陈自然村	1928 年	近现代重要史迹及代表性建筑、重要历史事件和重要机构旧址
115	西河老街古建筑群	红杨镇	明洪武	古建筑；宅第民居
116	花桥渡桥	花桥镇花桥行政村花桥自然村	清代	古建筑、桥涵码头
117	九十殿	花桥镇九十殿行政村九十殿自然村村东临杨黄公路	清代	古建筑、寺观塔幢
118	九女墩	花桥镇城东行政村丁院自然村	汉代	古建筑、普通墓葬
119	荻港方家老宅	繁昌县荻港镇德远居委会下街	民国	史迹建筑
120	川军阵亡将士公墓	繁昌县荻港新河行政村汪家冲自然村南 250 米处的毛草山上	民国	史迹建筑
121	桃冲日军建筑群（日军兵部大楼、日军运输队办公楼、日军医院）	繁昌县荻港镇桃冲矿业有限公司运输车间厂区内	民国	史迹建筑

续表

市、县级				
序号	名称	位置	年代	品类
122	朱氏宗祠	繁昌县繁阳镇大洋行政村朱冲自然村	清	古建筑
123	竹园墩遗址	繁昌县繁阳镇三元行政村河沿自然村西500米	商周	古遗址
124	新合大神墩遗址	繁昌县繁阳镇新合行政村高马厂自然村东南约400米	商周	古遗址
125	小墩村神墩遗址	繁昌县繁阳镇横山行政村小墩自然东110米	商周	古遗址
126	圆么墩遗址	繁昌县新港镇新东行政村斗门口自然村南200米	商周	古遗址
127	前村遗址	繁昌县孙村镇黄浒的前村南100米	商周	古遗址
128	窑村遗址	繁昌县孙村镇梨山行政村窑村西南侧的姚墩上	商周	古遗址
129	鳖形墩遗址	繁昌县孙村镇赤沙行政村谢村自然村西南100米	商周	古遗址
130	泺源桥	繁昌县孙村镇水口行政村欧村自然村西南30米	清光绪十二年	古建筑
131	龙江石拱桥	繁昌县孙村镇张塘行政村龙江村的两自然村落之间	清中期	古建筑
132	官塘神墩遗址	繁昌县平铺镇官塘行政村全村宕自然村东北50米	新石器时代、商周	古遗址
133	油榨墩遗址	繁昌县峨山镇柏树行政村熊村自然村东150米	新石器时代、商周	古遗址
134	桃冲铁矿日寇侵华罪行遗址	繁昌县荻港镇笔架行政村高屋基自然村西南250米	近代	古遗址
135	广济寺	镜湖区赭山街道办事处凤凰山社区居委会九华中路213号	近代	古建筑、寺观塔幢
136	文章华国碑	镜湖区环城东路1号		
137	四箴注释碑	镜湖区环城东路1号		
138	日本商船仓库	镜湖区滨江公园内		

续表

市、县级				
序号	名称	位置	年代	品类
139	陈兴祝遗址	鸠江区沈巷镇大蒋行政村陈兴祝村北		
140	大成墩遗址	繁昌县繁阳镇缸窑行政村王村自然村西北130米		
141	八亩塘窑址	繁昌县孙村镇大冲行政村小冲村民组北500米		
142	花墩遗址	繁昌县平铺镇官塘行政村张村自然村东北30米		
	合计：142处			

附录三：蚌埠市近代二马路主要建筑情况统计

来源：蚌埠市城市规划博物馆

序号	名称	简况
1	维多利电影院	位于二马路与华昌街交汇处。抗战胜利后由市长李品和委派胡震煌在商界集资兴建。1946年9月4日开业，初名“维多利大戏院”，半月形门厅建筑装饰为典型的欧式风格。蚌埠解放后1949年4月更名“维多利电影院”。
2	东亚饭店	位于二马路与华昌街交汇处西侧。1920年由天津人王郅隆投资，柴德记营造厂兴建。它为当时蚌埠第一幢三层楼房建筑，采用传统木结构与巴洛克建筑风格相融合的方式设计，设有屋顶花园、钟楼、西餐厅、舞厅等，为当时全市旅馆业之最。
3	裕丰源衣庄	位于二马路中段南侧。1918年由怀远人孙振五兴建，为二马路上较早采用欧式风格建筑的商店。
4	义丰永棉布店	位于二马路中段北侧，1946年由天津人王瑞丰兴建。
5	天成公司	位于二马路中段北侧。1927年9月由浙江绍兴人张梅卿、姚文兴等合资兴建开业。为二马路第一幢最考究的巴洛克风格建筑，两层楼同时经营，是当时最气派的百货公司。

续表

序号	名称	简况
6	三级鞋店	位于二马路中段南侧。1930年后由严寿春与天津人张某合资兴建，传统木结构建筑，门面采用西式玻璃橱窗。该店因聘天津日升斋制鞋高手做千层底布鞋而闻名皖北。
7	中兴银行	位于二马路西首北侧。1929年2月建成，为民国初期典型的建筑风格。它是中央银行蚌埠支行兼中央金库的蚌埠支库。
8	昌源钟表修理店	位于二马路中段南侧，店主孙兆荣，民国时期开业，年代不详。
9	兄弟照相馆	位于二马路华昌街口东侧。原为“美琪照相馆”，1946年后因业主易人，更名兄弟照相馆。
10	同昌百货店	与兄弟照相馆相邻，1946年开业，店主陈志勋，以经营鞋帽闻名。
11	大新公司	位于二马路中段北侧。1941年由山东人王福山兴建，建筑样式与规模均以超过天成公司为荣耀。当年11月15日开业，号称“蚌市第一模范商场”。抗战胜利后倒闭，由其他商号更名经营。
12	商务印书馆	1918年在二马路西段设立蚌埠经销处，后多次迁移。1949年初定址二马路与喻义里交汇处，为蚌埠影响较大的书店。
13	王恒昌药号	位于二马路东段。1930年由庐江人王仲章兴建创办。

后 记

本书以芜湖近代建筑为研究对象，针对83栋建筑单体进行了实地测绘，获得了大量的第一手资料，较为系统、全面地分析了芜湖近代建筑的形态特征。在纵向历史发展的轴线上，深入了解近代芜湖城市变迁、社会发展的背景；在事物横向辩证发展的轴线上，论证芜湖近代建筑演变的动因和过程，最终得出近代芜湖在不同文化形式的融合下，经历不同的传播渠道，以不同形态的建筑为载体而发生进阶性演变的路径。通过深入探究，基本上能够解答芜湖近代建筑产生、发展的起因和结果，展现近代芜湖波澜壮阔的复杂社会历史背景。本书为芜湖建筑遗产保护提供了基础，同时为安徽其他城市的近代建筑基础研究提供了一个样板，研究方法和工作模式也可供参考借鉴。

由于研究和写作的时间精力有限，目前还存在着下述不足：

1. 近代后期由于遭受战争的破坏，很多与建筑相关尤其是与建造技术相关的资料没有得到妥善保存，遗失较多；新中国成立后城市建设速度加快，古城内的建筑遗存多数经过人为的改造和破坏，现状的保护良莠不齐，使得测绘结果的原真性降低，对于建筑建造方式等技术的还原，更多局限于基于现状图片及文字史料的推断，相关研究的准确性可能受到影响。

2. 由于城市更新量较大，相关资料匮乏，除“租界区”与“老城区”以外，“新市区”的近代建筑只在数量、分布、类型上有整理，但具体到单体的细部特征及结构构造等方面没有做到系统、详尽地研究。

3. 事物的发展不是孤立片面的，文章较多局限于微观单体和建筑局部及宏观的城市发展方面的研究，对建筑与建筑之间的关系、建筑与外部空间、建筑与城市街区之间互为影响的发展关系等中观层面的研究还不够深入。

下一步，研究还可以考虑以下几方面的内容：

1. 芜湖近代建筑遗产的保护和利用：在充分认知的基础上，如何做到更好地利用，这又是一个复杂而广泛的研究课题。

2. 对安徽省内其他各个城市的近代建筑进行研究是安徽省历史建筑研究的重要内容，而省内其他城市的近代建筑研究目前尚处在起步阶段，芜湖近代建筑的相关研究可作为一个供参考和借鉴的模板。

3. 安徽省内各城市近代建筑的比较研究：通过广泛而深入细致的比较，突出建筑主体的不同，为当今的地域建筑设计提供有差别性的文化内容，可成为安徽省历史建筑研究的有益补充。